普通高等教育“十二五”规划教材

机械制造技术基础课程设计指导

肖继明　郑建明　主编

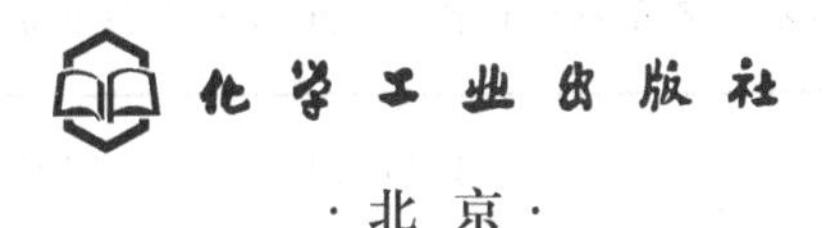

·北京·

本书内容包括机械制造技术基础课程设计概述、机械加工工艺规程制订、机械加工工艺规程设计资料、夹具设计、各类机床夹具设计要点、机械制造技术基础课程设计题目选编、常用设计资料等。书中依照工程设计步骤对学生进行全程同步指导，可操作性强，便于学生独立完成设计。设计资料选择时注意贯彻最新国家标准及部颁标准，突出实用性。

本书可作为高等院校相关专业的教材，并可供工程技术人员参考。

图书在版编目（CIP）数据

机械制造技术基础课程设计指导/肖继明，郑建明主编．—北京：化学工业出版社，2014.7（2024.2重印）
普通高等教育“十二五”规划教材
ISBN 978-7-122-20910-8

Ⅰ.①机…　Ⅱ.①肖…②郑…　Ⅲ.①机械制造工艺-高等学校-教学参考资料　Ⅳ.①TH16

中国版本图书馆 CIP 数据核字（2014）第 124377 号

责任编辑：韩庆利　　装帧设计：关　飞
责任校对：吴　静

出版发行：化学工业出版社（北京市东城区青年湖南街 13 号　邮政编码 100011）
印　　装：北京科印技术咨询服务有限公司数码印刷分部
787mm×1092mm　1/16　印张 10¾　字数 264 千字　2024 年 2 月北京第 1 版第 3 次印刷

购书咨询：010-64518888　　售后服务：010-64518899
网　　址：http://www.cip.com.cn
凡购买本书，如有缺损质量问题，本社销售中心负责调换。

定　　价：24.00 元

前 言

机械制造技术基础是机械设计制造及其自动化专业一门重要的专业课，它涉及加工理论和方法、制造工艺与装备的方方面面，综合性和实践性强是该门课程的重要特征。其基本原理和方法来自工程实践，又反过来为工程实践服务，因此受到各学校及用人单位的重视。随着企业对毕业生工程实践能力要求不断提高的实际，以及卓越工程师计划对学生实践能力培养要求的深化，如何提高机械制造技术基础的教学质量，培养学生良好的工艺能力和素质是摆在我们面前的重要课题。

机械制造技术基础课程设计是为机械类专业学生在理论学习之后安排的重要的实践性教学环节，其目的是通过学生对所学知识的系统运用和综合训练，培养学生机械加工工艺规程制订和机床夹具设计的基本能力，加深对制造技术内涵的理解，提高学生的工程意识和实践能力，为未来从事机械制造技术工作提供良好的综合训练和技术储备。

本书根据机械制造技术基础课程设计教学的实际情况和教学改革要求，结合多年教学实践和同行专家的教学研究成果编写而成。在内容和结构安排上充分考虑机械制造技术基础的授课内容，根据课程设计的要求，以机械加工工艺规程制订和机床夹具设计为重点，按照课程设计的内容及要求、机械加工工艺规程制订、机械加工工艺规程设计资料、夹具设计、各类机床夹具设计要点及机床夹具常用设计资料的顺序进行章节编排；依照工程设计步骤对学生进行全程同步指导，可操作性强，便于学生独立完成设计。设计资料选择时注意贯彻最新国家标准及部颁标准，突出实用性，以够用为度，使学生在设计时有据可依，避免因参考资料不足而影响设计进度及效果。

本书由肖继明、郑建明主编。第一～三章由肖继明、李鹏阳、王权岱编写，第四～六章由郑建明、杨明顺、袁启龙编写，附录由肖继明、郑建明编写，全书由肖继明负责统稿。本书由李言和李淑娟教授主审，他们对本书稿提出了许多宝贵意见，谨向他们表示衷心感谢！

由于编者水平有限，缺点在所难免，恳请广大师生、读者批评指正。

编 者

目 录

第一章　机械制造技术基础课程设计概述

一、课程设计的目的

机械制造技术基础课程设计是学完了机械制造技术基础及其它专业课程，进行了生产实习后的一个不可或缺的实践性教学环节。它一方面要求学生通过本设计能获得综合运用过去所学全部课程进行工艺及结构设计的基本能力；另一方面为未来从事机械制造技术工作进行一次综合性训练和准备。学生通过机械制造技术基础课程设计，应在以下各方面得到锻炼：

（1）能熟练运用机械制造技术基础课程中的基本理论以及在生产实习中学到的实践知识，正确地解决一个零件在加工中的定位、夹紧以及工艺路线安排、工艺尺寸确定等问题，保证零件的加工质量。

（2）提高结构设计能力。学生通过设计夹具和刀具的训练，应当获得根据被加工零件的加工要求，设计出高效、省力、经济合理，且能保证加工质量的专用夹具，以及刀具设计的能力等。

（3）学会使用有关手册、标准、图表等技术资料。掌握与本设计有关的各种技术资料的名称、出处，做到熟练运用。

二、课程设计的内容

1. 设计题目

设计题目：×××零件机械加工工艺规程及工艺装备设计

生产纲领：3000～10000 件

生产类型：批量生产

2. 设计内容

设计内容包括：制订工艺规程、设计专用夹具、设计外圆车刀及编写设计说明书等。

（1）制订工艺规程

制订工艺规程主要包括以下内容：

a. 零件工艺分析　绘制零件图，熟悉零件的技术要求，找出各加工表面的成形方法。

b. 确定毛坯　选择毛坯的制造方法，确定毛坯余量，绘制毛坯图（或零件-毛坯联合图）。

c. 拟定工艺路线　确定加工方法，选择加工基准，安排加工顺序，划分加工阶段，选取加工设备及工艺装备。

d. 进行工艺计算，填写工艺文件　计算加工余量、工序尺寸，选择、计算切削用量，确定加工工时，填写机械加工工艺过程卡和机械加工工序卡。

（2）设计专用夹具

设计专用夹具主要进行以下工作：

a. 夹具方案确定　根据工序内容，确定定位元件、夹紧方式，布置对刀元件、导引件，设计夹具体等。

b. 夹具总体设计　绘制夹具装配图。

c. 夹具计算 分析定位误差，计算夹紧力等。

(3) 设计外圆车刀

设计一把焊接式外圆车刀，其切削部分主要几何角度为：$\gamma_o=10°$，$\alpha_o=\alpha'_o=6°$，$\kappa_r=75°$，$\kappa'_r=15°$，$\lambda_s=-5°$。

(4) 编写设计说明书

内容包括：课程设计封面、课程设计任务书、目录、正文（工艺规程及夹具设计的基本理论、计算过程、设计结果等）、参考资料。

三、课程设计的要求

1. 基本要求

(1) 工艺规程设计的基本要求

a. 应保证零件的加工质量，达到图纸上的各项技术要求。在保证质量的前提下，尽量提高生产率，降低消耗，减轻工人的劳动强度。

b. 在充分利用现有生产条件的基础上，尽量采用国内外先进工艺技术。

c. 工艺规程的内容应正确、完整、统一、清晰。工艺规程编写应规范化、标准化。工艺规程的格式和填写，以及所用术语、符号等应符合相关标准、规定。

(2) 夹具设计的基本要求

a. 在满足工艺要求的前提下，所设计夹具应有利于实现优质、高产、低耗，有利于改善劳动条件和减轻劳动强度。

b. 所设计夹具应结构合理，性能可靠，操作方便、安全。

c. 所设计夹具应具有良好结构工艺性，便于制造、调整、维护，便于切屑的清理、排除。

d. 所设计夹具应通过零部件的标准化、通用化、系列化。

e. 所设计夹具图纸应正确、完整、清晰、统一。

2. 学生在规定时间内应提交的设计文件

(1) 产品零件-毛坯联合图 1张

(2) 机械加工工艺过程卡片 1套

(3) 机械加工工序卡片 1张

(4) 夹具装配图 1张

(5) 焊接式外圆车刀图 1张

(6) 课程设计说明书（4000～6000字） 1份

四、课程设计进度安排

机械制造技术基础课程设计题目由指导教师指定或学生选定，设计计划时间为2～3周。表1-1所示为2周时的进度安排。

表1-1 课程设计进度安排

周次	星期	任务及要求	备注
第一周	一	课程设计动员；布置任务；布置教室；借相关资料及绘图工具，作好设计准备工作；读图、审图，纠正原图不符合新标准的标注（包括公差、表面粗糙度等）	
	二	绘制××零件图，从机械加工工艺的角度审查零件的结构工艺性，提出修改意见	

续表

周次	星期	任务及要求	备注
第一周	三	分析××零件的重要加工表面及其设计基准，确定其加工方法；分析确定其工艺基准	
	四	填写××零件加工工艺过程卡片及指定工序的工序卡片	
	五	设计车刀并绘制图纸。要求按所给刀具角度、焊接刀片式设计	
第二周	一	专用夹具设计。分析零件的定位、夹紧等，确定夹具结构方案	
	二	绘制专用夹具装配图。要求零件在夹具中处于夹紧状态，用双点画线画出零件轮廓，且当透明体看待	
	三		
	四	编写设计计算说明书。要求页面16K，10～15页；整理所有设计资料，并装入有统一封面的袋子；准备答辩及答辩	
	五		

五、课程设计注意事项

(1) 设计中制图应按标准、规范进行。标题栏格式如图1-1所示。

(2) 机械加工工艺过程卡和工序卡填写格式，见表2-1和表2-3。

(3) 工序卡中工序简图可按比例缩小，尽量用较少的投影绘出。并应标注：

a. 定位符号及定位点数；

b. 夹紧符号及指向的夹紧面；

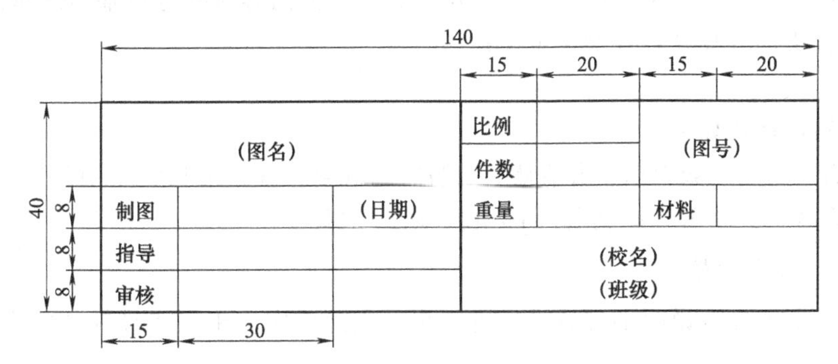

(a) 零件图标题栏

(b) 装配图标题栏

图1-1 零件图及装配图标题栏格式

c. 用粗实线画出加工表面，并标明加工表面在本工序加工后的尺寸和公差，表面粗糙度，以及几何公差等。

(4) 设计说明书编写

a. 封面应采用统一格式，纸张为16K。

b. 正文部分：宋体、小四、1.25倍行距；逐级标题依次为：三号、四号。字母、数字为Time New Roman。

c. 图表格式：

表：要有表头，包括表的序号和内容说明（位于表的上方，字号为五号）。

图：要有图题，包括图的序号和内容说明（位于图的下方，字号为五号）。

d. 公式：要用word中的公式编辑器编辑，并注明公式中各个字母的意义。注意：变量用斜体，常量用正体。

e. 内容包括：

(a) 目录：单独编页码，宋体、小四、1.25倍行距。

(b) 正文部分：

序言；

零件分析：主要是对零件进行工艺分析；

工艺规程制订：主要包括确定毛坯的制造形式，选择基面，拟定工艺路线（要提出多种工艺路线方案，进行分析比较，获得较佳的工艺方案，写出具体的工艺过程），确定机械加工余量、工序尺寸及毛坯尺寸，确定切削用量及基本工时等；

夹具设计：根据确定的加工工序，设计专用夹具，具体内容包括定位基准选择、夹紧力计算、定位误差分析、夹具设计及操作说明；

总结；

参考文献：写作格式如下：

书：[1] 作者. 书名. 城市名：出版社. 出版时间（年、月、第几版）. 页码.

期刊：[2] 作者. 文章名. 期刊名，年，卷（期）：页码.

六、课程设计成绩考核

课程设计的全部图样及说明书应有设计者及指导教师签字。未经指导教师签字的设计，不能参加答辩。

答辩小组一般由教研室2～3名教师组成，设计者本人应首先对自己的设计内容、设计思路、完成情况等进行5～8min的讲解，然后回答相关提问，每个学生的总答辩时间一般为10～15min。

课程设计成绩根据平时的工作情况、工艺分析的深入程度、工艺装备的设计水平、图纸的质与量、独立工作能力以及答辩情况综合衡量，由答辩小组讨论评定。

答辩成绩定为五级：优秀、良好、中等、及格和不及格。不及格者将另行安排时间补做。

第二章　机械加工工艺规程制订

第一节　机械加工工艺规程概述

一、工艺规程的作用

机械加工工艺规程（简称工艺规程）是在一定生产条件下，以较合理的机械加工工艺过程和操作方法形成的、用以指导生产的文件。它是机械制造企业最主要的技术文件之一，是生产一线的法规性文件，其主要作用是：

（1）指导生产的主要技术文件　是在工艺理论和实践经验的基础上制定的用来指导操作工人工作的基本依据。

（2）组织和管理生产的基本依据　在产品投产前要根据工艺规程进行有关的技术准备和生产准备，如安排原材料的供应、通用工装设备的准备、专用工装设备的设计与制造、生产计划的编排、经济核算、对工人业务的考核等。

（3）新建和扩建工厂的基本资料　新建或扩建工厂和车间时，要根据工艺规程确定所需要的机床设备的品种和数量、机床的布置、占地面积、辅助部门的安排等。

（4）企业相互交流和技术推广的依据　企业间可通过工艺规程进行技术交流，不断提高工艺水平，但为了保持企业的竞争优势，工艺规程对企业至关重要，经常是相互保密的。

二、制订工艺规程的原则

（1）应以保证零件加工质量，达到设计图纸规定的各项技术要求为前提。

（2）在保证加工质量的基础上，应使工艺过程具有较高的生产效率和较低的成本。

（3）充分考虑零件的生产纲领和生产类型，尽可能利用现有生产条件，并做到平衡生产。

（4）尽量减轻工人的劳动强度，保障安全生产，创造良好、文明的劳动条件。

（5）积极采用新技术新工艺，尽量减少材料和能源消耗，并应符合环保要求。

三、制订工艺规程的步骤

（1）绘制零件图，分析零件的特点，找出主要技术要求。

（2）确定各表面的成形方法及加工余量，绘制毛坯图。

（3）安排加工顺序，制订工艺路线。

（4）进行工序尺寸计算。

（5）填写工艺文件。

四、工艺规程的基本格式

目前工艺规程文件还没有统一的文件格式，各厂都是按照一些基本的内容，根据具体情况自行确定的。各种工艺文件的基本格式如下。

（1）机械加工工艺过程卡　主要列出零件加工所经过的整个工艺路线，以及加工设备、工艺装备和工时等内容。在单件小批生产中，通常不编制其它较详细的工艺文件，而是以这种卡片指导生产，这时应编制得详细些。其基本格式如表 2-1 所示。

（2）机械加工工艺卡　是以工序为单位，详细说明零件工艺过程的工艺文件。广泛用于批量生产零件和小批生产的重要零件。其基本格式如表 2-2 所示。

表 2-1　机械加工工艺过程卡

（厂名）	机械加工工艺过程卡片			产品型号		零件图号		共　页	
				产品名称		零件名称		第　页	
材料牌号		毛坯种类		毛坯外形尺寸		每毛坯件数	每台件数	备注	
工序号	工序名称	工序内容		车间	工段	设备	工艺装备	工时 准终	单件
						编制/日期	审核/日期	会签/日期	
标记	处记	更改文件号	签字	日期	标记	处记	更改文件号	签字	日期

表 2-2　机械加工工艺卡

（厂名）			机械加工工艺卡片			产品型号		零件图号			共　页		
						产品名称		零件名称			第　页		
材料牌号				毛坯种类	毛坯外形尺寸	每毛坯件数		每台件数			备注		
工序	装夹	工步	工序内容	同时加工零件数	切削用量				设备名称及编号	工艺装备名称及编号			技术等级	工时定额	
					背吃刀量/mm	切削速度/(m/min)	每分钟转数或往复次数	进给量/(mm/r 或 mm/双行程)		夹具	刀具	量具		单件	准终
							编制/日期		审核/日期		会签/日期				
标记	处记	更改文件号	签字	日期	标记	处记	更改文件号	签字	日期						

(3) 机械加工工序卡　是用来具体指导工人操作的一种最详细工艺文件。在这种卡片上，要画出工序简图，注明该工序加工表面及应达到的尺寸精度和表面粗糙度、工件安装方式、切削用量、加工设备及工艺装备等内容。在大批大量生产时采用这种卡片。其基本格式如表 2-3 所示。

表 2-3　机械加工工序卡

<table>
<tr><td rowspan="2">（厂名）</td><td rowspan="2">机械加工工艺卡片</td><td>产品型号</td><td></td><td>零件图号</td><td></td><td>共　页</td></tr>
<tr><td>产品名称</td><td></td><td>零件名称</td><td></td><td>第　页</td></tr>
<tr><td colspan="2" rowspan="14">（工序图）</td><td colspan="2">每毛坯件数</td><td></td><td>每台件数</td><td>备注</td></tr>
<tr><td>车间</td><td>工序号</td><td colspan="2">工序名称</td><td>材料牌号</td></tr>
<tr><td></td><td></td><td colspan="2"></td><td></td></tr>
<tr><td>毛坯种类</td><td>毛坯外形尺寸</td><td colspan="2">每坯件数</td><td>每台件数</td></tr>
<tr><td>铸造</td><td></td><td colspan="2"></td><td></td></tr>
<tr><td>设备名称</td><td>设备型号</td><td colspan="2">设备编号</td><td>同时加工件数</td></tr>
<tr><td></td><td></td><td colspan="2"></td><td></td></tr>
<tr><td>夹具编号</td><td colspan="3">夹具名称</td><td>冷却液</td></tr>
<tr><td rowspan="5"></td><td colspan="3" rowspan="5"></td><td></td></tr>
<tr><td>工序工时</td></tr>
<tr><td>准终　单件</td></tr>
<tr><td></td></tr>
<tr><td></td></tr>
</table>

<table>
<tr><td rowspan="2">工步号</td><td rowspan="2">工步内容</td><td rowspan="2">工艺装备</td><td rowspan="2">主轴转速/(r/min)</td><td rowspan="2">切削速度/(m/min)</td><td rowspan="2">进给量/(mm/r)</td><td rowspan="2">背吃刀量/mm</td><td rowspan="2">进给次数</td><td colspan="2">工时定额</td></tr>
<tr><td>机动</td><td>辅助</td></tr>
<tr><td></td><td></td><td></td><td></td><td></td><td></td><td></td><td></td><td></td><td></td></tr>
<tr><td></td><td></td><td></td><td></td><td></td><td></td><td></td><td></td><td></td><td></td></tr>
<tr><td></td><td></td><td></td><td></td><td></td><td></td><td></td><td></td><td></td><td></td></tr>
</table>

<table>
<tr><td></td><td></td><td></td><td></td><td></td><td></td><td></td><td></td><td></td><td></td><td rowspan="2">编制/日期</td><td rowspan="2">审核/日期</td><td rowspan="2">会签/日期</td><td rowspan="2"></td></tr>
<tr><td></td><td></td><td></td><td></td><td></td><td></td><td></td><td></td><td></td><td></td></tr>
<tr><td>标记</td><td>处记</td><td>更改文件号</td><td>签字</td><td>日期</td><td>标记</td><td>处记</td><td>更改文件号</td><td>签字</td><td>日期</td><td></td><td></td><td></td><td></td></tr>
</table>

第二节　零件分析与毛坯选择

一、零件分析

零件分析主要包括：分析零件的结构特点、加工精度、技术要求及工艺特性，同时对零件进行加工工艺性研究。

1. 绘制零件图

了解零件的几何形状、结构特点及技术要求，如有装配图，了解零件在产品中的作用。

零件是由多个表面构成，既有基本表面，如平面、圆柱面、圆锥面及球面，又有特形表面，如螺旋面、双曲面等。不同的表面对应不同的加工方法，且各表面的加工精度、粗糙度不同，对加工方法的要求也不同。

零件图应按机械制图国家标准仔细绘制。除特殊情况经指导教师同意外，均按 1∶1 比例画出。

2. 确定加工表面

找出零件各加工表面及其加工精度和表面粗糙度的要求，结合生产类型，查阅机械加工工艺手册（或本指导书）中典型加工方案和各种加工方法所能达到的经济精度，选取各表面的加工方案，查阅各种加工方法的加工余量，确定各表面的工序余量，并计算各表面的加工总余量。

3. 确定主要表面

根据零件各表面所起的作用，确定主要表面。通常主要表面的精度和粗糙度要求都比较严格，在编制工艺规程时应首先保证。

零件分析时，着重抓住主要表面的尺寸、形状和位置精度，以及表面粗糙度等要求，做到心中有数。

二、毛坯选择

1. 选择毛坯制造方法

毛坯的种类有：铸件、锻件、型材、焊接件和冲压件等。选择毛坯类型和制造方法时，应综合考虑生产类型和零件的结构、形状、尺寸及材料等因素。对于型材，应确定其名称、规格等；对于铸件，应确定分型面、浇注冒口位置等；对于锻件，应确定锻造方式及分模面位置等。

各类毛坯的特点及应用范围，如表 2-4 所示。

表 2-4 各类毛坯的特点及应用范围

毛坯种类	制造精度	加工余量	原材料	工件尺寸	工件形状	适用生产类型	生产成本
型材		大	各种材料	小型	简单	各种类型	低
焊接件		一般	钢材	大、中型	较复杂	单件	低
砂型铸造	IT13 以下	大	铸铁、青铜为主	各种尺寸	复杂	各种类型	较低
自由锻造	IT13 以下	大	钢材为主	各种尺寸	较简单	单件小批	较低
普通模锻	IT11～15	一般	钢、锻铝、钢等	中、小型	一般	批量、大量	一般
钢模铸造	IT10～12	较小	铸铝为主	中、小型	较复杂	批量、大量	一般
精密锻造	IT8～11	较小	钢材、锻铝等	小型	较复杂	大量	较高
压力铸造	IT8～11	小	铸铁、铸钢、青铜	中、小型	复杂	批量、大量	较高
熔模铸造	IT7～10	很小	铸铁、铸钢、青钢	小型为主	复杂	批量、大量	高

2. 确定毛坯余量

可查阅机械加工工艺手册（或本指导书），确定各表面的总余量及公差。

余量修正：将查得的毛坯总余量与零件分析得到的加工总余量进行比较，若毛坯总余量小于加工总余量，应调整毛坯总余量，确保各表面有足够的加工余量；若毛坯总余量大于加工总余量，则应考虑增加走刀次数，或提高毛坯制造精度，减小毛坯总余量。

3. 绘制毛坯图

（1）用双点画线绘出经简化了次要细节的零件主要视图，将已确定的加工总余量叠加在各相应被加工表面上，即得到毛坯轮廓，并用粗实线表示，比例尽量按 1∶1。

（2）标注毛坯主要尺寸及公差，标出加工总余量名义尺寸。

（3）标明毛坯技术要求，如毛坯精度、热处理及硬度、圆角尺寸、拔模斜度、表面质量要求（如气孔、缩孔、夹砂）等。

（4）与绘制一般零件图一样，为表达清楚毛坯某些内部结构，可绘出必要的剖视、断面图，对于实体上加工出来的槽和孔等，可不必表达。

（5）注明一些特殊的余块，如热处理工艺的夹头、机械试验和金相试验用试棒、机械加工用的工艺夹头等的位置。

毛坯图例如图 2-1～图 2-3 所示。

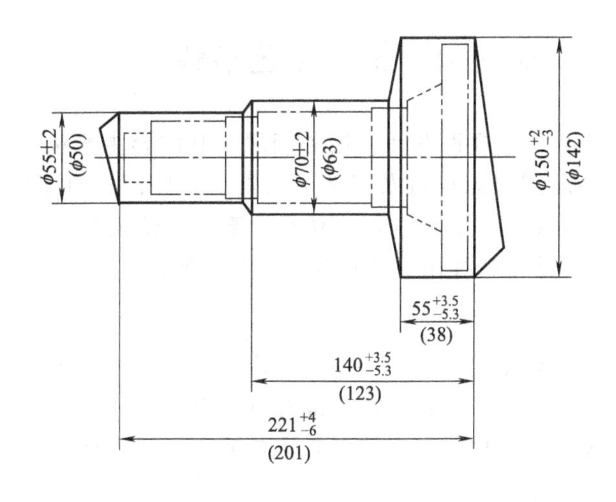

图 2-1　轴的自由锻件图

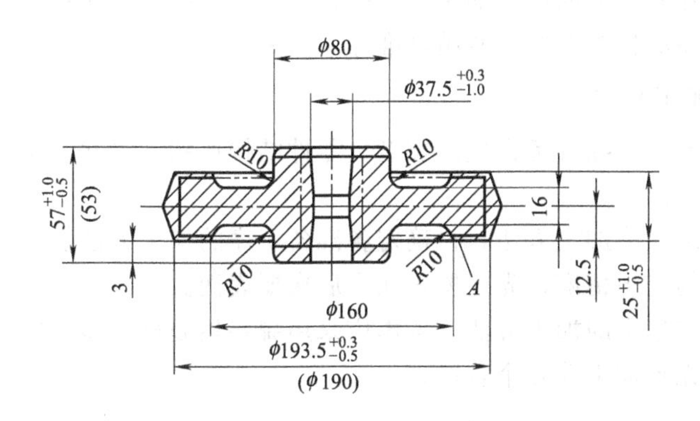

图 2-2　齿轮的模锻件图

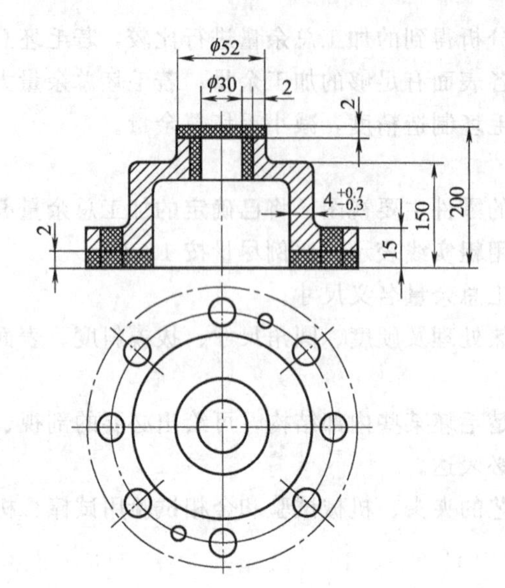

图 2-3　铸件毛坯图

第三节　拟订工艺路线

零件机械加工工艺过程是工艺规程设计的核心问题。其内容主要包括：选择定位基准、安排加工顺序、确定各工序所用机床设备及工艺装备等。这些因素直接影响零件的加工质量、生产效率和经济性等，因此，设计时应以“优质、高产、低耗”为宗旨，同时拟出2～3个方案，经全面分析比较，从中选择出一个较为合理的方案。

一、定位基准选择

正确地选择定位基准是设计工艺过程的一项重要内容，也是保证零件加工精度的关键，且对确定加工顺序、加工工序多少、夹具结构等都有重要影响。

(1) 设计时，应根据零件的结构特点、技术要求及毛坯具体情况，按照粗、精基准选择原则来确定各工序合理的定位基准。

(2) 当定位基准与设计基准不重合时，需要对其工序尺寸及定位误差进行分析计算。

(3) 零件上的定位基准、夹紧部位和加工表面三者要互相协调、全面考虑。

通常在制订工艺规程时，总是先选择零件表面最终加工所用的精基准和中间工序所用的精基准；然后再考虑选择合适的最初工序的粗基准把这些精基准加工出来。

二、确定各表面加工方法，划分加工阶段

各表面的加工方法主要依据其技术要求，综合考虑生产类型、零件结构形状和尺寸、工厂生产条件、工件材料及毛坯情况来确定。

(1) 根据各表面的加工要求，先选定最终加工方法，再确定各准备工序的加工方法。

(2) 应对照各种加工方法所能达到的经济精度，先主要表面、后次要表面。

(3) 根据零件工艺分析、毛坯状态和选定的加工方法，考虑应采用哪些热处理，是否需要划分成粗加工、半精加工、精加工和光整加工等几个阶段。

三、工序的集中与分散

各表面的加工方法确定后，考虑哪些表面的加工适合在一道工序完成，哪些则应分散在

不同工序为好，从而初步确定零件加工工艺过程中的工序总数及内容。

一般情况下，单件小批量生产只能采取工序集中，而大批量生产则既可以采取工序集中，也可以采取工序分散。从发展的角度来看，当前一般采用工序集中原则来组织生产。

四、拟订加工工艺路线

加工顺序的安排一般应按“先粗后精、先面后孔、先主后次、基准先行”的原则进行。

(1) 主要表面先粗加工，再半精加工，最后精加工。若还有光整加工，应放在工艺路线的末尾。

(2) 次要表面的加工穿插在主要表面的加工顺序间进行；多个次要表面排序时，按各主要表面的位置关系确定先后。

(3) 平面加工安排在孔加工前。

(4) 最前的工序是精基面加工；最后面的工序可安排清洗、去毛刺及最终检验。

(5) 热处理工序应分段穿插进行，检验工序则按需要来安排。

一般应先拟订2～3个完整合理的加工工艺路线，经技术经济分析后选取其中最佳方案。

五、选择机床及工艺装备

选择机床及工艺装备（即刀具、夹具、量具、辅具等）时应考虑以下因素：

(1) 零件生产纲领及生产类型。

(2) 零件的材料特性和结构特点。

(3) 零件的外形尺寸和加工表面尺寸。

(4) 该工序的加工质量，以及生产率和经济性等相适应。

(5) 充分考虑工厂的现有条件，尽量采用标准机床和工具。

在批量生产条件下，一般采用通用机床加专用夹具和工具；在大量生产条件下，多采用高效专用机床、组合机床、流水线、自动线与随行夹具等。设计时，应认真查阅相关手册。

六、技术经济分析

制订工艺规程时，通常有几种不同的工艺路线可满足被加工零件加工精度和表面质量的要求，其中有的方案具有很高的生产率，但机床和工艺装备的投资较大；另一些方案可能投资较少，但生产率较低。因此，不同的工艺路线有不同的经济效果。为了选取在给定生产条件下最经济、合理的方案，应对已拟订的至少两个工艺路线进行技术经济分析和评估。

七、审查与校核

在完成制订工艺规程各步后，应对整个工艺规程进行全面审查和校核。首先，应按各项内容审核设计的正确性和合理性，如基准、加工方法选择是否正确、合理；加工余量、切削用量等工艺参数是否合理；工序图等图样是否完整、准确等。此外，还应审查工艺文件是否完整、全面，工艺文件中各项内容是否符合相应标准的规定。

第四节　工序设计及工艺文件填写

一、工序设计

对工艺路线中的工序，按要求进行工序设计，主要内容包括以下几个方面。

1. 划分工步

根据工序内容及加工顺序安排的一般原则，合理划分工步。

2. 确定加工余量

用查表法确定各主要加工表面的工序（工步）余量。由于毛坯总余量在绘制毛坯图时已经确定，因此，粗加工工序（工步）余量为总余量减去精加工与半精加工余量之和。若某一表面只需一次加工，则该表面的加工余量即为总余量。

3. 确定工序尺寸及公差

计算工序尺寸和标注公差是制订工艺规程的主要工作之一。工序尺寸公差通常查阅机械加工工艺手册，按经济加工精度确定。工序尺寸确定有两种情况：

(1) 定位基准（或工序基准）与设计基准重合时

此种情况下可采用“层层包裹”的方法，即将余量一层层叠加到被加工表面上，可以清楚地看出每道工序的工序尺寸，再按每种加工方法的经济加工精度公差按“入体原则”标注在对应的工序尺寸上。如某加工表面为 ϕ100H6 的孔，Ra0.4 μm，其加工工艺路线为粗镗—精镗—粗磨—精磨，可绘出如图 2-4 所示简图。

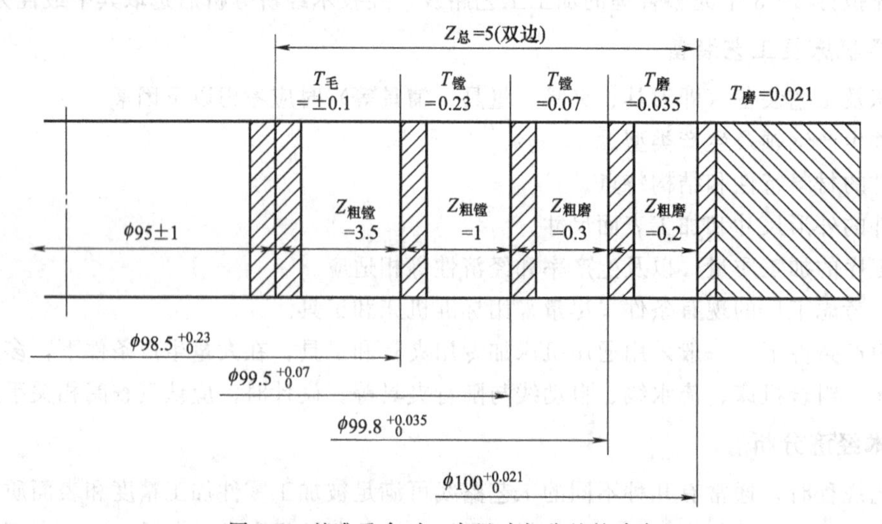

图 2-4 基准重合时工序尺寸与公差的确定

(2) 定位基准（或工序基准）与设计基准不重合时

此时应按尺寸链原理来计算确定工序尺寸及偏差，并校核余量是否满足加工要求。

4. 确定切削用量

确定切削用量时，应综合考虑工序的具体内容、加工精度、生产率及刀具寿命等因素。选择切削用量的一般原则是在保证加工质量及规定刀具寿命的条件下，使机动时间少、生产率高。因此，应合理地选择刀具材料及刀具几何参数。

在选择切削用量时，通常首先确定背吃刀量（粗加工时尽可能等于工序余量）；然后根据表面粗糙度要求选择较大的进给量；最后根据切削速度与刀具寿命或机床功率之间的关系，用计算法或查表法求出相应的切削速度（精加工则主要依据表面质量的要求）。下面是常用加工方法切削用量的选择方法。

(1) 车削用量选择

① 背吃刀量 a_p 粗加工时，应尽可能一次切去全部加工余量，即选取背吃刀量值等于加工余量值。当余量太大时，应考虑工艺系统刚度和机床有效功率，尽可能选取较大的背吃

刀量和最少的走刀次数。半精加工时，如单边余量 $Z>2$mm，则应分两次走刀：第一次$a_p=(2/3\sim3/4)Z$；第二次 $a_p=(1/3\sim1/4)Z$。如 $Z\leqslant2$mm，则可一次切除。精加工时，应在一次走刀中切除精加工工序余量。

② 进给量 f　背吃刀量选定后，进给量直接决定了切削面积，从而决定了切削力的大小。因此，最大进给量受以下因素限制：机床的有效功率和转矩；机床进给机构和传动链的强度；工件的刚度；刀具的强度与刚度；加工表面粗糙度等。实际生产中大多采用经验法选取。本设计可查阅金属切削用量手册，用查表法确定。

③ 切削速度 v　切削速度选取一般是根据合理的刀具寿命计算或查表。精加工时，尽可能选取高的切削速度，以保证加工精度和表面质量，同时满足生产率的要求；粗加工时，应考虑以下因素：硬质合金车刀切削热轧中碳钢的平均切削速度为 1.67m/s，切削灰铸铁的平均切削速度为 1.17m/s，两者平均刀具寿命为 60～90min；切削合金钢比切削中碳钢切削速度应降低 20%～30%；切削调质状态的钢件或切削正火、退火状态的钢料切削速度应降低 20%～30%；切削有色金属比切削中碳钢的切削速度可提高 100%～300%。

（2）铣削用量选择

① 铣削背吃刀量　根据加工余量来确定铣削背吃刀量。粗铣时，为提高铣削效率，一般选铣削背吃刀量等于加工余量，一次走刀铣完。半精铣及精铣时，加工要求较高，通常分两次走刀铣削，半精铣时背吃刀量一般为 0.5～2 mm；精铣时，铣削背吃力量一般为 0.1～1mm 或更小。

② 每齿进给量　可由切削用量手册中查得，其中推荐值均有一个范围。精铣或铣刀直径较小、铣削背吃力量较大时，选小值，粗铣选大值；加工铸铁件时，选大值，加工钢件时选小值。

③ 铣削速度　可适当选得较高，以提高生产率。具体数值按公式计算或查阅切削用量手册。对大平面铣削也可参照国内外的先进经验，采用密齿铣刀、大进给量、高速铣削，以提高效率和加工质量。

（3）刨削用量选择

① 刨削背吃刀量　刨削背吃刀量的确定方法和车削基本相同。

② 进给量　可按有关手册中车削进给量推荐值选用。粗刨平面根据背吃刀量和刀杆截面尺寸按粗车外圆选较大值；精加工时按半精车、精车外圆选取；刨槽和切断按车槽和切断进给量选择。

③ 刨削速度　通常是根据实践经验选定，也可按车削速度公式计算，但除了要考虑同车削时的诸因素外，还应考虑冲击载荷，要引入修正系数 $K_{冲}$（参阅有关手册）。

（4）钻削用量选择

包括确定钻头直径 D、进给量 f 和切削速度 v（或主轴转速 n），应尽可能选大直径钻头，大进给量，再根据钻头寿命选取合适的钻削速度，以取得高的钻削效率。

① 钻头直径 D　钻头直径按工艺尺寸要求确定，尽可能一次钻出所要求的孔。当机床性能不能胜任时，才采取先钻孔、再扩孔的工艺，这时钻头直径取加工尺寸的 0.5～0.7 倍。麻花钻直径可参阅国家标准（直柄麻花钻 GB/T 6135—2008，锥柄麻花钻 GB/T 1438—2008）选取。

② 进给量 f　进给量主要受到钻削背吃刀量与机床进给机构和动力的限制，也受工艺系统刚度的限制。标准麻花钻的进给量可查表选取。采用先进钻头能有效地减小轴向力，往

往能使进给量成倍提高。因此，进给量必须根据实践经验和具体条件分析确定。

③ 钻削速度 v　钻削速度通常根据钻头寿命按经验选取。

5. 确定工时定额

主要是确定工序的机加工时间，对于辅助时间、工作地服务时间、休息和自然需要时间及准备-终结时间等，可按有关资料提供的比例估算。

工时定额主要根据经过生产实践验证而积累起来的统计资料来确定，随着工艺过程的不断改进，需要经常进行相应的修订；对于流水线和自动线，由于有规定的切削用量，工时定额部分通过计算，部分应用统计资料得出。在计算每一道工序的单件时间后，还必须对各道工序的单件计算时间进行平衡，以最大限度地发挥各台机床的生产效率，达到较高的生产率，保证生产任务的完成。

二、填写工艺文件

(1) 填写机械加工工艺过程卡

机械加工工艺过程卡格式见表 2-1。机械加工以前的工序，如铸造、人工时效等在工艺过程卡中可有所记载，但不编工序号。在实际生产中工序号编排采用不连续阿拉伯数字，如 5、10、15，以便修改时插入新工序号。

(2) 填写机械加工工序卡

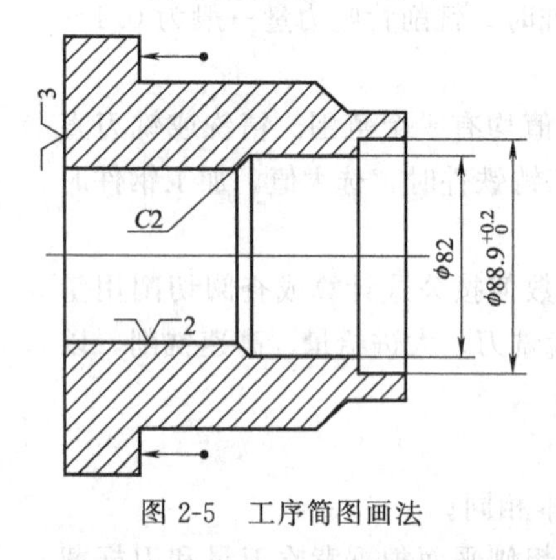

图 2-5　工序简图画法

机械加工工序卡格式见表 2-3。本次设计只填写由指导教师指定工序的工序卡。

工序简图可按缩小比例绘出，尽量选用一个视图。对于复杂零件若无法在工序卡中表示时，可另页单独绘出。图中工件处于加工位置，夹紧状态，用细实线画出工件的主要特征轮廓。

工序简图的标注等见第一章中“五、课程设计注意事项”。工序简图画法示例，如图 2-5 所示。

定位支承及夹紧符号应符合机械行业标准 JB/T 5061—2006 的规定，如表 2-5 和表 2-6 所示。

表 2-5　定位支承符号

支承类型		符号			
		独立定位		联合定位	
		标注在视图轮廓线上	标注在视图正面①	标注在视图轮廓线上	标注在视图正面①
定位支承	固定式				
	活动试				
辅助支承					

① 视图正面是指观察者面对的投影面。

表 2-6　夹紧符号

夹紧动力源类型	符　　号			
	独立夹紧		联合夹紧	
	标注在视图轮廓线上	标注在视图正面[①]	标注在视图轮廓线上	标注在视图正面[①]
手动夹紧		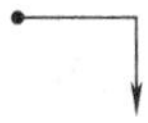	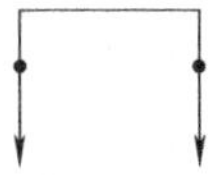	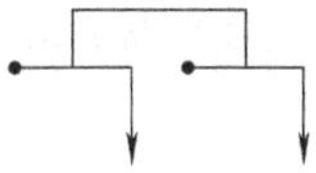
液动夹紧	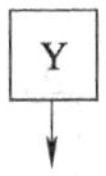 Y	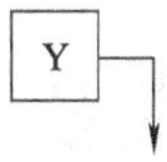 Y	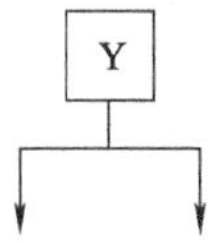 Y	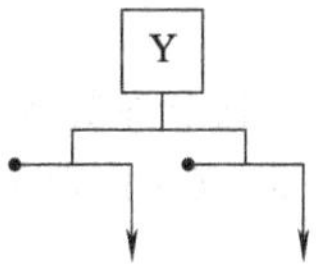 Y
气动夹紧	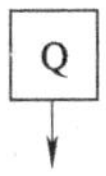 Q	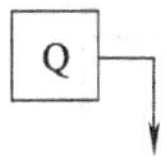 Q	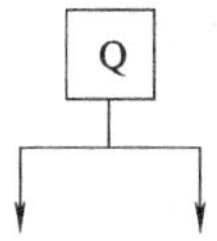 Q	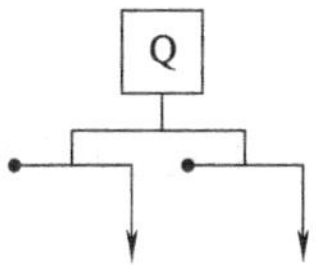 Q
电磁夹紧	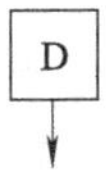 D	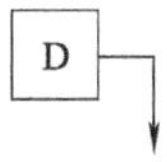 D	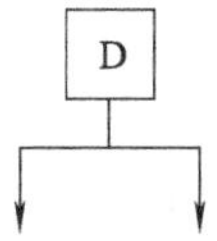 D	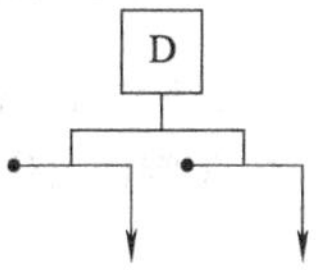 D

① 视图正面是指观察者面对的投影面。

表 2-7 所示为定位及夹紧符号标注示例。

表 2-7　定位及夹紧符号标注示例

序号	说　　明	定位、夹紧符号标注示意图	装置符号标注或与定位、夹紧符号联合标注示意图
1	主轴箱固定顶尖、床尾固定顶尖定位，拔杆夹紧	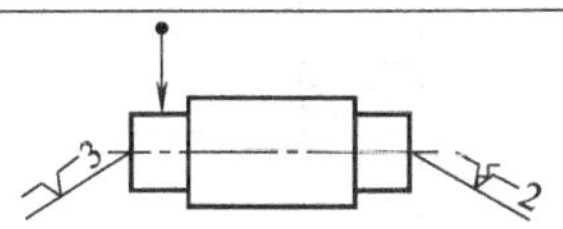 3　2	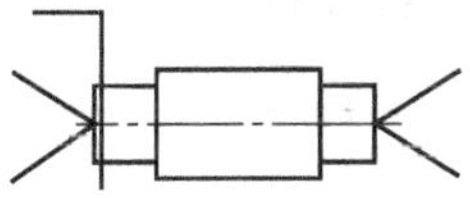
2	主轴箱固定顶尖、床尾浮动顶尖定位，拔杆夹紧	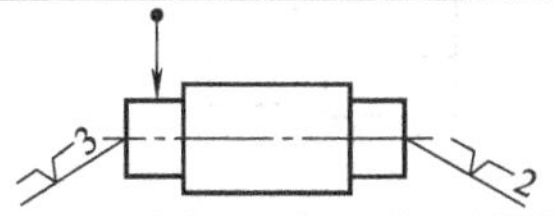 3　2	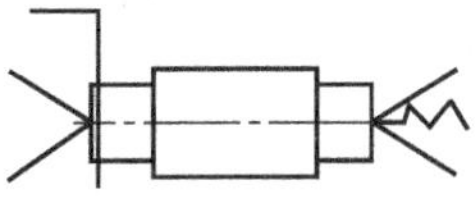
3	主轴箱内拔顶尖、床尾回转顶尖定位、夹紧	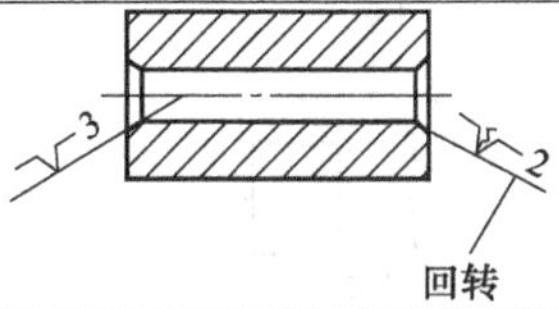 3　2　回转	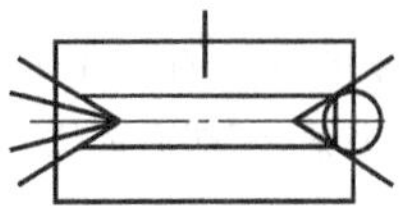
4	主轴箱外拔顶尖、床尾回转顶尖定位、夹紧	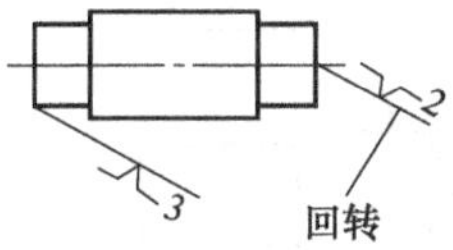 2　3　回转	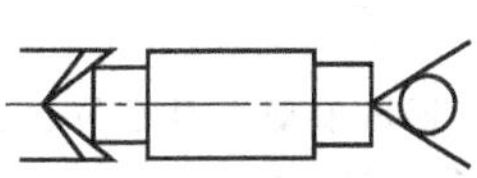
5	主轴箱弹簧夹头定位、夹紧，床尾内顶尖定位	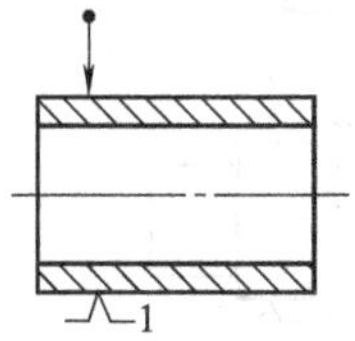 1	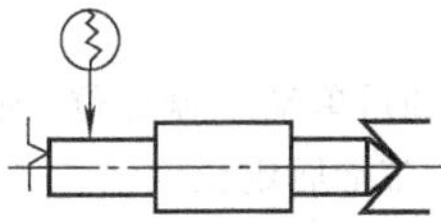

续表

序号	说 明	定位、夹紧符号标注示意图	装置符号标注或与定位、夹紧符号联合标注示意图
6	弹簧夹头定位、夹紧，夹头内带有轴向定位	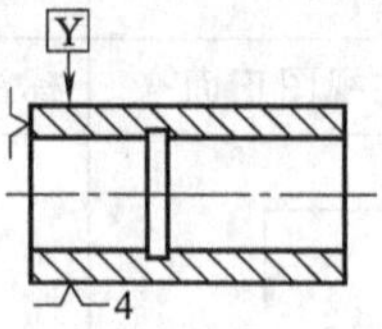	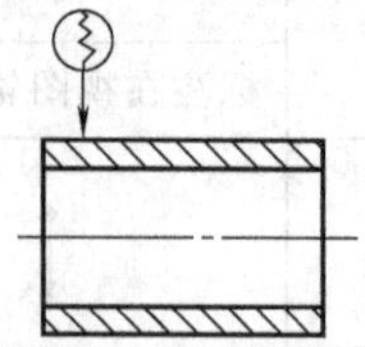
7	液压弹簧夹头定位、夹紧，夹头内带有轴向定位	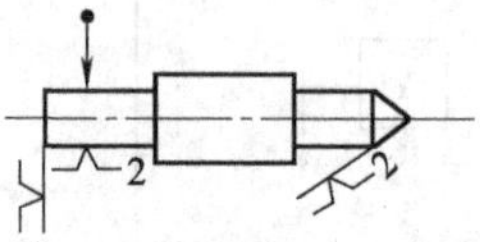	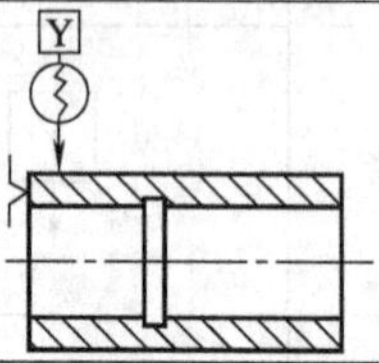
8	弹簧心轴定位、夹紧	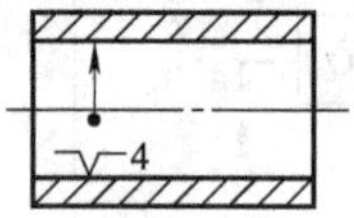	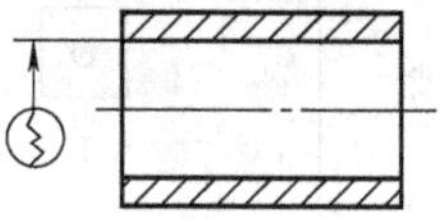
9	气动弹簧心轴定位、夹紧，带端面定位	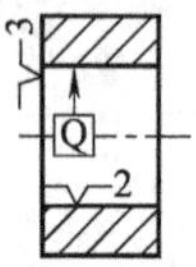	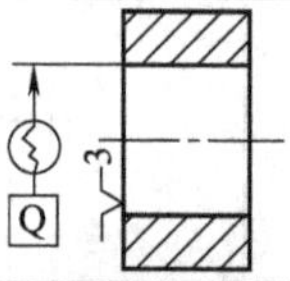
10	锥度心轴定位、夹紧	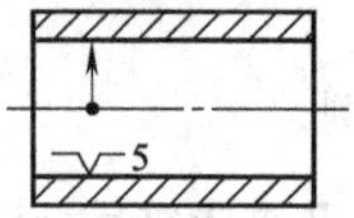	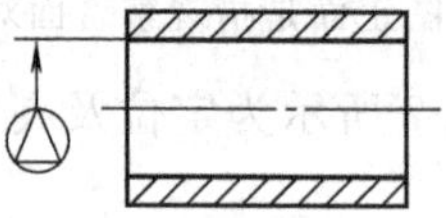
11	圆柱心轴定位、夹紧，带端面定位	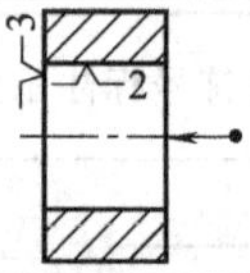	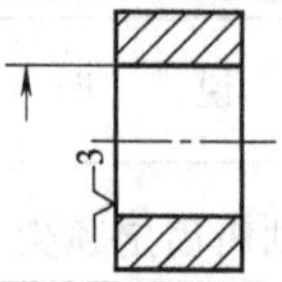
12	三爪自定心卡盘定位、夹紧	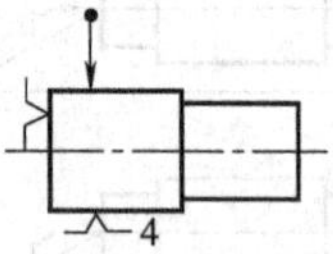	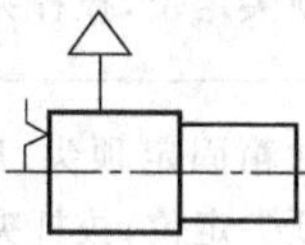
13	液压三爪自动卡盘定位、夹紧，带端面定位	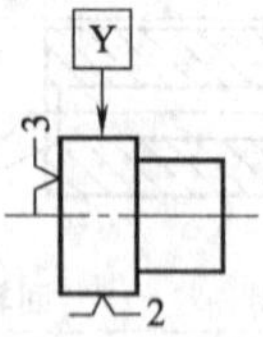	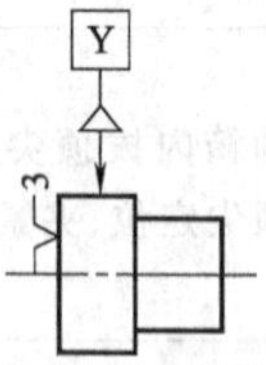
14	四爪单动卡盘定位、夹紧，带轴向定位	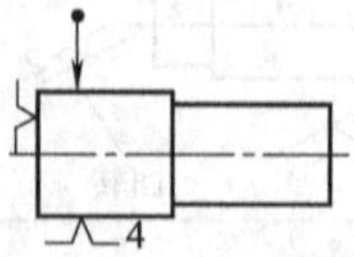	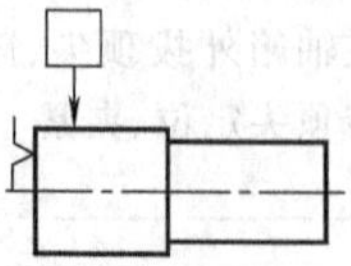
15	四爪单动卡盘定位、夹紧，带端面定位	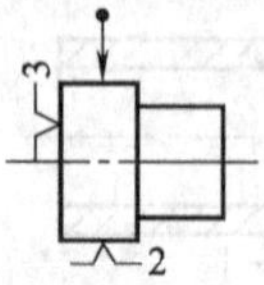	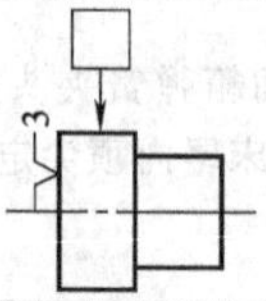

续表

序号	说　明	定位、夹紧符号标注示意图	装置符号标注或与定位、夹紧符号联合标注示意图
16	主轴箱固定顶尖、床尾浮动顶尖定位，中间有跟刀架辅助支承，拨杆夹紧(细长轴类零件)	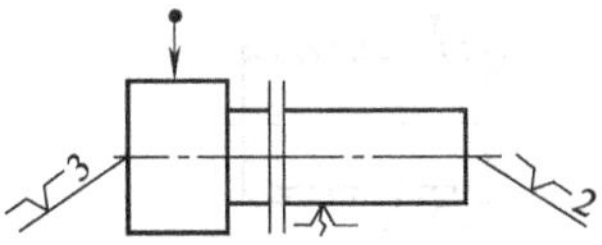	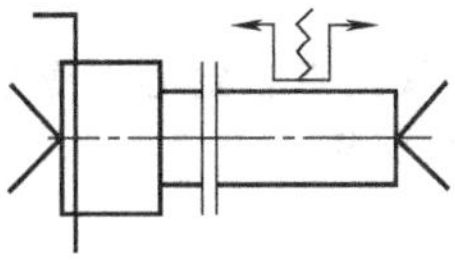
17	主轴箱三爪自定心卡盘带轴向定位夹紧，床尾中心架支承定位	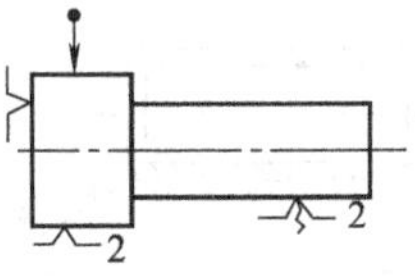	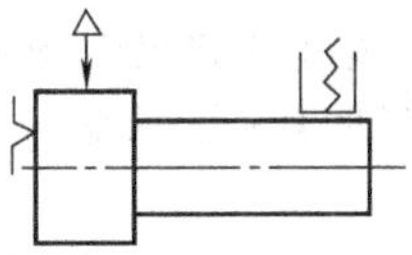
18	止口盘定位，螺栓压板夹紧	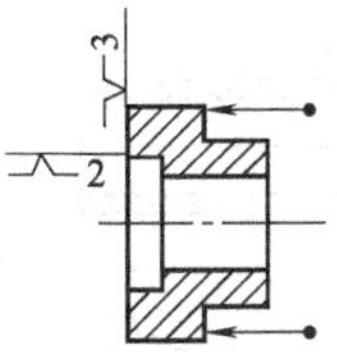	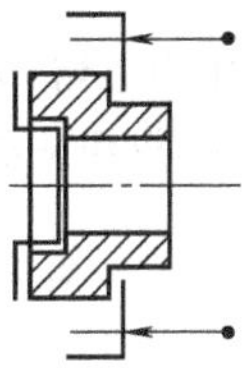
19	止口盘定位，气动压板联动夹紧	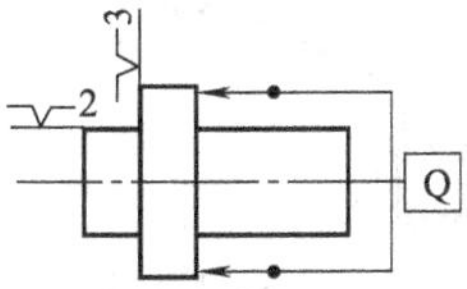	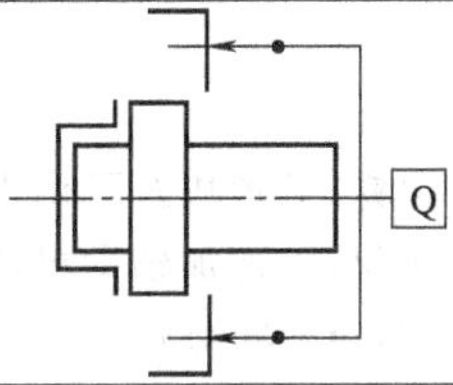
20	螺纹心轴定位、夹紧	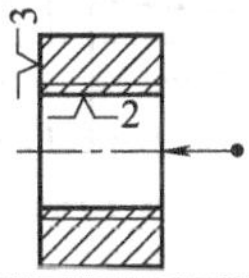	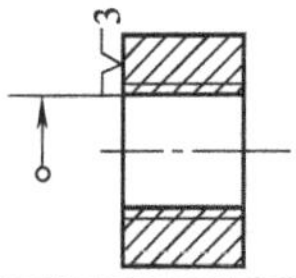
21	圆柱衬套带有轴向定位，外用三爪自定心卡盘夹紧	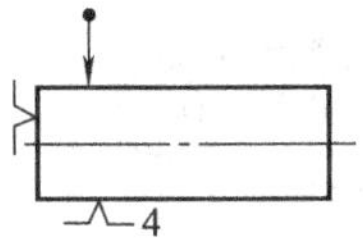	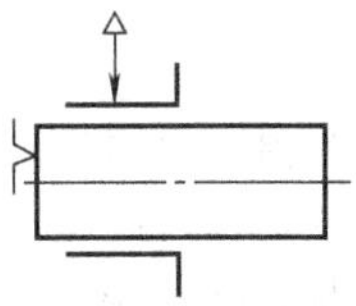
22	螺纹衬套带定位，外用三爪自定心卡盘夹紧	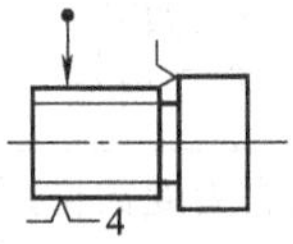	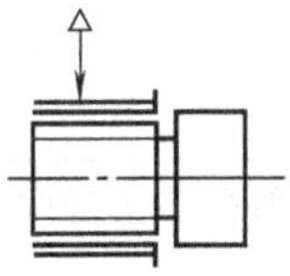
23	平口钳定位、夹紧	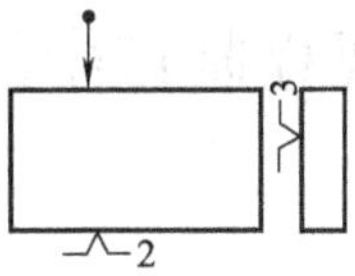	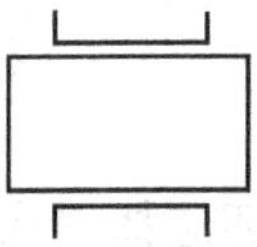
24	电磁盘定位、夹紧	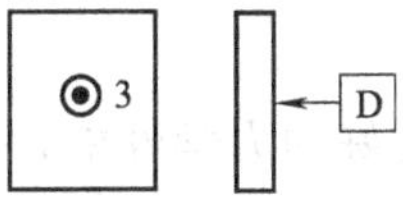	

续表

序号	说明	定位、夹紧符号标注示意图	装置符号标注或与定位、夹紧符号联合标注示意图
25	软三爪自定心卡盘定位、夹紧	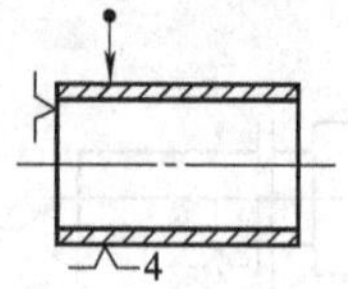 4	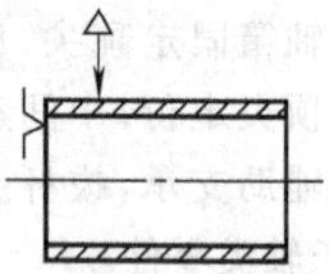
26	主轴箱伞形顶尖，床尾伞形顶尖定位、夹紧	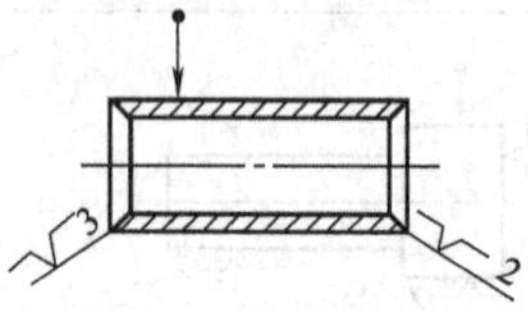 3 2	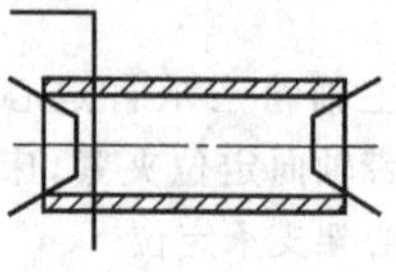
27	主轴箱中心堵，床尾中心堵定位，拔杆夹紧	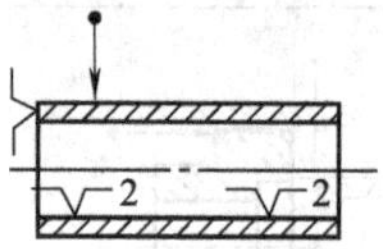 2 2	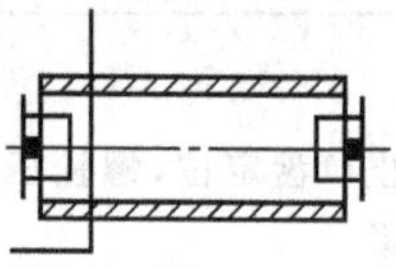
28	角铁、V形块及可调支承定位，下部加辅助可调支承，压板联动夹紧	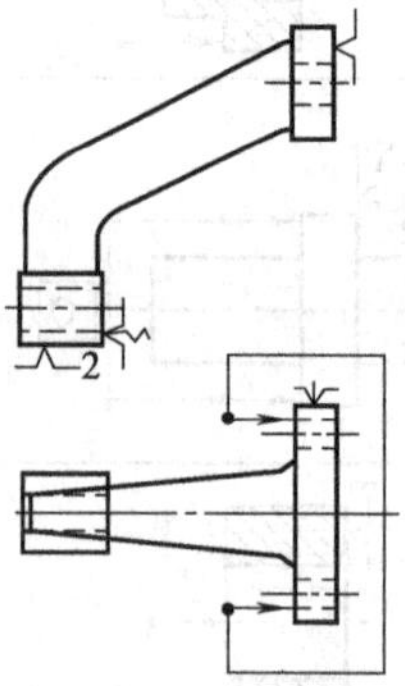 2	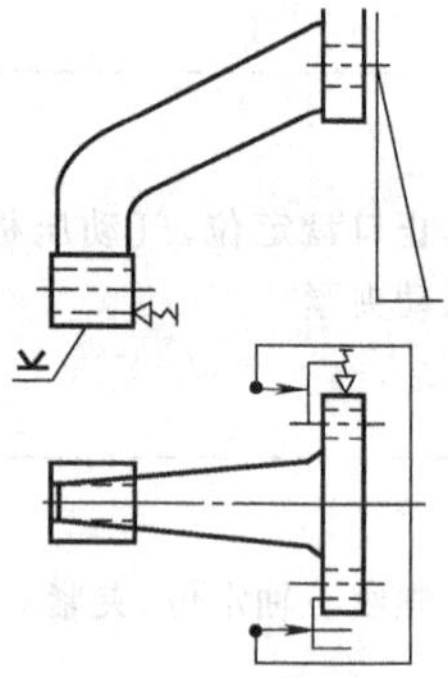
29	一端固定V形块，下平面垫铁定位，另一端可调V形块定位、夹紧	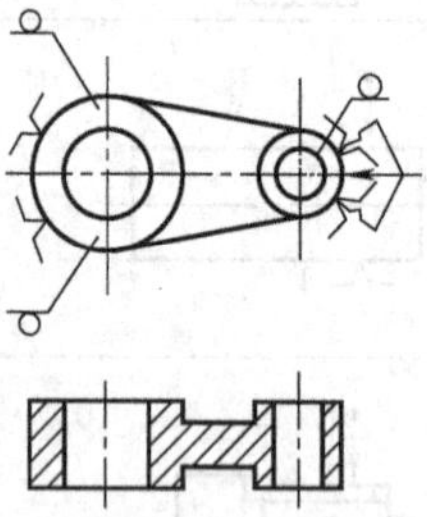	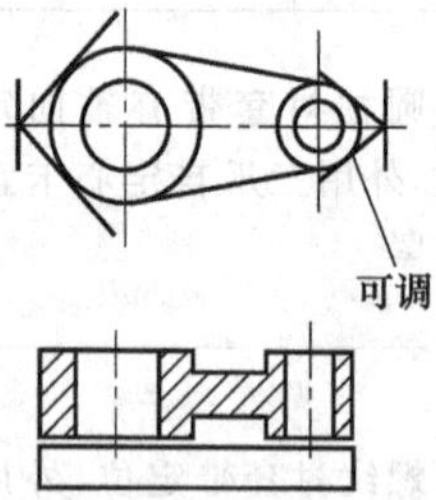 可调

注：定位符号旁边的阿拉伯数字，代表消除的自由度数目。

第五节 工艺规程制订中的注意事项

一、毛坯选择时应考虑的因素

1. 零件的材料及机械性能要求

(1) 灰铸铁零件必须用铸造毛坯；

(2) 对于重要的钢质零件，为获得良好的力学性能，应选用锻件；

(3) 在形状较简单及机械性能要求不太高时可用型材毛坯；

（4）有色金属零件常用型材或铸造毛坯。

2. 零件的结构形状与大小

（1）大型且结构较简单的零件毛坯多用砂型铸造或自由锻；

（2）结构复杂的毛坯多用铸造；

（3）小型零件可用模锻件或压力铸造毛坯；

（4）板状钢质零件多用锻件毛坯；

（5）轴类零件的毛坯，如直径和台阶相差不大，可用棒料，如各台阶尺寸相差较大，则宜选择锻件。

3. 生产纲领和现有生产条件

（1）当零件的生产批量较大时，应选用精度和生产率较高的毛坯制造方法，如模锻、金属模机器造型铸造和精密铸造等。

（2）当单件小批生产时，则应选用木模手工造型铸造或自由锻造。

4. 毛坯形状与尺寸的确定

实现少切屑、无切屑加工，是现代机械制造技术的发展趋势之一。

二、加工顺序安排的原则

1. 开始阶段

（1）安排粗加工，切除各加工表面上的大部分余量；

（2）对于难加工或易出废品的工序安排在开始阶段，如压铸体上易产生气孔、夹杂或裂纹的部位等；

（3）加工出精基准面。

2. 中间阶段

安排不重要的表面加工，以及主要表面精加工的准备工序。

3. 最后阶段

安排主要表面的精加工和光整加工工序。

4. 检验工序安排

粗加工之后，精加工之前；零件在车间转换前后；费工和重要工序前后；零件全部加工结束之后。

注意：在加工过程中要适当安排去毛刺工序，检验前必须清洗。

三、加工方法选择时应考虑的问题

1. 加工方法的经济精度、表面粗糙度与加工表面的技术要求相适应

（1）先选主要表面的最终加工方法，再选这一方法的预备加工方法；

（2）其次选次要表面的最终加工方法及先行加工方法。

2. 加工方法与被加工材料的性质相适应

有色金属，如铜、铝等，不易磨削，一般采用高速精密车或金刚镗等进行精加工；对有些难加工材料，刀具切削加工磨损太快，不易保证质量，选磨削；热处理：淬火后多用磨削，目前也有用以车代磨，以铣代磨，如采用陶瓷刀具、CBN 刀具、涂层刀具等车、铣。

3. 加工方法与生产类型相适应

一般单件小批生产，通用设备，以低代高（创造性加工）；大批量生产，高性能专用设备，以高代低。如以铣代刨，以磨代刮，以拉代铣、镗（铰）等。

4. 加工方法与零件整体结构相适应

如对箱体类零件上精度较高的孔（>IT7），由于在磨床上装夹不便，只能采用金刚镗、浮动镗等。

5. 加工方法与本厂条件相适应

四、切削用量的选择

(1) 粗加工时，背吃刀量放在第一位，进给量放在第二位，最后选择切削速度。这样可以减少走刀次数，提高生产率。

(2) 精加工时，切削速度放在第一位，进给量按工件表面粗糙度来选取，背吃刀量按工件尺寸要求来选取。

(3) 切削条件，如工件材料、刀具材料、工艺系统刚度等不同，切削用量也不同。

五、工序余量、工序尺寸及公差的确定

1. 工序余量

毛坯为冷拔料时，确定加工余量的经验公式为：

(1) 粗车外圆余量　$L/d<4$ 时，$Z=0.15\sqrt{d}$；$L/d>4$ 时，$Z=0.25\sqrt{d}$

(2) 精车外圆余量　$Z=0.15\sqrt{d}$

(3) 实心料端面余量　$Z=0.10\sqrt[3]{d}$

(3) 空心料端面余量　$Z=0.75\sqrt[3]{d}$

其中：L 为工件长度；d 为工件最大外圆直径。

2. 工序尺寸及公差

工序尺寸要根据工序间余量和工序尺寸之间的关系确定，工序尺寸公差要按各种加工方法的经济加工精度选定，计算顺序是由最后一道工序开始向前推算。

六、制订工时定额

1. 工时定额的构成

工时定额主要由以下几部分构成：

(1) 作业时间 T_o　是直接用于制造产品零部件所消耗的时间，它由基本时间 T_m 和辅助时间 T_a 两部分组成。其中 T_m 是直接用于改变生产对象的形状、尺寸、各表面间相对位置、表面状态等工艺过程所消耗的时间。对机械加工来说，就是刀具作用于工件的切削时间。T_a 是为完成上述工艺过程而必须进行的各种辅助动作，如切削过程中的进刀、退刀、变速等所消耗的时间。

(2) 工作地服务时间 T_s　是为使生产正常进行，工人照管工作地，如润滑机床、清理切屑、收拾工具等所需消耗的时间，一般按作业时间的2%～7%计算。

(3) 休息与自然需要时间 $T_{r.n}$　是工人在工作班内为恢复体力和满足生理上需要等所需消耗的时间。一般按作业时间的2%～4%计算。

(4) 准备与终结时间 $T_{r.f}$　是工人为了生产一批产品或零件，在生产前进行准备和生产完成后进行结束工作所需消耗的时间。这部分时间应平均分摊到同一批中每件产品或零件的工时定额中去。如每批中产品或零件的数量为 N，那么，每件的准终工时为 $T_{r.f}/N$。一般在单件生产和大批大量生产的情况下，都不考虑准备与终结工时，只有在中小批量生产时才考虑。

2. 制订工时定额的基本要求

工时定额是合理组织生产、提高劳动生产率、进行成本核算和衡量工人贡献大小的重要技术依据。因此，制订工时定额应注意以下几点要求：

(1) 要结合企业现有条件，使工时定额尽量制订得科学、合理。

(2) 工时定额应具有平均先进水平。使大多数职工经过努力都能完成，部分先进职工可以超额完成，少数后进职工经过努力可以完成或接近完成。

(3) 各工种的定额应做到相对平衡，以免苦乐不均，影响工人的生产积极性。

3. 制订工时定额的方法

制订工时定额可根据企业具体情况，采用以下四种方法之一：

(1) 经验估计法　通过总结企业过去的经验并参考有关技术资料，直接估计出每道工序的工时定额。此法简单易行，速度快。但受人为因素影响较大，精确性差。

(2) 统计分析法　对企业过去一段时期内生产类似产品或零件所实际消耗的工时原始记录，通过统计分析，并结合当前企业具体生产条件来确定该零件的工时定额。此法需做大量统计分析工作，而且企业的工时统计数据要比较精确才有效。

(3) 类推比较法　以同类产品的零件或工序的工时定额为依据，经过对比分析，推算出该零件或工序的工时定额。

(4) 技术测定法　通过对实际操作时间的测定和分析，确定每个工步和工序的时间定额。此法比较科学，但所需工作量也比较大，一般只适用大批量生产的产品或机械化、自动化程度比较高的作业。

第三章　机械加工工艺规程设计资料

一、典型表面加工方案

表 3-1～表 3-3 分别为外圆、内孔及平面的加工方案，可供制订工艺规程时参考。

表 3-1　外圆表面加工方案

序号	加工方案	精度等级	表面粗糙度 Ra/μm	适用范围
1	粗车	IT11～12	12.5～50	适于淬火钢以外的各种金属
2	粗车—半精车	IT8～10	3.2～6.3	
3	粗车—半精车—精车	IT7～8	0.8～12.5	
4	粗车—半精车—精车—滚压(或抛光)	IT6～7	0.1～0.8	
5	粗车—半精车—磨削	IT7～8	0.8～12.5	主要用于淬火钢，也可用于未淬火钢，但不宜加工有色金属
6	粗车—半精车—粗磨—磨削	IT6～7	0.1～0.8	
7	粗车—半精车—粗磨—精磨—超精加工(或轮式超精磨)	IT5	0.012～0.1	
8	粗车—半精车—精车—金刚石车	IT5～6	0.012～0.4	要求较高的有色金属加工
9	粗车—半精车—粗磨—精磨—超精磨(镜面磨)	IT5 以上	＜0.025	极高精度的外圆加工
10	粗车—半精车—粗磨—精磨—研磨	IT5 以上	＜0.025	

表 3-2　内孔表面加工方案

序号	加工方案	精度等级	表面粗糙度 Ra/μm	适用范围
1	钻	IT11～12	12.5～25	加工未淬火钢及铸铁的实心毛坯，也可用于加工有色金属，孔径小于 15～20mm
2	钻—铰	IT8～9	1.6～6.3	
3	钻—粗铰—精铰	IT7～8	0.4～3.2	
4	钻—扩	IT11	6.3～25	同上，但孔径大于 15～20mm
5	钻—扩—铰	IT8～9	0.8～6.3	
6	钻—扩—粗铰—精铰	IT7	0.4～3.2	
7	钻—扩—机铰—手铰	IT6～7	0.05～0.4	
8	钻—(扩)—拉	IT7～9	0.05～3.2	大批大量生产(精度由拉刀精度而定)
9	粗镗(或扩孔)	IT11～12	6.3～25	除淬火钢以外的各种材料，毛坯有铸出孔或锻出孔
10	粗镗(粗扩)—半精镗(精扩)	IT8～9	1.6～6.3	
11	粗镗(扩)—半精镗(精扩)—精镗(铰)	IT7～8	0.4～3.2	

续表

序号	加工方案	精度等级	表面粗糙度 $Ra/\mu m$	适用范围
12	粗镗(扩)—半精镗(精扩)—精镗(铰)—浮动镗刀精镗	IT6～7	0.2～0.8	除淬火钢以外的各种材料，毛坯有铸出孔或锻出孔
13	粗镗(扩)—半精镗—磨孔	IT7～8	0.1～0.8	主要用于淬火钢，也可用于未淬火钢，但不宜用于有色金属
14	粗镗(扩)—半精镗—粗磨孔—精磨孔	IT6～IT7	0.05～0.2	
15	粗镗—半精镗—精镗—金刚镗	IT6～7	0.025～0.4	主要用于有色金属
16	钻—(扩)—粗铰—精铰—珩磨 钻—(扩)—拉—珩磨 粗镗—半精镗—精镗—珩磨	IT6～7	0.012～0.2	精度要求很高的孔
17	以研磨代替上述方案中的珩磨	IT6 以上	<0.1	

表 3-3 平面加工方案

序号	加工方案	精度等级	表面粗糙度 $Ra/\mu m$	适用范围
1	粗车—半精车	IT8～9	3.2～12.5	端面
2	粗车—半精车—精车	IT6～7	0.4～3.2	
3	粗车—半精车—磨削	IT7～9	0.1～0.8	
4	粗刨(或粗铣)—精刨(或精铣)	IT7～9	0.8～12.5	一般不淬硬平面(端铣的粗糙度较低)
5	粗刨(或粗铣)—精刨(或精铣)—刮研	IT5～6	0.05～0.8	精度要求较高的不淬硬平面；批量较大时宜采用宽刃精刨方案
6	粗刨(或粗铣)—精刨(或精铣)—宽刃精刨	IT6	0.1～0.8	
7	粗刨(或粗铣)—精刨(或精铣)—磨削	IT6	0.1～0.8	精度要求高的淬硬平面或不淬硬平面
8	粗刨(或粗铣)—精刨(或精铣)—粗磨—精磨	IT5～6	0.025～0.4	
9	粗铣—拉	IT6～9	0.1～0.8	大量生产，较小的平面(精度视拉刀精度而定)
10	粗铣—精铣—磨削—研磨	IT5 以上	<0.1	高精度平面

二、典型表面加工精度

表 3-4～表 3-6 分别为外圆、内孔和平面的加工精度，可供制订工艺规程时参考。

表 3-4　外圆表面的加工精度

直径基本尺寸/mm	车						磨			研磨	用钢球或滚柱工具滚压			
	粗车	半精车或一次加工		精车		一次加工	粗磨	精磨						
	加工的公差等级/μm													
	IT12～13	IT12	IT11	IT10	IT9	IT7	IT9	IT7	IT6	IT5	IT10	IT9	IT7	IT6
1～3	120	120	60	40	20	9	20	9	6	4	40	20	9	6
>3～6	160	160	80	48	25	12	25	12	8	5	48	25	12	8
>6～10	200	200	100	58	30	15	30	15	10	6	58	30	15	10
>10～18	240	240	120	70	35	18	35	18	12	8	70	35	18	12
>18～30	280	280	140	84	45	21	45	21	14	9	84	45	21	14
>30～50	340～620	340	170	100	50	25	50	25	17	11	100	50	25	17
>50～80	400～740	400	200	120	60	30	60	30	20	13	120	60	30	20
>80～120	460～870	460	230	140	70	35	70	35	23	15	140	70	35	23
>120～180	530～1000	530	260	160	80	40	80	40	27	18	160	80	40	27
>180～260	600～1150	600	300	185	90	47	90	47	30	20	185	90	47	30
>260～360	680～1350	680	340	210	100	54	100	54	35	22	210	100	54	35
>360～500	760～1550	760	380	250	120	62	120	62	40	25	250	120	62	40

表 3-5　内孔表面的加工精度

直径基本尺寸/mm	钻孔				扩孔				铰孔						拉孔				
	无钻模		有钻模		粗扩	铸孔或锻孔的一次扩孔		精扩	半精铰		精铰		细铰		粗拉铸孔或锻孔		粗拉或钻孔后精拉孔		
	加工的公差等级/μm																		
	IT12	IT11	T12	IT11	T12	T12	IT11	IT10	IT11	IT10	IT9	IT8	IT7	IT6	IT11	IT10	IT9	IT8	IT7
1～3	—	60	—	60	—	—	—	—	—	—	—	—	—	—	—	—	—	—	—
>3～6	—	80	—	80	—	—	—	—	80	48	25	18	13	8	—	—	—	—	—
>6～10	—	100	—	100	—	—	—	—	100	58	30	22	16	9	—	—	—	—	—
>10～18	240	—	—	120	240	—	120	70	120	70	35	27	19	11	—	—	43	27	19
>18～30	280	—	—	140	280	—	140	84	140	84	45	33	23	—	—	—	52	33	23
>30～50	340	—	340	—	340	340	170	100	170	100	50	39	27	—	170	100	62	39	27
>50～80	—	—	400	—	400	400	200	120	200	120	60	46	30	—	200	120	74	46	30
>80～120	—	—	—		460	460	230	140	230	140	70	54	35	—	230	140	87	54	35
>120～180	—	—	—		—	—	—	—	260	160	80	63	40	—	260	160	100	63	40
>180～260	—	—	—		—	—	—	—	300	185	90	73	45	—	—	—	—	—	—
>260～360	—	—	—		—	—	—	—	340	215	100	84	50	—	—	—	—	—	—

续表

直径基本尺寸/mm	镗孔							磨孔			研磨	用钢求或挤压杆校正，用钢球或圆柱滚扩孔器挤扩孔			
	粗镗	半精镗	精镗			细镗（金刚镗）		粗磨	精磨						
	加工的公差等级/μm														
	IT12	IT11	IT10	IT9	IT8	IT7	IT6	IT9	IT8	IT7	IT6	IT10	IT9	IT8	IT7
＞10～18	240	120	70	35	27	19	11	35	27	19	11	70	35	27	19
＞18～30	280	140	84	45	33	23	13	45	33	23	13	84	45	33	23
＞30～50	340	170	100	50	39	27	15	50	39	27	15	100	50	39	27
＞50～80	400	200	120	60	46	30	18	60	46	30	18	120	60	46	30
＞80～120	460	230	140	70	54	35	21	70	54	35	21	140	70	54	35
＞120～180	530	260	160	80	63	40	—	80	63	40	24	160	80	63	40
＞180～260	600	300	185	90	73	45	—	90	73	45	27	185	90	73	45
＞260～360	680	340	215	100	84	50	—	100	84	50	30	215	100	84	50
＞360～500	760	380	250	120	95	60	—	120	95	60	35	250	120	95	60

注：1. 孔加工精度与工具的制造精度有关；

2. 用钢球或挤压杆校正适于孔径≤50mm。

表 3-6　平面的加工精度

基本尺寸/mm	刨削、圆柱铣刀及端铣刀铣削								拉削					磨削					研磨	用钢球或滚柱工具滚压		
	粗		半精或一次加工		精	细			粗拉		精拉			一次加工		粗磨	精磨	细磨				
	加工的公差等级/μm																					
	IT12	IT11	IT12	IT11	IT10	IT9	IT7	IT6	IT11	IT10	IT9	IT7	IT6	IT9	IT7	IT9	IT7	IT6	IT5	IT10	IT9	IT7
＞10～18	240	120	240	120	70	35	18	12	—	—	—	—	—	35	18	35	18	12	8	70	35	18
＞18～30	280	140	280	140	84	45	21	14	140	84	45	21	14	45	21	45	21	14	9	84	45	21
＞30～50	340	170	340	170	100	50	25	17	170	100	50	25	17	50	25	50	25	17	11	100	50	25
＞50～80	400	200	400	200	120	60	30	20	200	120	60	30	20	60	30	60	30	20	13	120	60	30
＞80～120	460	230	460	230	140	70	35	23	230	140	70	35	23	70	35	70	35	23	15	140	70	35
＞120～180	530	260	530	260	160	80	40	27	260	160	80	40	27	80	40	80	40	27	18	160	80	40
＞180～260	600	300	600	300	185	90	47	30	300	185	90	47	30	90	47	90	47	30	20	185	90	47
＞260～360	680	340	680	340	215	100	54	35	—	—	—	—	—	100	54	100	54	35	22	215	100	54
＞360～500	760	380	760	380	250	120	62	40	—	—	—	—	—	120	62	120	62	40	25	250	120	62

注：1. 表内资料适于尺寸＜1m、结构刚性好的零件加工，用光洁的加工表面作为定位基面和测量基面；

2. 在相同的条件下端铣刀铣削的加工精度大体上比圆柱铣刀高一级；

3. 细加工仅用于端铣刀。

三、各种加工方法所能达到的加工经济精度和表面粗糙度

表 3-7～表 3-9 分别列出了加工外圆、孔、平面中各种加工方法所能达到的加工经济精度和表面粗糙度值，供选择表面加工方法作参考。

表 3-7　外圆加工中各种加工方法的加工经济精度和表面粗糙度

加工方法	加工情况	加工经济精度 IT	表面粗糙度 *Ra*/μm	加工方法	加工情况	加工经济精度 IT	表面粗糙度 *Ra*/μm
车	粗车	11～12	10～80	外磨	精密磨（精修整砂轮）	5～6	0.04～0.32
	半精车	8～10	2.5～10		镜面磨	5	0.008～0.08
	精车	6～7	1.25～2.5	抛光			0.008～1.25
	金刚石车（镜面车）	5～6	0.02～1.25	研磨	粗研	5～6	0.16～0.63
铣	粗铣	12～13	10～80		精研	5	0.04～0.32
	半精铣	10～11	2.5～10		精密研	5	0.008～0.08
	精铣	8～9	1.25～2.5	超精加工	精	5	0.08～0.32
车槽	一次行程	11～12	10～20		精密	5	0.01～0.16
	二次行程	10～11	2.5～10	砂带磨	精磨	5～6	0.02～0.16
外磨	粗磨	8～9	1.25～10		精密磨（精修整砂轮）	5	0.01～0.04
	半精磨	7～8	0.63～2.5	滚压		6～7	0.16～1.25
	精磨	6～7	0.16～1.25				

注：切削有色金属时，表面粗糙度取 *Ra* 小值。

表 3-8　孔加工中各种加工方法的加工经济精度和表面粗糙度

加工方法	加工情况	加工经济精度 IT	表面粗糙度 *Ra*/μm	加工方法	加工情况	加工经济精度 IT	表面粗糙度 *Ra*/μm
钻	ϕ15mm 以下	11～13	5～80	镗	半精镗	10～11	2.5～10
	ϕ15mm 以上	10～12	20～80		精镗（浮动镗）	7～9	0.63～5
扩	粗扩	12～13	5～20		金刚镗	5～7	0.16～1.25
	一次扩孔（铸孔或冲孔）	11～13	10～40	内磨	粗磨	9～11	1.25～10
	精扩	9～11	1.25～10		半精磨	9～10	0.32～1.25
铰	半精铰	8～9	1.25～10		精磨	7～8	0.08～0.63
	精铰	6～7	0.32～2.5		精密磨（精修整砂轮）	6～7	0.04～0.16
	手铰	5	0.08～1.25	珩	粗珩	5～6	0.16～1.25
拉	粗拉	9～10	1.25～5		精珩	5	0.04～0.32
	一次拉孔（铸孔或冲孔）	10～11	0.32～2.5	研磨	粗研	5～6	0.16～0.63
	精拉	7～9	0.16～0.63		精研	5	0.04～0.32
推	半精推	6～8	0.32～1.25		精密研	5	0.008～0.08
	精推	6	0.08～0.32	挤	滚珠、滚柱扩孔器，挤压头	6～8	0.01～1.25
镗	粗镗	12～13	5～20				

注：切削有色金属时，表面粗糙度取 *Ra* 小值。

表 3-9 平面加工中各种加工方法的加工经济精度及表面粗糙度

<table>
<tr><th>加工方法</th><th>加工情况</th><th>加工经济精度 IT</th><th>表面粗糙度 Ra/μm</th><th>加工方法</th><th colspan="2">加工情况</th><th>加工经济精度 IT</th><th>表面粗糙度 Ra/μm</th></tr>
<tr><td rowspan="3">铣</td><td>粗铣</td><td>11～13</td><td>5～20</td><td rowspan="4">平磨</td><td colspan="2">粗磨</td><td>8～10</td><td>1.25～10</td></tr>
<tr><td>半精铣</td><td>8～11</td><td>2.5～10</td><td colspan="2">半精磨</td><td>8～9</td><td>0.63～2.5</td></tr>
<tr><td>精铣</td><td>6～8</td><td>0.63～5</td><td colspan="2">精磨</td><td>6～8</td><td>0.16～0.32</td></tr>
<tr><td rowspan="3">端铣</td><td>粗铣</td><td>11～13</td><td>5～20</td><td colspan="2">精密磨</td><td>6</td><td>0.04～0.08</td></tr>
<tr><td>半精铣</td><td>8～11</td><td>2.5～10</td><td rowspan="5">刮</td><td rowspan="5">25mm×25mm内点数</td><td>8～10</td><td></td><td>0.63～1.25</td></tr>
<tr><td>精铣</td><td>6～8</td><td>0.63～5</td><td>10～13</td><td></td><td>0.32～0.63</td></tr>
<tr><td rowspan="3">车</td><td>半精车</td><td>8～11</td><td>2.5～10</td><td>13～16</td><td></td><td>0.16～0.32</td></tr>
<tr><td>精车</td><td>6～8</td><td>1.25～5</td><td>16～20</td><td></td><td>0.08～0.16</td></tr>
<tr><td>细车(金刚石车)</td><td>6</td><td>0.02～1.25</td><td>20～25</td><td></td><td>0.04～0.08</td></tr>
<tr><td rowspan="4">刨</td><td>粗刨</td><td>11～13</td><td>5～20</td><td rowspan="3">研磨</td><td colspan="2">粗研</td><td>6</td><td>0.16～0.63</td></tr>
<tr><td>半精刨</td><td>8～11</td><td>2.5～10</td><td colspan="2">精研</td><td>5</td><td>0.04～0.32</td></tr>
<tr><td>精刨</td><td>6～8</td><td>0.63～5</td><td colspan="2">精密研</td><td>5</td><td>0.008～0.08</td></tr>
<tr><td>宽刃精刨</td><td>6</td><td>0.04～0.32</td><td rowspan="2">砂带磨</td><td colspan="2">精磨</td><td>5～6</td><td>0.04～0.32</td></tr>
<tr><td>插</td><td></td><td></td><td>2.5～20</td><td colspan="2">精密</td><td>5</td><td>0.01～0.04</td></tr>
<tr><td rowspan="2">拉</td><td>粗拉(铸造或冲压表面)</td><td>10～11</td><td>5～20</td><td>滚压</td><td colspan="2"></td><td>7～10</td><td>0.16～2.5</td></tr>
<tr><td>精拉</td><td>6～9</td><td>0.32～2.5</td><td></td><td colspan="2"></td><td></td><td></td></tr>
</table>

注：切削有色金属时，表面粗糙度取 *Ra* 小值。

四、各种加工方法能够达到的形状、位置的经济精度

表 3-10～表 3-17 为各种加工方法能够达到的形状、位置的经济精度，供制订工艺规程时参考。

表 3-10 平面度和直线度的经济精度

加工方法	精度等级	加工方法	精度等级
研磨、超精磨、细刮	1～2	粗磨、铣、刨、拉、车	7～8
研磨、高精度磨、刮	3～4	铣、刨、车、插	9～10
磨、刮、高精度车	5～6	各种粗机械加工	11～12

表 3-11 圆柱形表面形状精度的经济精度

加 工 方 法	精度等级	加 工 方 法	精度等级
研磨、细磨及高精磨、金刚镗	1～2	精车及镗、铰、拉、高精度扩及钻孔	7～8
研磨、珩磨、细磨、金刚镗、高精度细车及细镗	3～4	车及镗、钻、压铸	9～10
磨、珩、精车及精镗、细铰、拉	5～6		

表 3-12 平行度的经济精度

加工方法	精度等级	加工方法	精度等级
研磨、超精研、高精度金刚石加工、高精度刮	1～2	铣、刨、拉、磨、镗	7～8
研磨、磨、刮、珩	3～4	铣及镗、按导套钻铰	9～10
磨、坐标镗、高精度铣	5～6	各种粗加工	11～12

表 3-13 端面跳动和垂直度的经济精度

加工方法	精度等级	加工方法	精度等级
研磨、细磨、高精度金刚石加工	1～2	磨、铣、刨、刮、镗	7～8
研磨、高精度磨及刮、细车	3～4	车、粗铣、刨及镗	9～10
磨、刮、珩、高精度刨、铣镗	5～6	各种粗加工	11～12

表 3-14 同轴度的经济精度

加工方法	精度等级	加工方法	精度等级
研磨、细磨、珩、高精度金刚石加工	1～2	粗磨、一般精度的车及镗、拉、铰	7～8
细磨、细车、一次装夹下的内圆磨、珩磨	3～4	车、镗、钻	9～10
磨及高精度车、一次装夹下的内圆磨及镗	5～6	各种粗加工	11～12

表 3-15 轴心线相互平行的孔的位置经济精度

加工方法		两孔中心线的距离误差或自孔中心线到平面的距离误差/mm
立钻或摇臂钻上钻孔	按划线	0.5～1.0
	用钻模	0.1～0.2
立钻或摇臂钻上镗孔	用镗模	0.05～0.1
车床上镗孔	按划线	1.0～2.0
	用夹具	0.1～0.3
坐标镗床上镗孔	用光学仪器	0.004～0.015
金刚镗床上镗孔	—	0.008～0.02
多轴组合机床上镗孔	用镗模	0.05～0.2
卧式镗床上镗孔	按划线	0.4～0.6
	用游标卡尺	0.2～0.4
	用内径规或塞尺	0.05～0.25
	用镗模	0.05～0.08
	按定位器读数	0.04～0.06
	用程序控制	0.04～0.05
	按样板	0.08～0.2
	用块规	0.05～0.1

注：对于钻、卧镗及组合机床的镗孔偏差同样适用于铰孔。

表 3-16　轴心线相互垂直的孔的位置经济精度

加工方法		在100mm长度上轴心线的垂直度/mm	轴心线的位移度/mm	加工方法		在100mm长度上轴心线的垂直度/mm	轴心线的位移度/mm
立钻上钻孔	按划线	0.5～1.0	0.5～2.0	卧式镗床上镗孔	按划线	0.5～1.0	0.5～2.0
	用钻模	0.1	0.5		用镗模	0.04～0.2	0.02～0.06
铣床上镗孔	回转工作台	0.02～0.05	0.1～0.2		回转工作台	0.06～0.3	0.03～0.08
	回转分度头	0.05～0.1	0.3～0.5		带有百分表回转工作台	0.05～0.15	0.05～0.1
多轴组合机床上镗孔	用镗模	0.05～0.2	0.05～0.2				

注：在镗空间的垂直孔时，中心距误差可按表中相应的找正方法选用。

表 3-17　在各种机床上加工时形状、位置的平均经济精度

机床类型			圆度/mm	圆柱度/长度(mm/mm)	平面度(凹入)/直径(mm/mm)
普通车床	最大加工直径/mm	≤400	0.01	0.0075/100	0.015/200、0.02/300、0.025/400 0.03/500、0.04/600、0.05/700 0.06/800、0.07/900、0.08/1000
		>400～800	0.015	0.025/300	
		>800～1600	0.02	0.03/300	
		>1600～3200	0.025	0.04/300	
高精度普通车床		≤500	0.005	0.01/150	
外圆磨床	最大加工直径/mm	≤200	0.003	0.0055/500	—
		>200～400	0.004	0.01/1000	
		>400～800	0.006	全长:0.015	
无心磨床			0.005	0.004/100	等径多边形偏差0.003
珩磨机			0.005	0.01/300	—

机床类型			圆度/mm	圆柱度/长度(mm/mm)	平面度(凹入)/直径(mm/mm)	成批工件尺寸的分散度/mm	
						直径	长度
六角车床	最大棒料直径/mm	≤12	0.007	0.007/300	0.02/300	0.04	0.12
		>12～32	0.01	0.01/300	0.03/300	0.05	0.15
		>32～80	0.01	0.02/300	0.04/300	0.06	0.18
		>80	0.02	0.025/300	0.05/300	0.09	0.22

机床类型			圆度/mm	圆柱度/长度(mm/mm)	平面度(凹入)/直径(mm/mm)	孔的平行度/长度(mm/mm)	孔与端面的垂直度/长度(mm/mm)
卧式镗床	镗杆直径/mm	≤100	外圆0.025 内孔0.02	0.02/200	0.04/300	0.05/300	0.05/300
		>100～160	外圆0.025 内孔0.025	0.025/300	0.05/500		
		>160	外圆0.03 内孔0.025	0.03/400	—		

续表

机床类型			圆度/mm	圆柱度/长度(mm/mm)	平面度(凹入)/直径(mm/mm)	孔的平行度/长度(mm/mm)	孔与端面的垂直度/长度(mm/mm)
内圆磨床	最大加工直径/mm	≤50	0.004	0.004/200	0.009	—	0.015
		>50～200	0.0075	0.0075/200	0.013	—	0.018
		>200	0.01	0.01/200	0.02	—	00.022
立式金刚镗			0.004	0.01/300	—	—	03/300

机床类型			平面度	平行度(加工面对基面)/长度	垂直度/长度	
					加工面对基面	加工面相互间
			(mm/mm)			
卧式铣床			0.06/300	0.06/300	0.04/300	0.05/300
立式铣床			0.06/300	0.06/300	0.04/150	0.05/300
龙门铣床	最大加工宽度/mm	≤2000	0.05/1000	0.03/1000、0.05/2000、0.06/3000 0.07/4000、0.10/6000、0.13/8000	侧面间的平行度 0.03/1000	0.06/300
		>2000				0.10/500
龙门刨床		≤2000	0.03/1000	0.03/1000、0.05/2000、0.06/3000 0.07/4000、0.10/6000、0.12/8000	—	0.03/300
		>2000				0.05/500
插床	最大插削长度/mm	≤200	0.05/300	—	0.05/300	0.05/300
		>200～500	0.05/300	—	0.05/300	0.05/300
		>500～800	0.06/500	—	0.06/500	0.06/500
		>800～1250	0.07/500	—	0.07/500	0.07/500
平面磨床	立 卧轴矩台		—	0.02/1000	—	—
	卧轴矩台(提高精度)		—	0.009/500	—	0.01/100
	卧轴圆台		—	0.02/工作台直径	—	—
	立轴圆台		—	0.03/1000	—	—

五、加工余量及尺寸偏差

表 3-18～表 3-31 分别列出了几种主要毛坯件的加工余量，可供制订工艺规程时参考。

表 3-18 各种毛坯的表层厚度 mm

自由锻件		模锻件		铸件	
磁钢	≤1.5	磁钢	≤1	灰口铸铁	1～4
合金钢	1～4	合金钢	≤0.5	铸钢	2～5

表 3-19　铸铁件机械加工总余量　mm

铸件最大尺寸	浇注时位置	基本尺寸													
		Ⅰ级(大批大量生产)					Ⅱ级(成批生产)					Ⅲ级(单件小批生产)			
		≤50	>50～120	>120～260	>260～500	>500～800	≤50	>50～120	>120～260	>260～500	>500～800	≤120	>120～260	>260～500	>500～800
≤120	顶面及孔	2.5	2.5				3.5	4.0				4.5			
	底面及侧面	2.0	2.0				2.5	3.0				3.5			
120～260	顶面及孔	2.5	3.0	3.0			4.0	4.5	5.0			5.0	5.5		
	底面及侧面	2.0	2.5	2.5			3.0	3.5	4.0			4.0	4.5		
260～500	顶面及孔	3.5	3.5	4.0	4.5		4.5	5.0	6.0	6.5		6.0	7.0	7.0	
	底面及侧面	2.5	3.0	3.5	3.5		3.5	4.0	4.5	5.0		4.5	5.0	6.0	
500～800	顶面及孔	4.5	4.5	5.0	5.5		5.0	6.0	6.5	7.0	7.5	7.0	7.0	8.0	9.0
	底面及侧面	3.5	3.5	4.0	4.5		4.0	4.5	4.5	5.0	5.5	5.0	5.0	6.0	7.0
800～1250	顶面及孔	5.0	5.0	6.0	6.5	7.0	6.0	7.0	7.0	7.5	8.0	7.0	8.0	8.0	9.0
	底面及侧面	3.5	4.0	4.5	4.5	5.0	4.0	5.0	5.0	5.5	5.5	5.5	6.0	6.0	7.0

注：1. 表中基本尺寸是指两个相对加工面之间的最大距离，或从基准面（线）到加工面的距离。若几个加工面对基准面（线）是平行的，则基本尺寸必须采用最远一个加工面到基准面（线）的距离。

2. 为满足工艺上的要求，如防止挠曲、变形、解决金属顺序凝固，以及为铸件卡头、冒口切割量而增加的余量，均不包括在表列加工余量内。

表 3-20　铸钢件机械加工总余量　mm

铸件最大尺寸	浇注时位置	基本尺寸													
		Ⅰ级(大批大量生产)					Ⅱ级(成批生产)					Ⅲ级(单件小批生产)			
		≤120	>50～120	>120～260	>260～500	>500～800	≤120	>50～120	>120～260	>260～500	>500～800	≤120	>120～260	>260～500	>500～800
≤120	顶面及孔	3.5					4.0					5.0			
	底面及侧面	3.0					4.0					4.0			
120～260	顶面及孔	4.0	5.0				5.0	6.0				5.0	6.0		
	底面及侧面	3.0	3.5				4.0	4.0				4.0	5.0		
260～500	顶面及孔	5.0	5.0	6.0			6.0	7.0	7.0			6.0	8.0	9.0	
	底面及侧面	3.0	4.0	4.0			5.0	5.0	6.0			5.0	6.0	7.0	11.0
500～800	顶面及孔	5.0	6.0	7.0	7.0		7.0	8.0	9.0	10.0		9.0	10.0	11.0	12.0
	底面及侧面	4.0	4.5	5.0	5.0		5.0	6.0	6.0	7.0		10.0	11.0	12.0	13.0
800～1250	顶面及孔	7.0	7.0	8.0	8.0	9.0	8.0	9.0	10.0	10.0	11.0	7.0	8.0	9.0	9.0
	底面及侧面	5.0	5.0	6.0	6.0	6.0	6.0	7.0	7.0	8.0	8.0	8.0	9.0	10.0	10.0

表 3-21 铸铁件和铸钢件的尺寸偏差 mm

<table>
<tr><th rowspan="2">铸件最大尺寸</th><th colspan="16">基本尺寸</th></tr>
<tr><th colspan="5">Ⅰ级（大批大量生产）</th><th colspan="6">Ⅱ级（成批生产）</th><th colspan="5">Ⅲ级（单件小批生产）</th></tr>
<tr><th></th><th>≤50</th><th>>50～120</th><th>>120～260</th><th>>260～500</th><th>>500～800</th><th>≤50</th><th>>50～120</th><th>>120～260</th><th>>260～500</th><th>>500～800</th><th>>800～1250</th><th>≤50</th><th>>50～120</th><th>>120～260</th><th>>260～500</th><th>>500～800</th></tr>
<tr><td>≤120</td><td>±0.2</td><td>±0.3</td><td></td><td></td><td></td><td>±0.5</td><td>±0.8</td><td rowspan="2">±1.0</td><td></td><td></td><td></td><td rowspan="3">±1.0</td><td rowspan="3">±1.5</td><td rowspan="3">±2.0</td><td rowspan="3">±2.5</td><td></td></tr>
<tr><td>120～260</td><td>±0.3</td><td>±0.4</td><td>±0.6</td><td></td><td></td><td>±0.5</td><td>±0.8</td><td></td><td></td><td></td><td></td></tr>
<tr><td>260～500</td><td>±0.4</td><td>±0.6</td><td>±0.8</td><td>±1.0</td><td></td><td>±0.8</td><td>±1.0</td><td>±1.2</td><td>±1.5</td><td></td><td></td><td></td></tr>
<tr><td>500～1250</td><td>±0.6</td><td>±0.8</td><td>±1.0</td><td>±1.2</td><td>±1.4</td><td>±1.0</td><td>±1.2</td><td>±1.5</td><td>±2.0</td><td>±2.5</td><td>±3.0</td><td>±1.2</td><td>±1.8</td><td>±2.2</td><td>±3.0</td><td>±4.0</td></tr>
</table>

表 3-22 铸铝件的机械加工余量（手工制模） mm

铸件最大长度	浇注时位置	铸件最大宽度									
		≤75		76～150		151～250		251～750		>750	
		机械加工所要求的表面粗糙度 $Ra/\mu m$									
		80～20	10～0.32	80～20	10～0.32	80～20	10～0.32	80～20	10～0.32	80～20	10～0.32
≤75	底面及外侧面	3.0	3.5								
	内侧面	3.5	4.0								
	顶面	4.0	5.0								
76～150	底面及外侧面	3.5	4.0	3.5	4.0						
	内侧面	4.0	4.5	4.0	4.5						
	顶面	5.0	6.0	5.0	6.0						
151～250	底面及外侧面	4.0	4.5	4.0	4.5	4.5	5.0				
	内侧面	4.5	5.0	4.5	5.0	5.0	5.5				
	顶面	6.0	7.0	6.0	7.0	7.0	7.5				
251～500	底面及外侧面	4.5	5.0	4.5	5.0	5.0	5.5	5.5	5.5		
	内侧面	5.0	5.5	5.0	5.5	5.5	6.0	6.0	6.5		
	顶面	7.0	7.5	7.0	7.5	7.5	8.0	8.0	9.0		
501～1000	底面及外侧面	5.0	5.5	5.0	5.5	5.5	6.0	6.0	7.0	6.0	7.5
	内侧面	5.5	6.0	5.5	6.0	6.0	6.5	6.5	7.5	7.0	8.0
	顶面	7.5	8.0	7.5	8.0	8.0	9.0	9.0	10.0	10.0	11.0

注：1. 机器制模加工余量的大小可将本表加工余量乘以 0.8。

2. 铸件内部顶面及底面的加工余量与内侧面的加工余量相同。

表 3-23　模锻件单面加工余量　mm

模锻件最大边长	材料		模锻件最大边长	材料	
	钢和钛	铝、镁和铜		钢和钛	铝、镁和铜
0～50	1.5	1.0	250～315	2.5	2.5
50～80	1.5	1.5	315～400	3.0	2.5
80～120	2.0	1.5	400～500	3.0	3.0
120～180	2.0	2.0	500～630	3.0	3.0
180～250	2.5	2.0	630～800	3.5	3.5

表 3-24　平面加工余量　mm

平面加工方法		单面加工余量(按加工表面最大尺寸取)						
		≤50	>50～120	>120～260	>260～500	>500～800	>800～1250	>1250～2000
铸造后用切削刀具粗加工和一次加工	Ⅰ级精度砂型	0.9	1.1	1.5	2.2	3.1	4.5	7.0
	Ⅱ级精度砂型	1.0	1.2	1.6	2.3	3.2	4.6	7.1
	固定型(金属型)	0.7	0.8	1.0	1.6	2.2	3.1	4.6
	薄壳体型	0.5	0.6	0.8	1.4	2.0	2.9	—
	熔模	0.3	0.4	0.5	0.8	—	—	—
铸造后用切削刀具半精加工		0.25	0.25	0.3	0.3	0.35	0.4	0.5
半精加工后用切削刀具精加工		0.16	0.16	0.16	0.16	0.16	0.16	0.2
用切削刀具精加工后预磨和一次磨削		0.05	0.05	0.05	0.05	0.05	0.05	0.08
预磨后精磨		0.03	0.03	0.03	0.03	0.03	0.03	0.05

表 3-25　轴类（外旋转表面）零件的机械加工余量　mm

基本尺寸	加工方法	直径余量(按轴长取)					
		≤120	>120～260	>260～500	>500～800	>800～1250	>1250～2000
高精度轧制件车削							
≤30	粗车和一次车	1.2/1.1	1.7/—	—	—	—	—
	精车	0.25/0.25	0.3/—	—	—	—	—
	细车	0.12/0.12	0.15/—	—	—	—	—
>30～50	粗车和一次车	1.2/1.1	1.5/1.4	2.2/—	—	—	—
	精车	0.3/0.25	0.3/0.25	0.35/—	—	—	—
	细车	0.15/0.12	0.16/0.13	0.2/—	—	—	—

续表

基本尺寸	加工方法	直径余量(按轴长取)					
		≤120	>120~260	>260~500	>500~800	>800~1250	>1250~2000
高精度轧制件车削							
>50~80	粗车和一次车	1.5/1.1	1.7/1.5	2.3/2.1	3.1/—	—	—
	精车	0.25/0.20	0.3/0.25	0.3/0.25	0.4/—	—	—
	细车	0.14/0.12	0.15/0.13	0.17/0.16	0.23/—	—	—
>80~120	粗车和一次车	1.6/1.2	1.7/1.3	2.0/1.7	2.5/2.3	3.3/—	—
	精车	0.25/0.25	0.3/0.25	0.3/0.3	0.3/0.3	0.35/—	—
	细车	0.14/0.13	0.15/0.13	0.16/0.15	0.17/0.17	0.20/—	—
普通精度轧制件车削							
≤30	粗车和一次车	1.3/1.1	1.7/—	—	—	—	—
	半精车	0.45/0.45	0.5/—	—	—	—	—
	精车	0.25/0.20	0.25/—	—	—	—	—
	细车	0.13/0.12	0.15/—	—	—	—	—
>30~50	粗车和一次车	1.3/1.1	1.6/1.4	2.2/—	—	—	—
	半精车	0.45/0.45	0.45/0.45	0.45/—	—	—	—
	精车	0.25/0.20	0.25/0.25	0.30/—	—	—	—
	细车	0.13/0.12	0.14/0.13	0.16/—	—	—	—
>50~80	粗车和一次车	1.50/1.10	1.70/1.50	2.30/2.10	3.10/—	—	—
	半精车	0.45/0.45	0.50/0.45	0.50/0.50	0.55/—	—	—
	精车	0.25/0.20	0.3 /0.25	0.30/0.30	0.35/—	—	—
	细车	0.13/0.12	0.14/0.13	0.18/0.16	0.20/—	—	—
>80~120	粗车和一次车	1.8/1.2	1.9/1.3	2.1/1.7	2.6/2.3	3.4/—	—
	半精车	0.50/0.45	0.50/0.45	0.50/0.50	0.50/0.50	0.55/—	—
	精车	0.25/0.25	0.25/0.25	0.30/0.25	0.30/0.30	0.35/—	—
	细车	0.15/0.12	0.15/0.13	0.16/0.14	0.18/0.17	0.20/—	—

续表

基本尺寸	加工方法	直径余量(按轴长取)					
		≤120	>120～260	>260～500	>500～800	>800～1250	>1250～2000
普通精度轧制件车削							
>120～180	粗车和一次车	2.0/1.3	2.1/1.4	2.3/1.8	2.7/2.3	3.5/3.2	4.8/—
	半精车	0.50/0.45	0.50/0.45	0.50/0.50	0.50/0.50	0.60/—0.55	0.65/—
	精车	0.30/0.25	0.30/0.25	0.30/0.25	0.30/0.30	0.35/0.30	0.40/—
	细车	0.16/0.13	0.16/0.13	0.17/0.15	0.18/0.17	0.21/0.20	0.27/—
>180～260	粗车和一次车	2.3/1.4	2.4/1.5	2.6/1.8	2.9/2.4	3.6/3.2	5.0/—
	半精车	0.50/0.45	0.50/0.45	0.50/0.50	0.55/0.50	0.60/—0.55	0.65/0.65
	精车	0.30/0.25	0.30/0.25	0.30/0.25	0.30/0.30	0.35/0.35	0.40/0.40
	细车	0.17/0.13	0.17/0.14	0.18/0.15	0.19/0.17	0.22/0.20	0.27/0.26
模锻毛坯车削							
≤18	粗车和一次车	1.5/1.4	1.9/—	—	—	—	—
	精车	0.25/0.25	0.30/—	—	—	—	—
	细车	0.14/0.14	0.15/—	—	—	—	—
>18～30	粗车和一次车	1.6/1.5	2.0/1.8	2.3/—	—	—	—
	精车	0.25/0.25	0.30/0.25	0.30/—	—	—	—
	细车	0.14/0.14	0.15/0.14	0.16/—	—	—	—
>30～50	粗车和一次车	1.8/1.7	2.3/2.0	3.0/2.7	3.5/—	—	—
	精车	0.30/0.25	0.30/0.30	0.30/0.30	0.35/—	—	—
	细车	0.15/0.15	0.16/0.15	0.19/0.17	0.21/—	—	—
>50～80	粗车和一次车	2.2/2.0	2.9/2.6	3.4/2.9	4.2/3.6	5.0/—	—
	精车	0.30/0.30	0.30/0.30	0.35/0.30	0.40/0.35	0.45/—	—
	细车	0.16/0.16	0.18/0.17	0.20/0.18	0.22/0.20	0.25/—	—
>80～120	粗车和一次车	2.6/2.3	3.3/3.0	4.3/3.8	5.2/4.5	6.3/5.2	8.2/—
	精车	0.30/0.30	0.30/0.30	0.40/0.35	0.45/0.40	0.50/0.45	0.60/—
	细车	0.17/0.17	0.19/0.18	0.23/0.21	0.26/0.24	0.30/0.26	0.38/—

续表

基本尺寸	加工方法	直径余量(按轴长取)					
		≤120	＞120～260	＞260～500	＞500～800	＞800～1250	＞1250～2000
模锻毛坯车削							
＞120～180	粗车和一次车	3.2/2.8	4.6/4.2	5.0/4.5	6.2/5.6	7.5/6.7	—
	精车	0.35/0.30	0.40/0.30	0.45/0.40	0.50/0.45	0.60/0.55	—
	细车	0.20/0.20	0.24/0.22	0.25/0.23	0.30/0.27	0.35/0.32	—
毛坯磨削							
≤30	热处理后预磨	0.30	0.60	—	—	—	—
	精车后预磨	0.10	0.10	—	—	—	—
	预磨后精磨	0.06	0.06	—	—	—	—
＞30～50	热处理后预磨	0.25	0.50	0.85	—	—	—
	精车后预磨	0.10	0.10	0.10	—	—	—
	预磨后精磨	0.06	0.06	0.06	—	—	—
＞50～80	热处理后预磨	0.25	0.40	0.76	1.20	—	—
	精车后预磨	0.10	0.10	0.10	0.10	—	—
	预磨后精磨	0.06	0.06	0.06	0.06	—	—
＞80～120	热处理后预磨	0.20	0.35	0.65	1.00	1.55	—
	精车后预磨	0.10	0.10	0.10	0.10	0.10	—
	预磨后精磨	0.06	0.06	0.06	0.06	0.06	—
＞120～180	热处理后预磨	0.17	0.30	0.55	0.85	1.30	2.10
	精车后预磨	0.10	0.10	0.10	0.10	0.10	0.10
	预磨后精磨	0.06	0.06	0.06	0.06	0.06	0.06

注：1. 表中分子上给的数值是用中心孔安装时的车削余量，分母上则是用卡盘安装时的车削余量。

2. 如果余量在磨削时一次走刀不能被磨掉，则第一次走刀磨掉70%，第二次走刀磨掉30%。

3. 锥度加工余量值和圆柱加工余量值的选取方法相同，但锥度面应以最大直径为准。

表 3-26　磨孔加工余量　　mm

加工方法	直径余量(按孔径取)			加工方法		直径余量(按孔径取)		
	6～10	＞10～50	＞50～180			6～10	＞10～50	＞50～180
热处理前磨削	0.2	0.3	0.4～0.5	热处理后磨削	粗磨	—	0.2	0.3
					精磨	—	0.1	0.2

表 3-27　按照孔公差 H7 加工的工序间尺寸　　mm

加工孔的直径	直径						加工孔的直径	直径					
	钻		用车刀镗以后	扩孔钻	粗铰	精铰		钻		用车刀镗以后	扩孔钻	粗铰	精铰
	第 1 次	第 2 次						第 1 次	第 2 次				
3	2.9					3H7	26	24.0		25.8	25.8	25.94	26H7
4	3.9					4H7	28	26.0		27.8	27.8	27.94	28H7
5	4.8					5H7	30	15.0	28.0	29.8	29.8	29.93	30H7
6	5.8					6H7	32	15.0	30.0	31.75	31.75	31.93	32H7
8	7.8				7.96	8H7	35	20.0	33.0	34.7	34.75	34.93	35H7
10	9.8				9.96	10H7	38	20.0	36.0	37.7	37.75	37.93	38H7
12	11.0			11.85	11.95	12H7	40	25.0	38.0	39.7	39.75	39.93	40H7
13	12.0			12.85	12.95	13H7	42	25.0	40.0	41.7	41.75	41.93	42H7
14	13.0			13.85	13.95	14H7	45	25.0	43.0	44.7	44.75	44.93	45H7
15	14.0			14.85	14.95	15H7	48	25.0	46.0	47.7	47.75	47.93	48H7
16	15.0			15.85	15.95	16H7	50	25.0	48.0	49.7	49.75	49.93	50H7
18	17.0			17.85	17.94	18H7	60	30.0	55.0	59.5	59.5	59.9	60H7
20	18.0		19.8	19.80	19.94	20H7	70	30.0	65.0	69.5	69.5	69.9	70H7
22	20.0		21.8	21.80	21.94	22H7	80	30.0	75.0	79.5	—	79.9	80H7
24	22.0		23.8	23.80	24.94	24H7	90	30.0	80.0	89.3	—	89.8	90H7
25	23.0		24.8	24.8	24.94	25H7	100	30.0	80.0	99.3	—	99.8	100H7

注：1. 在铸铁上加工直径不大于 ϕ15mm 的孔时，不用扩孔钻和镗孔。

2. 在铸铁上加工直径为 ϕ30mm 与 ϕ32mm 的孔时，仅用 ϕ28mm 与 ϕ30mm 的钻头钻一次。

3. 如仅用一次铰孔，则铰孔余量为本表中粗铰与精铰余量之和。

表 3-28　珩磨及研磨孔加工余量　　mm

加工方法		直径余量(按孔径取)			加工方法	直径余量(按孔径取)		
		≤80	>10～50	>50～180		≤50	>50～80	>80～120
珩磨	钢	0.05	0.06	0.07	研磨	0.01	0.015	0.02
	铸铁	0.02	0.03	0.04				

表 3-29　刮研加工余量　　mm

平面				孔			
平面宽	单面余量(按平面长取)			孔直径	直径余量(按孔长取)		
	100～500	>500～1000	>1000～2000		≤100	>100～200	>200～300
≤100	0.10	0.15	0.20	≤80	0.05	0.08	0.12
>100～500	0.15	0.20	0.25	>80～180	0.10	0.15	0.25

表 3-30 端面加工余量 mm

零件长	端面粗车后精车			端面粗车后磨削		零件长	端面粗车后精车			端面粗车后磨削	
	加工余量(按端面最大尺寸取)						加工余量(按端面最大尺寸取)				
	⩽30	＞30～120	＞120～260	⩽120	＞120～260		⩽30	＞30～120	＞120～260	⩽120	＞120～260
⩽10	0.5	0.6	1.0	0.2	0.3	＞50～80	0.7	1.0	1.3	0.3	0.4
＞10～18	0.5	0.7	1.0	0.2	0.3	＞80～120	1.0	1.0	1.3	0.3	0.5
＞18～50	0.6	1.0	1.2	0.2	0.3	＞120～26	1.0	1.3	1.5	0.3	0.5

表 3-31 攻螺纹前的钻孔直径 mm

螺纹代号	钻头直径		螺纹代号	钻头直径		螺纹代号	钻头直径	
	脆性材料	韧性材料		脆性材料	韧性材料		脆性材料	韧性材料
M3×0.5*	2.5	2.5	M12×1.75*	10.1	10.2	M20×2.5*	17.3	17.5
M4×0.7*	3.3	3.3	M12×1.5	10.4	10.5	M20×2	17.8	18
M4×0.5	3.5	3.5	M12×1.25	10.6	10.7	M20×1.5	18.4	18.5
M5×0.8*	4.1	4.2	M12×1	10.9	11	M20×1	18.9	19
M5×0.5	4.5	4.5	M14×2*	11.8	12	M22×2.5*	19.3	19.5
M6×1*	4.9	5	M14×1.5	12.4	12.5	M22×2	19.8	20
M6×0.75	5.2	5.2	M14×1	12.9	13	M22×1.5	20.4	20.5
M8×1.25*	6.6	6.7	M16×2*	13.8	14	M22×1	20.9	21
M8×1	6.9	7	M16×1.5	14.4	14.5	M24×3*	20.8	21
M8×0.75	7.1	7.2	M16×1	14.9	15	M24×2	21.8	22
M10×1.5*	8.4	8.5	M18×2.5*	15.3	15.5	M24×1.5	22.4	22.5
M10×1.25	8.6	8.7	M18×2	15.8	15.9	M24×1	22	23
M10×1	8.9	9	M18×1.5	16.4	16.5			
M10×0.75	9.2	9.3	M18×1	16.9	17			

注：*为粗牙螺距，其余为细牙螺距。

六、切削用量选择

表 3-32～表 3-44 分别列出了几种主要加工方法的切削用量，供制订工艺规程时参考。

1. 车削

表 3-32　粗车外圆及端面时的进给量（硬质合金车刀和高速钢车刀）

工件材料	车刀刀杆尺寸 $B\times H$ /mm×mm	工件直径 /mm	背吃刀量 a_p/mm				
			≤3	>3～5	>5～8	>8～12	>12
			进给量 f/(mm/r)				
碳素结构钢合金结构钢	16×25	20	0.3～0.4	—	—	—	—
		40	0.4～0.5	0.3～0.4	—	—	—
		60	0.5～0.7	0.4～0.6	0.3～0.5	—	—
		100	0.6～0.9	0.5～0.7	0.5～0.6	0.4～0.5	—
		400	0.8～1.2	0.7～1.0	0.6～0.8	0.5～0.6	—
	20×30 25×25	20	0.3～0.4	—	—	—	—
		40	0.4～0.5	0.3～0.4	—	—	—
		60	0.6～0.7	0.5～0.7	0.4～0.6	—	—
		100	0.8～1.0	0.7～0.9	0.5～0.7	0.4～0.7	—
		600	1.2～1.4	1.0～1.2	0.8～1.0	0.6～0.9	0.4～0.6
铸铁及铜合金	16×25	40	0.4～0.5	—	—	—	—
		60	0.6～0.8	0.5～0.8	0.4～0.6	—	—
		100	0.8～1.2	0.7～1.0	0.6～0.8	0.5～0.7	—
		400	1.0～1.4	1.0～1.2	0.8～1.0	0.6～0.8	—
	20×30 25×25	40	0.4～0.5	—	—	—	—
		60	0.6～0.9	0.5～0.8	0.4～0.7	—	—
		100	0.9～1.3	0.8～1.2	0.7～1.0	0.5～0.8	—
		600	1.2～1.8	1.2～1.6	1.0～1.3	0.9～1.1	0.7～0.9

注：1. 加工断续表面及有冲击的工件时，表内进给量应乘以 0.75～0.85。
2. 加工耐热钢及其合金时，不采用大于 1.0mm/r 的进给量。

表 3-33　半精车与精车车外圆及端面时的进给量（硬质合金车刀和高速钢车刀）

表面粗糙度 Ra /μm	工件材料	副偏角 κ_r' /(°)	切削速度 /(m/s)	刀尖半径 r_ε/mm		
				0.5	1.0	2.0
				进给量 f/(mm/r)		
12.5	钢和铸铁	5	不限	—	1.0～1.1	1.3～1.5
		10		—	0.8～0.9	1.0～1.1
		15		—	0.7～0.8	0.9～1.0
6.3	钢和铸铁	5	不限	—	0.55～0.7	0.7～0.88
		10～15		—	0.45～0.8	0.6～0.7

续表

表面粗糙度 Ra /μm	工件材料	副偏角 κ_r'/(°)	切削速度 /(m/s)	刀尖半径 r_ε/mm		
				0.5	1.0	2.0
				进给量 f/(mm/r)		
3.2	钢	5	<0.83	0.2~0.3	0.25~0.35	0.3~0.468
			0.83~1.67	0.28~0.35	0.35~0.4	0.4~0.55
			>1.67	0.3~0.35	0.35~0.4	0.5~0.55
		10~15	<0.83	0.18~0.25	0.25~0.3	0.3~0.4
			0.83~1.67	0.25~0.3	0.3~0.35	0.35~0.5
			>1.67	0.3~0.35	0.35~0.4	0.5~0.55
	铸铁	5	不限	—	0.3~0.5	0.45~0.65
		10~15			0.25~0.4	0.4~0.6
1.6	钢	≥5	0.5~0.83	—	0.11~0.15	0.14~0.22
			0.83~1.33	—	0.14~0.20	0.17~0.25
			1.33~1.67	—	0.16~0.25	0.23~0.35
			1.67~2.17	—	0.2~0.3	0.25~0.39
			>2.17	—	0.2~0.3	0.25~0.39
	铸铁	≥5	不限	—	0.15~0.25	0.2~0.35
0.8	钢	≥5	1.67~1.83	—	0.12~0.15	0.14~0.17
			1.83~2.17	—	0.13~0.18	0.17~0.23
			>2.17	—	0.17~0.20	0.21~0.27

表 3-34　镗孔进给量（硬质合金车刀和高速钢车刀）

车刀或镗杆		工件材料									
刀杆直径或尺寸	车刀或镗杆伸出量	碳素结构钢,合金结构钢和耐热钢						铸铁及铜合金			
		背吃刀量 a_p/mm									
		2	3	5	8	12	20	2	3	5	8
		车床或六角车床进给量 f/(mm/r)									
10	50	0.08	—	—				0.12~0.16	—	—	
12	60	0.10	0.08	—				0.12~0.20	0.12~0.18	—	
16	80	0.10~0.20	0.15	0.10				0.20~0.30	0.15~0.25	0.10~0.18	
20	100	0.15~0.30	0.15~0.25	0.12	—	—	—	0.30~0.40	0.25~0.35	0.12~0.25	—
25	125	0.25~0.50	0.15~0.40	0.12~0.20				0.40~0.60	0.30~0.50	0.25~0.35	
30	150	0.40~0.70	0.20~0.50	0.12~0.30				0.50~0.80	0.40~0.60	0.25~0.45	
40	200	—	0.25~0.60	0.15~0.40					0.60~0.80	0.30~0.60	
40×40	150	—	0.60~1.0	0.50~0.70	—	—	—	—	0.70~1.20	0.30~0.60	0.40~0.50
	300		0.40~0.70	0.30~0.60					0.60~0.90	0.40~0.70	0.30~0.40

注：1. 在加工材料强度低，切削速度小的情况下取小值，反之取大值。

2. 加工断续表面及有冲击的工件时，表内进给量应乘以 0.75~0.85。

3. 加工耐热钢及其合金时，不采用大于 1.0mm/r 的进给量。

4. 加工淬火钢时，表内进给量应乘以 0.8~0.5。

表 3-35　车削加工的切削速度参考值

加工材料		硬度/HB	背吃刀量 a_p/mm	高速钢刀具		硬质合金刀具					
						未涂层			涂层		
				v_c/(m/min)	f/(mm/r)	v_c/(m/min)		f/(mm/r)	材料	v_c/(m/min)	f/(mm/r)
						焊接式	可转位				
易切碳钢	低碳	100～200	1	55～90	0.18～0.2	185～240	220～275	0.18	YT15	320～410	0.18
			4	41～70	0.40	135～185	160～215	0.50	YT14	215～275	0.40
			8	34～55	0.50	110～145	130～170	0.75	YT5	170～220	0.50
	中碳	175～225	1	52	0.20	165	200	0.18	YT15	520	0.13
			4	40	0.40	125	150	0.50	YT14	395	0.25
			8	30	0.50	100	120	0.75	YT5	305	0.40
碳钢	低碳	125～225	1	43～46	0.18	140～150	170～195	0.18	YT15	260～290	0.18
			4	33～34	0.40	115～125	135～150	0.50	YT14	170～190	0.40
			8	27～30	0.50	88～100	105～120	0.75	YT5	135～150	0.50
	中碳	175～275	1	43～40	0.18	115～130	150～160	0.18	YT15	220～240	0.18
			4	23～30	0.40	90～100	115～125	0.50	YT14	145～160	0.40
			8	20～26	0.50	70～78	90～100	0.75	YT5	115～125	0.50
	高碳	175～275	1	30～37	0.18	115～130	140～155	0.18	YT15	215～230	0.18
			4	24～30	0.40	88～95	105～120	0.50	YT14	145～150	0.40
			8	18～21	0.50	69～76	84～95	0.75	YT5	115～120	0.50
合金钢	低碳	125～225	1	41～46	0.18	135～150	170～185	0.18	YT15	220～235	0.18
			4	32～37	0.40	105～120	135～145	0.50	YT14	175～190	0.40
			8	24～27	0.50	84～95	105～115	0.75	YT5	135～145	0.50
	中碳	175～275	1	34～41	0.18	105～115	130～150	0.18	YT15	175～200	0.18
			4	26～32	0.40	85～90	105～120	0.50	YT14	135～160	0.40
			8	20～24	0.50	67～73	82～95	0.75	YT5	105～120	0.50
	高碳	175～275	1	30～37	0.18	105～115	135～145	0.18	YT15	175～190	0.18
			4	24～27	0.40	84～90	105～115	0.50	YT14	135～150	0.40
			8	18～21	0.50	66～72	82～90	0.75	YT5	105～120	0.50
高强度钢		225～350	1	20～26	0.18	90～105	115～135	0.18	YT15	150～185	0.18
			4	15～20	0.40	69～84	90～105	0.40	YT14	120～135	0.40
			8	12～15	0.50	53～66	69～84	0.50	YT5	90～105	0.50

2. 铣削

表 3-36 铣削速度 v_c 的推荐值

工件材料	铣削速度/(m/min)		工件材料	铣削速度/(m/min)	
	高速钢铣刀	硬质合金铣刀		高速钢铣刀	硬质合金铣刀
20	20～45	150～190	黄铜	30～60	120～200
45	20～35	120～150	铝合金	112～300	400～600
40Cr	15～25	60～90	不锈钢	16～25	50～100
HT150	14～22	70～100			

注：1. 粗铣时取小值，精铣时取大值。

2. 工件材料强度和硬度高时取小值，反之取大值。

3. 刀具材料耐热性好时取大值，反之取小值。

表 3-37 粗铣每齿进给量 f_z 的推荐值

刀具		材料	推荐进给量/(mm/Z)	刀具		材料	推荐进给量/(mm/Z)
高速钢	圆柱铣刀	钢	0.1～0.15	高速钢	三面刃铣刀	钢	0.04～0.06
		铸铁	0.12～0.20			铸铁	0.15～0.25
	端铣刀	钢	0.04～0.06	硬质合金铣刀		钢	0.10～0.20
		铸铁	0.15～0.20			铸铁	0.15～0.30

3. 钻削与铰削

表 3-38 高速钢钻头钻孔时的进给量

钻头直径 d_0/mm	钢 $\sigma_b \leqslant$ 784MPa 及合金			钢 σ_b＝784～981MPa			钢 σ_b＞981MPa			硬度≤200HB 的灰铸铁及铜合金			硬度＞200HB 的灰铸铁		
	进给量组别														
	Ⅰ	Ⅱ	Ⅲ	Ⅰ	Ⅱ	Ⅲ	Ⅰ	Ⅱ	Ⅲ	Ⅰ	Ⅱ	Ⅲ	Ⅰ	Ⅱ	Ⅲ
	进给量 f/(mm/s)														
2	0.05～0.06	0.04～0.05	0.03～0.04	0.04～0.05	0.03～0.04	0.02～0.03	0.03～0.04	0.03～0.04	0.02～0.03	0.09～0.11	0.06～0.08	0.05～0.06	0.05～0.07	0.04～0.05	0.03～0.04
4	0.08～0.10	0.05～0.08	0.04～0.05	0.06～0.08	0.04～0.06	0.03～0.04	0.04～0.06	0.04～0.05	0.03～0.04	0.18～0.22	0.13～0.17	0.09～0.11	0.11～0.13	0.08～0.10	0.05～0.07
6	0.14～0.18	0.11～0.13	0.07～0.09	0.10～0.12	0.07～0.09	0.05～0.06	0.08～0.10	0.06～0.08	0.04～0.05	0.27～0.33	0.20～0.24	0.13～0.17	0.18～0.22	0.13～0.17	0.09～0.11
8	0.18～0.22	0.13～0.17	0.09～0.11	0.13～0.15	0.09～0.11	0.06～0.08	0.11～0.13	0.08～0.10	0.05～0.07	0.36～0.44	0.27～0.33	0.18～0.22	0.22～0.26	0.16～0.20	0.11～0.13
10	0.22～0.28	0.16～0.20	0.11～0.13	0.17～0.21	0.13～0.15	0.08～0.11	0.13～0.17	0.10～0.12	0.07～0.09	0.47～0.57	0.35～0.43	0.23～0.29	0.28～0.34	0.21～0.25	0.13～0.17
13	0.25～0.31	0.19～0.23	0.13～0.15	0.19～0.23	0.14～0.18	0.10～0.12	0.15～0.19	0.12～0.14	0.08～0.10	0.52～0.64	0.39～0.47	0.26～0.32	0.31～0.39	0.23～0.29	0.15～0.19

续表

钻头直径 d_0 /mm	钢 $\sigma_b \leqslant$ 784MPa 及合金			钢 σ_b = 784～981MPa			钢 σ_b > 981MPa			硬度≤200HB的灰铸铁及铜合金			硬度>200HB的灰铸铁		
	进给量组别														
	Ⅰ	Ⅱ	Ⅲ	Ⅰ	Ⅱ	Ⅲ	Ⅰ	Ⅱ	Ⅲ	Ⅰ	Ⅱ	Ⅲ	Ⅰ	Ⅱ	Ⅲ
	进给量 f/(mm/s)														
16	0.31～0.37	0.22～0.27	0.15～0.19	0.22～0.28	0.17～0.21	0.12～0.14	0.18～0.22	0.13～0.17	0.09～0.11	0.61～0.75	0.45～0.56	0.31～0.37	0.37～0.45	0.27～0.33	0.18～0.22
20	0.35～0.43	0.26～0.32	0.18～0.22	0.26～0.32	0.20～0.24	0.13～0.17	0.21～0.25	0.15～0.19	0.11～0.13	0.70～0.86	0.52～0.64	0.35～0.43	0.43～0.53	0.32～0.40	0.22～0.26
25	0.39～0.47	0.29～0.35	0.20～0.24	0.29～0.35	0.22～0.26	0.14～0.18	0.23～0.29	0.17～0.21	0.12～0.14	0.78～0.96	0.58～0.72	0.39～0.47	0.47～0.57	0.35～0.43	0.23～0.29
30	0.45～0.55	0.33～0.41	0.22～0.28	0.32～0.40	0.24～0.30	0.16～0.20	0.27～0.33	0.20～0.24	0.13～0.17	0.90～1.10	0.67～0.83	0.45～0.55	0.54～0.66	0.40～0.50	0.27～0.33
>30 ≤60	0.60～0.70	0.45～0.55	0.30～0.35	0.40～0.50	0.30～0.35	0.20～0.25	0.30～0.40	0.22～0.30	0.16～0.23	1.00～1.20	0.80～0.90	0.50～0.60	0.70～0.80	0.50～0.60	0.35～0.40

钻孔深度的修正系数(第Ⅰ组进给量)

钻孔深度	$3d_0$	$5d_0$	$7d_0$	$10d_0$
修正系数	1.0	0.9	0.8	0.75

注：【Ⅰ组】在刚性工件上钻无公差或IT12以下及钻孔后尚无需用几个刀具来加工的孔。

【Ⅱ组】(1) 在刚性不足的工件上钻无公差或IT12以下及钻孔后尚无需用几个刀具来加工的孔；(2) 螺纹底孔。

【Ⅲ组】(1) 钻精密孔（以后还需扩孔或铰孔)；(2) 在刚性差和支承面不稳定的工件上钻孔；(3) 孔轴线和平面不垂直的孔。

表 3-39　高速钢钻头钻孔时的切削速度

加工材料	硬度/HB	切削速度/(m/s)	加工材料	硬度/HB	切削速度/(m/s)
低碳钢	100～125	0.45	灰铸铁	100～140	0.55
	125～175	0.40		140～190	0.45
	175～225	0.35		190～220	0.35
中高碳钢	125～175	0.37		220～260	0.25
	175～225	0.33		260～320	0.15
	225～275	0.25	球磨铸铁	140～190	0.50
	275～325	0.20		190～225	0.35
合金钢	175～225	0.30		225～260	0.28
	225～275	0.25		260～300	0.20
	275～325	0.20	铸钢	低碳	0.40
	325～375	0.17		中碳	0.30～0.40
铝合金		1.25～1.50		高碳	0.25
铜合金		0.33～0.80			

表 3-40 机用铰刀铰孔时的进给量 mm/r

铰刀直径/mm	工具钢铰刀				硬质合金铰刀			
	钢		铸铁		钢		铸铁	
	σ_b≤0.880 GPa	σ_b>0.880 GPa	HB≤170 铸铁 铜及铝合金	HB>170	未淬火钢	淬火钢	HB≤170	HB>170
≤5	0.2～0.5	0.15～0.35	0.6～1.2	0.4～0.8	—	—	—	—
>5～10	0.4～0.9	0.35～0.7	1.0～2.0	0.65～1.3	0.35～0.50	0.25～0.35	0.9～1.4	0.7～1.1
>10～20	0.65～1.4	0.55～1.2	1.5～3.0	1.3～2.6	0.40～0.60	0.30～0.40	1.0～1.5	0.8～1.2
>20～30	0.8～1.8	0.65～1.5	2.0～4.0	1.3～2.6	0.50～0.70	0.35～0.45	1.2～1.8	0.9～1.4
>30～40	0.95～2.1	0.8～1.8	2.5～5.0	1.6～3.2	0.60～0.80	0.35～0.50	1.3～2.0	1.0～1.5
>40～60	1.3～2.8	1.0～2.3	3.2～6.4	2.1～4.2	0.70～0.90	—	1.6～2.4	1.25～1.8
>60～80	1.5～3.2	1.2～2.6	3.75～7.5	2.6～5.0	0.90～1.20	—	2.0～3.0	1.5～2.2

注：1. 表内进给量用于加工通孔。加工盲孔时进给量应取为 0.2～0.5mm/r。

2. 最大进给量用于在钻或扩孔后，精铰之前的粗铰孔。

3. 中等进给量用于：粗铰之后精铰 7 级精度的孔；精镗之后精铰 7 级精度的孔；对硬质合金铰刀，用于精铰 9 级精度、*Ra*0.8～0.4 粗糙度的孔。

4. 最小进给量用于：抛光或珩磨之前的精铰孔；用一把铰刀铰 9 级精度的孔；对硬质合金铰刀，用于精铰 7 级精度、*Ra*0.4～0.2 粗糙度的孔。

表 3-41 高速钢铰刀铰灰铸铁时的切削速度

铸铁硬度	进给量/(mm/r)													
140～152HB	0.79	1.0	1.3	1.6	2.0	2.6	3.3	4.1	5.2	—	—	—	—	—
153～166HB	0.62	0.79	1.0	1.3	1.6	2.0	2.6	3.3	4.1	5.2				
167～181HB	—	0.62	0.79	1.0	1.3	1.6	2.0	2.6	3.3	4.1	5.2			
182～199HB	—	—	0.62	0.79	1.0	1.3	1.6	2.0	2.6	3.3	4.1	5.2		
200～217HB	—	—	—	0.62	0.79	1.0	1.3	1.6	2.0	2.6	3.3	4.1	5.2	
218～250HB	—	—	—	—	0.62	0.79	1.0	1.3	1.6	2.0	2.6	3.3	4.1	5.2
铰刀直径/mm	切削速度/(m/s)													
10～20	0.278	0.25	0.22	0.195	0.173	0.155	0.136	0.121	0.108	0.096	0.085	0.076	0.068	0.06
20～30	0.25	0.22	0.195	0.173	0.155	0.136	0.121	0.108	0.096	0.085	0.076	0.068	0.06	0.053

表 3-42 高速钢铰刀铰碳钢及合金钢时的切削速度（用冷却液）

钢的加工性分类	粗铰												
	进给量/(mm/r)												
1	1.3	1.6	2.0	2.5	3.2	4.0	5.0	—	—	—	—	—	—
2	1.0	1.3	1.6	2.0	2.5	3.2	4.0	5.0	—	—	—	—	—
3	0.8	1.0	1.3	1.6	2.0	2.5	3.2	4.0	5.0	—	—	—	—
4	0.63	0.8	1.0	1.3	1.6	2.0	2.5	3.2	4.0	5.0	—	—	—

续表

粗铰													
钢的加工性分类	进给量/(mm/r)												
5	0.5	0.63	0.8	1.0	1.3	1.6	2.0	2.5	3.2	4.0	5.0	—	—
6		0.5	0.63	0.8	1.0	1.3	1.6	2.0	2.5	3.2	4.0	5.0	—
7	—	—	0.5	0.63	0.8	1.0	1.3	1.6	2.0	2.5	3.2	4.0	5.0
8	—	—	—	0.5	0.63	0.8	1.0	1.3	1.6	2.0	2.5	3.2	4.0
铰刀直径/mm	切削速度/(m/s)												
10～20	0.275	0.238	0.216	0.176	0.153	0.131	0.113	0.098	0.085	0.073	0.063	0.055	0.046
20～30	0.238	0.216	0.176	0.153	0.131	0.113	0.098	0.085	0.073	0.063	0.055	0.046	0.04

精铰		
精度等级	加工表面粗糙度 $Ra/\mu m$	切削速度/(m/s)
IT6～7	0.2～0.1	0.033～0.05
	0.4～0.2	0.066～0.083

表 3-43 硬质合金铰刀铰孔时的切削用量

加工材料	材料性能	铰刀直径/mm	进给量/(mm/r)	粗铰		精铰	
				硬质合金牌号	切削速度/(m/s)	硬质合金牌号	切削速度/(m/s)
碳素结构钢及合金结构钢	σ_b0.539GPa	10～25	0.3～0.65	YT15	0.966～0.433	YT30	1.35～0.6
		25～50	0.45～0.9		0.6～0.283		0.833～0.4
		50～80	0.7～1.2		0.366～0.2		0.516～0.283
	σ_b0.63GPa	10～25	0.3～0.65	YT15	0.833～0.383	YT30	1.166～0.533
		25～50	0.45～0.9		0.516～0.25		0.733～0.35
		50～80	0.7～1.2		0.316～0.160		0.45～0.233
	σ_b0.735GPa	10～25	0.3～0.65	YT15	0.733～0.333	YT30	1.033～0.466
		25～50	0.45～0.9		0.45～0.216		0.633～0.30
		50～80	0.7～1.2		0.283～0.15		0.40～0.216
	σ_b0.833GPa	10～25	0.3～0.65	YT15	0.65～0.30	YT30	0.916～0.416
		25～50	0.45～0.9		0.40～0.20		0.566～0.283
		50～80	0.7～1.2		0.25～0.133		0.35～0.183
淬火钢	σ_b1.569～1.765GPa	10～16	0.2～0.33	YT15	0.916～0.366	YT30	1.166～0.516
		16～30	0.25～0.43		0.533～0.216		0.75～0.3
		30～40	0.35～0.5		0.283～0.166		0.4～0.233

续表

加工材料	材料性能	铰刀直径/mm	进给量/(mm/r)	粗铰		精铰	
				硬质合金牌号	切削速度/(m/s)	硬质合金牌号	切削速度/(m/s)
灰铸铁	170HB	10～25	0.8～1.6	YG3	0.916～0.366	YG3X	1.233～0.683
		25～50	1.1～2.2		0.533～0.216		0.783～0.5
		50～80	1.5～3.0		0.283～0.166		0.5～0.383
	190HB	10～25	0.8～1.6	YG3	1.05～0.633	YG3X	1.133～0.683
		25～50	1.1～2.2		0.766～0.466		0.816～0.5
		50～80	1.5～3.0		0.533～0.366		0.566～0.4
	210HB	10～25	0.6～1.3	YG3	0.933～0.566	YG3X	1.0～0.6
		25～50	0.9～1.8		0.666～0.416		0.716～0.45
		50～80	1.1～2.2		0.466～0.333		0.5～0.366
	230HB	10～25	0.6～1.3	YG3	0.833～0.483	YG3X	0.9～0.516
		25～50	0.9～1.8		0.6～0.366		0.65～0.4
		50～80	1.1～2.2		0.416～0.283		0.45～0.3

表 3-44 扩钻与扩孔的切削用量

加工方法	背吃刀量	进给量	切削速度
扩钻	(0.15～0.25)D	(1.2～1.8)$f_{钻}$	(1/2～1/3)$v_{钻}$
扩孔	0.05D	(2.2～2.4)$f_{钻}$	(1/2～1/3)$v_{钻}$
D为加工孔径；$f_{钻}$为钻孔进给量；$v_{钻}$为钻孔切削速度。			

注：1. 用麻花钻扩孔称为扩钻；用扩孔钻扩孔称为扩孔。
2. 锪沉头孔及孔口端面时，切削速度约为钻孔的 1/2～1/3。

七、零件热处理在工艺路线中的安排

表 3-45 列出了结构钢零件热处理在工艺路线中的位置安排，表 3-46 为热处理代号及标注方法，可供制订工艺规程时参考。

表 3-45 结构钢零件热处理在工艺路线中的位置安排

序号	工艺过程方案	用途	材料
1	低温(或正火)—机械加工	轻负荷调质零件、锻件或硬度≤207HB 的零件	碳的质量分数 w_C=0.15%～0.45%的低碳钢或中碳钢
2	(1)调质—机械加工	中等负荷的碳钢和合金钢零件及锻件，硬度 207～300HB 的铸件	碳的质量分数 w_C=0.38%～0.5%的中碳钢
	(2)正火—高温回火—机械加工	方案(2)也可作为锻件的预先热处理来代替长时间的退火	
3	退火(或正火)—淬火—高温回火—机械加工	中等负荷、形状复杂的硬度 207～300HB 的大尺寸锻件	碳的质量分数 w_C=0.38%～0.5%的中碳钢

续表

序号	工艺过程方案	用　途	材　料
4	退火(或正火)—机械加工—淬火—低温回火—机械加工 正火—高温回火—机械加工—淬火—低温回火—机械加工	中等负荷的耐磨零件	碳的质量分数 w_C=0.38%～0.5%的中碳钢或中碳合金钢
5	退火—机械加工—淬火—高温回火—冷处理—低温回火—机械加工	淬火后含有大量残余奥氏体的零件，要求尺寸与组织稳定，并要求耐磨	高速钢、高合金钢
6	退火(或正火)—机械加工—淬火—高温回火—机械加工	大部分调质零件	
	正火—机械加工—渗碳—淬火—低温回火—机械加工	承受重负荷以及在复合应力和冲击负荷下具有高耐磨性的渗碳零件，如齿轮等	碳的质量分数 w_C=0.15%～0.32%的低碳钢
	正火—机械加工—渗碳——次淬火(或正火)—二次淬火—低温回火—机械加工	同上，重要用途的渗碳零件	碳的质量分数 w_C=0.15%～0.32%的高合金钢
	正火—机械加工—渗碳—高温回火—淬火—低温回火—机械加工	淬火后在渗碳层中有大量残余奥氏体的渗碳零件	碳的质量分数 w_C=0.15%～0.32%的高合金钢
	退火—机械加工—渗碳—淬火—低温回火—机械加工		
	正火—机械加工—渗碳淬火—机械加工—低温回火—机械加工	同上，要求扭曲最小的齿轮	18CrMnTi、20 Cr2Ni4A
	正火—机械加工—渗碳—机械加工—淬火—低温回火—机械加工	用于余量保护的局部渗碳零件，渗碳后如硬度很高，则在渗碳后加高温回火	碳的质量分数 w_C=0.15%～0.32%的低碳钢及优质高合金渗碳钢
	退火(或正火)—机械加工—低温回火—机械加工—渗碳—高温回火—淬火—低温回火—机械加工	形状复杂，作用重大的渗碳零件	优质高合金钢
7	正火—高温回火—机械加工—淬火—高温回火—机械加工—氮化	用于有高耐性及高疲劳极限，且有一定耐蚀性的氮化零件，或用于零件抗蚀氮化	18CrA、18CrMoAl、1Cr13、2Cr13、40CrNiMoA 等氮化钢
	退火(或正火)—机械加工—淬火—高温回火—机械加工—氮化		
8	机械加工—碳氮共渗—淬火—低温回火	一般碳氮共渗零件	低碳钢、中碳钢及合金钢
	正火—机械加工—碳氮共渗淬火—低温回火		40、40Cr 钢等
	正火—机械加工—碳氮共渗—高温回火—淬火—冷处理—低温回火	重要用途的碳氮共渗零件，淬火后有大量残余奥氏体的碳氮共渗零件	12CrNi3A、12Cr2Ni4A、18Cr2Ni4WA 等

续表

序号	工艺过程方案	用途	材料
9	正火(或退火)—机械加工—调质—机械加工—(低温时效＋精加工)	多种负荷工作的重要零件，要求具有良好的综合力学性能，即高强度与高韧性相组合、较高的冲击韧度、一定的塑性	碳的质量分数 w_C＝0.13%～0.5%的中碳钢及中碳合金钢
	正火或退火—机械加工—调质—机械加工—高频淬火—低温回火—精加工		
	正火或退火—机械加工—调质—机械加工—退火—机械加工—精加工		
10	正火—机械加工—表面淬火—低温回火	内部不需要强化的零件	

表 3-46 热处理代号及标注方法

热处理类型	代号	表示方法举例
退火	Th	标注为 Th
正火	Z	标注为 Z
调质	T	调质后硬度为 200～250HB 时，标注为 T235
淬火	C	淬火后回火至 45～50HRC 时，标注为 C48
油淬	Y	油淬＋回火硬度为 30～40HRC，标注为 Y35
高频淬火	G	高频淬火＋回火硬度为 50～55HRC，标注为 G52
调质＋高频感应加强淬火	T-G	调质＋高频淬火硬度为 52～58HRC，标注为 T-G54
火焰表面淬火	H	火焰表面淬火＋回火硬度为 52～58HRC，标注为 H54
氮化	D	氮化层深 0.3mm，硬度＞850HV，标注为 D0.3-900
渗碳＋淬火	S-C	氮化层深 0.5mm，淬火＋回火硬度为 56～62HRC，标注为 S0.5-C59
氰化	Q	氰化后淬火＋回火硬度为 56～62HRC，标注为 Q59
渗碳＋高频淬火	S-G	渗碳层深度 0.9mm，高频淬火后回火硬度为 56～62HRC，标注为 S0.9-G59

注：回火，发蓝用文字标注。

八、常用金属切削机床的主要技术参数

表 3-47 列出了几种常见通用机床的主要技术参数，供设计时参考。

表 3-47 常见通用机床的主要技术参数

<table>
<tr><th rowspan="2">类别</th><th rowspan="2">型号</th><th colspan="5">主要技术参数</th></tr>
<tr><th>加工最大直径</th><th>主轴锥度</th><th>主轴转速/(r/min)</th><th colspan="2">进给量/(mm/r)</th></tr>
<tr><td rowspan="4">普通车床</td><td rowspan="2">CA6140</td><td rowspan="2">400</td><td rowspan="2">莫氏6号</td><td rowspan="2">10、12.5、16、20、25、32、40、50、63、80、100、125、160、200、250、320、400、450、500、560、710、900、1120、1400</td><td>纵向</td><td>0.028、0.032、0.036、0.039、0.043、0.046、0.050、0.054、0.08、0.10、0.12、0.14、0.16、0.18、0.20、0.24、0.28、0.30、0.33、0.36、0.41、0.46、0.48、0.51、0.56、0.61、0.66、0.71、0.81、0.91、0.96、1.02、1.09、1.15、1.22、1.29、1.47、1.59、1.71、1.87、2.05、2.28、2.57、2.93、3.16、3.42、…</td></tr>
<tr><td>横向</td><td>0.014、0.016、0.018、0.019、0.021、0.043、0.046、0.050、0.054、0.08、0.010、0.12、0.14、0.16、0.18、0.20、0.24、0.28、0.30、0.333、0.36、0.41、0.46、0.48、0.51、0.56、0.61、0.66、0.71、0.81、0.91、0.96、1.02、1.09、115、1.22、1.29、1.47、1.59、1.71、1.87、2.05、2.28、2.57、2.93、3.16</td></tr>
<tr><td rowspan="2">C630</td><td rowspan="2">630</td><td rowspan="2">公制80号</td><td rowspan="2">14、18、24、30、37、47、57、72、95、119、149、188、229、288、380、478、595、750</td><td>纵向</td><td>0.15、0.17、0.19、0.21、0.24、0.27、0.30、0.33、0.38、0.42、0.48、0.54、0.60、0.65、0.75、0.84、0.96、1.07、1.2、1.33、1.5、1.7、1.9、2.15、2.4、2.65</td></tr>
<tr><td>横向</td><td>0.05、0.06、0.065、0.07、0.08、0.09、0.10、0.11、0.12、0.14、0.16、0.18、0.20、0.22、0.25、0.28、0.32、0.36、0.40、0.45、0.50、0.56、0.64、0.72、0.81、0.90</td></tr>
<tr><td rowspan="2">六角车床</td><td rowspan="2">C336-1</td><td rowspan="2">420</td><td rowspan="2"></td><td rowspan="2">75、142、150、198、285、380、400、720、760、1000、1450、2000</td><td>纵向</td><td>0.06、0.09、0.14、0.23、0.35、0.56</td></tr>
<tr><td>横向</td><td>0.04、0.06、0.10、0.16、0.25、0.39</td></tr>
<tr><td rowspan="3">钻床</td><td>Z35（摇臂）</td><td>50</td><td>莫氏5号</td><td>34、42、53、67、85、105、132、170、265、335、420、530、670、850、1051、1320、1700</td><td colspan="2">0.03、0.04、0.05、0.07、0.09、0.12、0.14、0.15、0.19、0.20、0.25、0.26、0.32、0.40、0.56</td></tr>
<tr><td>Z535（立钻）</td><td>37</td><td>莫氏4号</td><td>68、100、140、195、275、400、530、750、1100</td><td colspan="2">0.11、0.15、0.20、0.25、0.32、0.43、0.57、0.72、0.96、1.22、1.60</td></tr>
<tr><td>Z515（台钻）</td><td>15</td><td>莫氏1号</td><td>320、430、600、835、1100、1540、2150、2900</td><td colspan="2">手动</td></tr>
<tr><td rowspan="3">镗床</td><td rowspan="2">T68（卧式）</td><td rowspan="2">240（镗）
50（钻）</td><td rowspan="2">莫氏4号</td><td rowspan="2">13、19、28、43、64、93、113、134、168、245、370、550、810、1150</td><td>主轴</td><td>0.026、0.037、0.053、0.072、0.10、0.145、0.20、0.28、0.41、0.58、0.80、1.13、1.60、2.25、3.25、4.50</td></tr>
<tr><td>主轴箱</td><td>0.025、0.035、0.05、0.07、0.09、0.13、0.19、0.26、0.37、0.52、0.72、1.03、1.42、2.0、2.9、4.0</td></tr>
<tr><td>TA4280（坐标）</td><td>300（镗）
40（钻）</td><td>莫氏4号</td><td>40、52、65、80、105、130、160、205、250、320、410、500、625、800、1000、1250、1600、2000</td><td colspan="2">0.0426、0.069、0.10、0.153、0.247、0.356</td></tr>
</table>

续表

类别	型号	主要技术参数				
		加工最大直径	主轴锥度	主轴转速/(r/min)	进给量/(mm/r)	
铣床	X51 (立式)		7∶24	65、80、100、125、160、210、255、300、380、490、590、725、945、1225、1500、1800	纵向	35、40、50、65、85、105、125、165、205、250、300、390、510、620、755
					横向	25、30、40、50、65、80、100、130、150、190、230、320、400、480、585、765
					升降	12、15、20、25、33、40、50、65、80、95、115、160、200、290、380
	X62 X63 X62W X63W (卧式)		7∶24	30、37.5、47.5、60、75、118、150、190、235、300、375、475、600、750、950、1180、1500	纵向横向	23.5、30、37.5、47.5、60、75、95、118、150、190、235、300、375、475、600、750、950、1180
磨床	M120 (外圆)	200	莫氏4号	头架转速:37、64、115、212	砂轮转速:1110r/min	
					砂轮尺寸:外径600×宽度63×内孔305	
	M120W (外圆)	200	莫氏3号	头架转速:80、165、250、330、500	砂轮转速:2667、3340r/min	
					砂轮尺寸:外径(160～250)×宽度20×内孔75	
	M2110 (内圆)	100		头架转速:200、300、600	砂轮转速:11000、18000r/min	
	M7120 (平面)	630×200×320		磨头转速:3000、3600	磨头横向连续进给量:0.3～3m/min	
					磨头横向间歇进给量:1～12mm/单行程	

九、机械加工工艺规程制订实例

现以112汽油机水泵叶轮为例，说明制订零件机械加工工艺规程的方法。

汽油机年产量为30000台，水泵叶轮零件如图3-1所示，其材料为HT200铸铁，技术要求为：

① 铸件不应有气孔及砂眼，不加工表面应光洁；

② H 表面对 G 孔轴心线的径向跳动允差为0.2mm；

③ F 与 F_1 表面对 G 孔轴心线在半径12mm处的端面跳动量允差为0.03mm；

④ F 面放在平台上检验，接触面积应在95%以上。

1. 零件工艺分析

水泵叶轮的 F 与 F_1 表面对 G 孔轴心线在半径12mm处测量时的端面跳动允差为0.03mm，由于该零件为铸铁件，前端叶片部分较薄，容易变形，故这个要求较高，是该零件加工质量中的主要技术要求；其次，小端面 F 不但表面粗糙度要求0.4μm，而且放在平台上检查要求接触面应在95%以上，所以，这也是一项主要的质量要求；此外，该零件的内表面（圆弧直径 $\phi17^{+0.018}_{-0.019}$mm、平台高度 $15.8^{+0.075}_{-0.012}$mm、粗糙度0.8μm）为一非完整圆

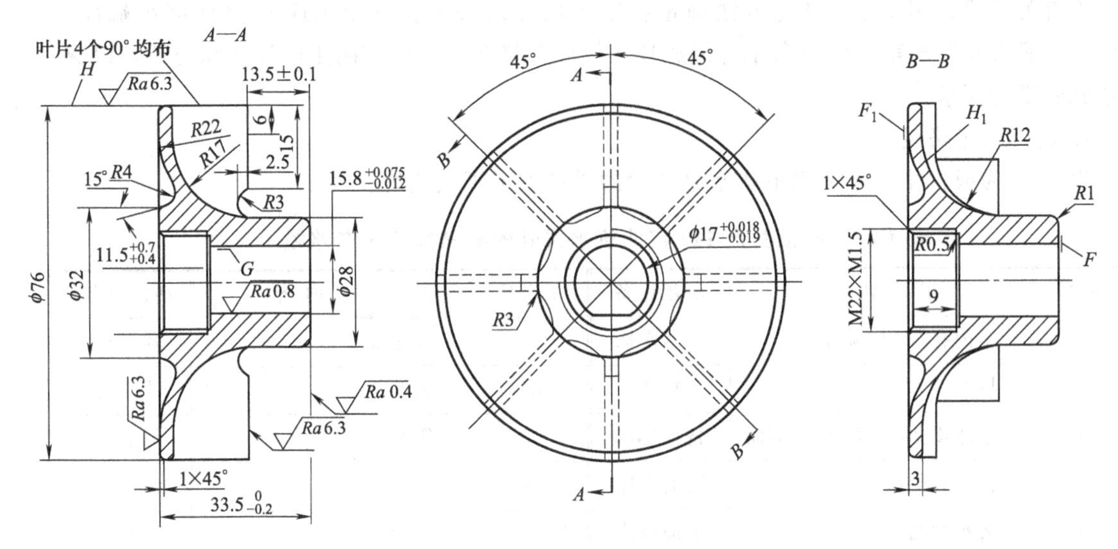

图 3-1　水泵叶轮零件

孔，IT7 级精度，要求并不高，但形状特殊，选择加工方法时要注意。

2. 毛坯的选择

零件为铸铁件，可以根据条件采用木模手工造型或金属模机器造型，分型面选在大端面 F_1 处，孔不铸出，错箱量要求不超过 1～2mm。由于前端叶片部分壁较薄，毛坯铸成后需人工时效，以消除内应力，否则就会影响零件的加工精度，铸后应去除分型面上的飞边和毛刺。

3. 定位基准的选择

（1）粗基准的选择　根据粗基准的选择原则，即零件上有加工表面和不加工表面时，选择不加工表面作粗基准；若有多个不加工表面，选取与加工表面相互位置精度要求较高的不加工表面作为粗基准。本零件选取不加工的小端 φ28 外圆表面及其端面作为粗基准，并只能使用一次。

（2）精基准的选择　根据精基准的选择原则，即选择设计基准作为定位基准。本零件选取内孔 G 及大端面 F_1 作为精基准。

4. 加工方法的选择

G 孔为非圆孔，精度要求虽不高，但形状特殊，且作为后续各工序的主要精基准，根据本零件的生产纲领，为成批生产，故决定 G 孔在钻底孔后采用拉削加工，以达到零件图纸要求。另外，小端面 F 不但要求与 G 孔轴心线垂直，而且其本身粗糙度和平面度的要求都很高，因此在精加工阶段采用磨削和研磨的方法来完成。

5. 加工阶段的划分

为了达到技术要求，水泵叶轮的加工分为如下四个加工阶段：

① 粗加工阶段：去除外圆、孔及端面的大部分余量，并拉削出 G 孔；

② 半精加工阶段：以拉削出的 G 孔作为主要精基准，车外圆 H、小端面 F 及叶片端面；

③ 精加工阶段：以 G 孔作为主要精基准，精车大端面 F_1 及磨削小端面 F，达到图纸要求；

④ 光整加工阶段：研磨小端面 F，F 面与 G 孔轴心线的垂直度需由上一阶段加工予以保证。

6. 加工余量、工序尺寸及其公差的确定

查有关手册，用工艺尺寸链方法确定各工序尺寸及公差。其中工序 90 “研磨小端面”类似于“靠火花”磨削，研磨余量为组成环，故应严格控制研磨前的工序尺寸和公差，以保证达到图纸的要求。

7. 制订工艺路线

表 3-48 为成批生产 112 汽油机水泵叶轮的机械加工工艺路线。

表 3-48　成批生产 112 汽油机水泵叶轮机械加工工艺路线

工序号	工 序 内 容	所用设备	工序号	工 序 内 容	所用设备
10	钻内孔，车大端面	普通车床	70	攻螺纹	攻丝机
20	拉孔	拉床	80	去毛刺	钳工台
30	车外圆、小端面及叶片端面	普通车床	90	研磨小端面	研磨机
40	精车大端面	普通车床	100	清洗	清洗机
50	磨小端面	平面磨床	110	检验	检验台
60	扩孔及倒角	立钻	120	入库	

表 3-49 和表 3-50 分别为水泵叶片的机械加工工艺过程卡片和工序 10 的机械加工工序卡片。

表 3-49　水泵叶片机械加工工艺过程卡片

<table>
<tr><td colspan="2" rowspan="2">（厂名）</td><td colspan="3" rowspan="2">机械加工工艺过程卡片</td><td colspan="2">产品型号</td><td>112</td><td>零件图号</td><td></td><td colspan="2">共　页</td></tr>
<tr><td colspan="2">产品名称</td><td>水泵</td><td>零件名称</td><td>水泵叶片</td><td colspan="2">第　页</td></tr>
<tr><td colspan="2">材料牌号</td><td>HT200</td><td>毛坯种类</td><td>铸造</td><td>毛坯外形尺寸</td><td></td><td>每毛坯件数</td><td>1</td><td>每台件数</td><td>1</td><td>备注</td></tr>
<tr><td rowspan="2">工序号</td><td rowspan="2">工序名称</td><td rowspan="2" colspan="3">工序内容</td><td rowspan="2">车间</td><td rowspan="2">工段</td><td rowspan="2">设备</td><td rowspan="2" colspan="2">工艺装备</td><td colspan="2">工时</td></tr>
<tr><td>准终</td><td>单件</td></tr>
<tr><td>01</td><td>铸造</td><td colspan="3"></td><td></td><td></td><td></td><td colspan="2"></td><td></td><td></td></tr>
<tr><td>10</td><td>钻内孔，车大端面</td><td colspan="3">钻内孔至 ϕ14.3mm，车大端面，保证叶片厚度 $3.53_{-0.4}^{0}$ mm，各表面粗糙度 $Ra6.3\ \mu m$</td><td></td><td></td><td>CA6140</td><td colspan="2">气动卡盘，钻头 $\phi14.3\times200$mm，45°偏刀</td><td></td><td></td></tr>
<tr><td>20</td><td>拉孔</td><td colspan="3">保证尺寸 $\phi17_{-0.019}^{+0.018}$ mm 和 $15_{-0.012}^{+0.075}$ mm，各表面粗糙度 $Ra0.8\ \mu m$</td><td></td><td></td><td>L6110</td><td colspan="2">拉刀，浮动支承</td><td></td><td></td></tr>
<tr><td>30</td><td>车外圆、小端面及叶片端面</td><td colspan="3">保证尺寸 $\phi76_{-0.5}^{+0.1}$ mm、$33.97_{-0.2}^{0}$ mm 和 $13.69_{-0.06}^{0}$ mm，各表面粗糙度 $Ra3.2\mu m$</td><td></td><td></td><td>CA6140</td><td colspan="2">心轴，45°偏刀</td><td></td><td></td></tr>
<tr><td>40</td><td>精车大端面</td><td colspan="3">保证尺寸 $33.57_{-0.06}^{0}$ mm，表面粗糙度 $Ra6.3\sim3.2\mu m$</td><td></td><td></td><td>CA6140</td><td colspan="2">心轴，45°偏刀</td><td></td><td></td></tr>
<tr><td>50</td><td>磨小端面</td><td colspan="3">保证尺寸 $33.43_{-0.02}^{0}$ mm，表面粗糙度 $Ra0.8\mu m$</td><td></td><td></td><td>M7140</td><td colspan="2">心轴</td><td></td><td></td></tr>
</table>

续表

(厂名)	机械加工工艺过程卡片		产品型号	112	零件图号		共　页	
			产品名称	水泵	零件名称	水泵叶片	第　页	
材料牌号	HT200	毛坯种类 铸造	毛坯外形尺寸		每毛坯件数 1	每台件数 1	备注	
工序号	工序名称	工序内容	车间	工段	设备	工艺装备	工时	
							准终	单件
60	扩孔及倒角	扩孔至 $\phi20.4^{+0.1}_{-0.5}$ mm，深度 $11.5^{+0.7}_{+0.4}$ mm，倒角 1×45°，各表面粗糙度 $Ra3.2\mu m$			Z5125	心轴		
70	攻螺纹	M22×1.5mm			攻丝机			
80	去毛刺	手工去除整个零件上的毛刺				钳工台		
90	研磨小端面	保证尺寸 $33.42_{-0.04}^{0}$ mm，表面粗糙度 $Ra0.4\mu m$			研磨机			
100	清洗				清洗机			
110	终检	按零件图样要求全面检查						
120	入库							
					编制/日期	审核/日期	会签/日期	
标记	处记	更改文件号 签字 日期 标记 处记 更改文件号 签字 日期						

表 3-50　机械加工工序卡片填写示例

(厂名)	机械加工工艺卡片	产品型号		零件图号		共　页
		产品名称	水泵	零件名称	水泵叶轮	第　页
		每毛坯件数	1	每台件数	1	备注
$3.53_{-0.4}^{0}$　$\phi14.3$　Ra 6.3　Ra 6.3		车间	工序号	工序名称		材料牌号
			10	钻内孔，车大端面		HT200
		毛坯种类	毛坯外形尺寸	每坯件数		每台件数
		铸造		1		
		设备名称	设备型号	设备编号		同时加工件数
		车床	CA6140			1
		夹具编号		夹具名称		冷却液
				气动卡盘		工序工时
						准终　单件

续表

工步号	工步内容	工艺装备	主轴转速/(r/min)	切削速度/(m/min)	进给量/(mm/r)	背吃刀量/mm	进给次数	工时定额	
								机动	辅助
1	钻内孔至 $\phi 14.3$mm，保证 $Ra6.3\mu m$	CA6140	560	25.2	0.65	7.15	1		
2	车大端面，保证叶片厚度 $3.53_{-0.4}^{0}$mm，保证 $Ra6.3\mu m$	CA6140	250	59.7	1.0	3	1		

第四章　夹具设计

夹具设计一般在零件机械加工工艺过程制订完成后，按照某一工序的具体要求来进行。制订工艺过程时应充分考虑夹具实现的可能性，而夹具设计时，如有必要也可对工艺过程提出修改。

夹具设计应满足以下要求：

(1) 保证工件加工的各项技术要求　要求正确确定定位方案、夹紧方案，正确确定刀具的导向方式，合理制订夹具的技术要求，必要时要进行误差分析与计算。

(2) 具有较高的生产效率和较低的制造成本　为提高生产效率，应尽量采用多件夹紧、联动夹紧等高效夹具，但结构应尽量简单，造价要低廉。

(3) 尽量选用标准化零部件　尽量选用标准夹具元件和标准件，以缩短夹具的设计制造周期，提高夹具的设计质量和降低夹具制造成本。

(4) 夹具操作方便安全、省力　操作手柄一般应放在右边或前面；为了便于夹紧工件，操纵夹紧件的手柄或扳手在操作范围内应有足够的活动空间；为减轻工人劳动强度，在条件允许的情况下，应尽量采用气动、液压等机械化夹紧装置。

(5) 夹具应具有良好的结构工艺性　所设计的夹具应便于制造、检验、装配、调整和维修。

第一节　夹具设计步骤

夹具设计一般可分四个步骤：研究原始资料、分析设计任务；确定夹具结构方案；绘制夹具总图；确定并标注有关尺寸、配合及技术条件。

一、研究原始资料、分析设计任务

工艺人员在编制零件的工艺规程时，提出相应的夹具设计任务书，其中对定位基准、夹紧方案及有关要求已作了说明。夹具设计人员根据任务书进行夹具的结构设计，为了使所设计的夹具能够满足工序的基本要求，设计前要认真收集和研究下列资料。

(1) 生产纲领　工件的生产纲领对于工艺规程的制订及专用夹具的设计都有着十分重要的影响。夹具结构的合理性及经济性与生产纲领有着密切的关系。大批大量生产多采用气动或其它机动夹具，自动化程度高，同时夹紧的工件数量多，结构也比较复杂。单件小批生产时，宜采用结构简单、成本低廉的手动夹具，以及万能通用夹具或组合夹具，以便尽快投入使用。

(2) 零件图及工序图　零件图是夹具设计的重要资料之一，它给出了工件在轮廓尺寸、相关位置等方面的精度要求。工序图则给出了所用夹具加工工件的工序尺寸、工序基准、已加工表面、待加工表面、工序精度要求等，它是设计夹具的主要依据。

(3) 零件工艺规程　了解零件的工艺规程，主要是指了解该工序所使用的机床、刀具、加工余量、切削用量、工步安排、工时定额、同时安装的工件数目等。关于机床、刀具方面应了解机床的主要技术参数、规格、机床与夹具连接部分的结构与尺寸，刀具的主要结构尺寸、制造精度等。

(4) 夹具结构及标准　收集有关夹具零部件标准，典型夹具结构图册。了解本厂制造、使用夹具的情况以及国内外同类型夹具的资料。结合本厂实际，吸收先进经验，尽量采用国家标准。

二、确定夹具结构方案

确定夹具结构方案主要包括：

(1) 确定工件的定位方式，选择定位元件；

(2) 确定刀具的对准及引导方式，选择刀具的对准及导引元件；

(3) 确定工件的夹紧方式，选择合适的夹紧机构；

(4) 确定其它元件或装置的结构形式，如定向元件、分度装置等；

(5) 协调各装置、元件的布局，确定夹具体结构尺寸和总体结构。

在确定夹具结构方案的过程中，定位、夹紧、对刀等各个部分的结构以及总体布局都会有几种不同方案可供选择，应画出草图，经过分析比较，从中选取较为合理的方案。

三、绘制夹具总图

绘制夹具总图时应遵循相关制图标准，绘图比例应尽量取 1：1，以便使图形有良好的直观性。如工件尺寸大，夹具总图可按 1：2 或 1：5 的比例绘制；零件尺寸过小，总图可按 2：1 或 5：1 的比例绘制。总图中视图的布置也应符合制图标准，在清楚表达夹具内部结构及各装置、元件位置关系的情况下，视图的数目应尽可能少。

绘制总图时，主视图应取操作者实际工作时的位置，以便于夹具装配及使用时参考；夹紧机构应处于“夹紧”状态，工件可看作“透明体”，所画工件轮廓线与夹具的任何线条彼此独立，互不干涉。其外轮廓线用双点画线表示。绘制总图的顺序是：

(1) 用双点画线绘出工件的轮廓外形和主要表面，用网纹线绘出加工余量；

(2) 绘出定位元件、对刀元件、夹紧机构以及其它元件和装置的具体结构；

(3) 绘制出夹具体及连接件，把夹具的各组成元件、装置连成一体。

夹具总图上应画出零件明细表和标题栏，写明夹具名称及零件明细表上所规定的内容。标题栏格式见图 1-1 (b)。

四、确定并标注有关尺寸、配合及技术条件

1. 应标注的尺寸

在夹具总图上应标注的尺寸及配合有下列五类：

(1) 工件与定位元件的联系尺寸　指工件以孔在心轴或定位销上定位时，工件孔与上述定位元件间的配合尺寸及公差等级。

(2) 夹具与刀具的联系尺寸　用来确定夹具上对刀、导引元件位置的尺寸。对于铣床、刨床夹具，是指对刀元件与定位元件的位置尺寸；对于钻床、镗床夹具，是指钻套、镗套与定位元件间的位置尺寸，钻套、镗套之间的位置尺寸，以及钻套、镗套与刀具导向部分的配合尺寸。

(3) 夹具与机床的联系尺寸　用于确定夹具在机床上正确位置的尺寸。对于车床、磨床夹具，主要是指夹具与主轴端的连接尺寸；对于铣床、刨床夹具则是指夹具上的定向键与机床工作台上“T”形槽的配合尺寸。标注尺寸时，还常以夹具上定位元件作为位置尺寸的基准。

(4) 夹具内部的配合尺寸　它们与工件、机床、刀具无关，主要是为了保证夹具装配后

能满足规定的使用要求。

（5）夹具的外廓尺寸　一般指夹具最大外形轮廓尺寸，当夹具上有可动部分时，应包括可动部分处于极限位置时所占空间尺寸。如夹具体上有超出夹具体外的移动、旋转部分时，应标出最大旋转半径；有升降部分时，应标出最高及最低位置。标出夹具最大外形轮廓尺寸就能知道夹具在空间实际所占的位置和可能活动的范围，以便能够发现夹具是否会与机床、刀具发生干涉。

2. 应标注的技术条件

在夹具装配图上应标注的技术条件和位置精度要求有以下几个方面：

（1）定位元件之间或定位元件与夹具体底面间的位置要求，其作用是保证加工表面与定位基面之间的位置精度。

（2）定位元件与连接元件或找正基面之间的位置要求。如用镗模加工主轴箱上孔系时，要求镗模上的导向定位元件与镗模底座上的找正基面保持平行，否则无法保证所加工孔系轴心线与机床"△"形导轨面的平行度要求。

（3）对刀元件与连接元件或找正基面之间的位置要求。

（4）定位元件与导引元件的位置要求，如图4-1所示。若要求所钻孔轴心线与定位基面垂直，必须以钻套轴线与定位元件工作表面 A 垂直、定位元件工作表面 A 与夹具体底面 B 平行为前提。

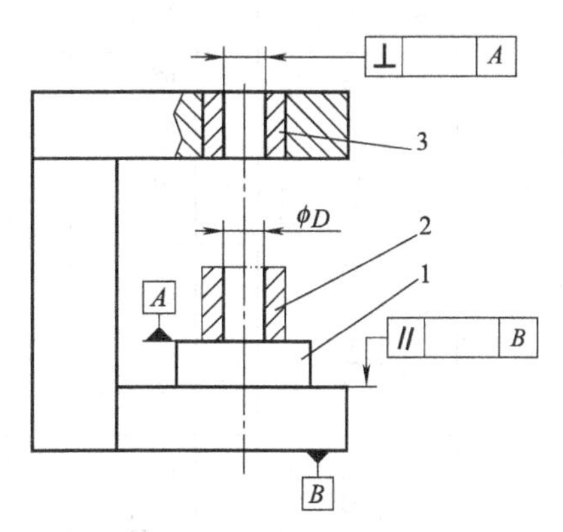

图 4-1　定位元件与导引元件的位置要求

1—定位元件；2—工件；3—导引元件

第二节　夹紧力计算

一、切削力计算

1. 车削力计算

车削力计算通常使用如下经验公式：

$$
\begin{aligned}
F_c &= C_{F_c} a_p^{x_{F_c}} f^{y_{F_c}} v_c^{n_{F_c}} K_{F_c} \\
F_p &= C_{F_p} a_p^{x_{F_p}} f^{y_{F_p}} v_c^{n_{F_p}} K_{F_p} \qquad (4\text{-}1) \\
F_f &= C_{F_f} a_p^{x_{F_f}} f^{y_{F_f}} v_c^{n_{F_f}} K_{F_f}
\end{aligned}
$$

其中，F_c、F_p、F_f 为车削力，N；a_p 为背吃刀量；f 为进给量；v_c 为切削速度；各系数 C_F 值由实验加工条件确定；各指数 x_F、y_F、n_F 值表明各参数对切削力的影响程度；修正值 K_F 是不同加工条件下各切削力分力的修正系数值。各系数、指数、修正系数值可由切削原理和切削手册查得。

式（4-1）中的系数和指数见表 4-1，其中对硬质合金刀具 $\kappa_r=45°$，$\gamma_o=10°$，$\lambda_s=0°$；对高速钢刀具 $\kappa_r=45°$，$\gamma_o=20°\sim25°$，刀尖圆弧半径 $r_\varepsilon=1.0\text{mm}$。当刀具的几何参数及其它条件与上述不符时，各个因素都可用相应的修正系数进行修正，对于 F_c、F_p 和 F_f，所有相应修正系数的乘积就是 K_{F_c}、K_{F_p} 和 K_{F_f}。各个修正系数值或计算公式也可由切削用量手册查得。

表 4-1 计算车削切削力的指数公式中的系数和指数

加工材料	刀具材料	加工形式	公式中的系数和指数											
			F_c				F_p				F_f			
			C_{F_c}	x_{F_c}	y_{F_c}	n_{F_c}	C_{F_p}	x_{F_p}	y_{F_p}	n_{F_p}	C_{F_f}	x_{F_f}	y_{F_f}	n_{F_f}
结构钢及铸钢 $\sigma_b=637\text{MPa}$	硬质合金	外圆纵车、横车及镗孔	1433	1.0	0.75	−0.15	572	0.9	0.6	−0.31	561	1.0	0.5	−0.4
		切槽及切断	3600	0.72	0.8	0	1393	0.73	0.67	0	—	—	—	—
		车螺纹	23879	—	1.7	0.71	—	—	—	—	—	—	—	—
	高速钢	外圆纵车、横车及镗孔	1766	1.0	0.75	0	922	0.9	0.75	0	530	1.2	0.65	0
		切槽及切断	2178	1.0	1.0	0	—	—	—	—	—	—	—	—
		成形车削	1874	1.0	0.75	0	—	—	—	—	—	—	—	—
不锈钢 1Cr18Ni9Ti	硬质合金	外圆纵车、横车及镗孔	2001	1.0	0.75	0	—	—	—	—	—	—	—	—
灰铸铁 190HB	硬质合金	外圆纵车、横车及镗孔	903	1.0	0.75	0	530	0.9	0.75	0	451	1.0	0.4	0
		车螺纹	29013	—	1.8	0.82	—	—	—	—	—	—	—	—
	高速钢	外圆纵车、横车及镗孔	1118	1.0	0.75	0	1167	0.9	0.75	0	500	1.2	0.65	0
		切槽及切断	1550	1.0	1.0	0	—	—	—	—	—	—	—	—
可锻铸铁 150HB	硬质合金	外圆纵车、横车及镗孔	795	1.0	0.75	0	422	0.9	0.75	0	373	1.0	0.4	0
	高速钢	外圆纵车、横车及镗孔	981	1.0	0.75	0	863	0.9	0.75	0	392	1.2	0.65	0
		切槽及切断	1364	1.0	1.0	0	—	—	—	—	—	—	—	—
中等硬度不均匀铜合金 120HB	高速钢	外圆纵车、横车及镗孔	540	1.0	0.66	0	—	—	—	—	—	—	—	—
		切槽及切断	736	1.0	1.0	0	—	—	—	—	—	—	—	—
铝及铝硅合金	高速钢	外圆纵车、横车及镗孔	392	1.0	0.75	0	—	—	—	—	—	—	—	—
		切槽及切断	491	1.0	1.0	0	—	—	—	—	—	—	—	—

2. 钻削力计算

钻头每一切削刃都产生切削力，包括切向力、背向力和进给力。当左右切削刃对称时，背向力抵消，最终对钻头产生影响的是进给力 F_f 与切削扭矩 M_c。钻削时轴向力、转矩计算公式为：

$$F_f = C_{F_f} d^{x_{F_f}} f^{y_{F_f}} K_{F_f}$$
$$M_c = C_{M_c} d^{x_{M_c}} f^{y_{M_c}} K_{M_c} \tag{4-2}$$

式（4-2）中的系数和指数见表 4-2。

表 4-2　钻削时轴向力和转矩的指数公式中的系数和指数

加工材料	刀具材料	系数和指数					
		轴向力 F_f			转矩 M_c		
		C_{F_f}	x_{F_f}	y_{F_f}	C_{M_c}	x_{M_c}	y_{M_c}
钢，$\sigma_b=650$MPa	高速钢	600	1.0	0.7	0.305	2.0	0.8
不锈钢 1Cr18Ni9Ti	高速钢	1400	1.0	0.7	0.402	2.0	0.7
灰铸铁，硬度 190HB	高速钢	420	1.0	0.8	0.206	2.0	0.8
	硬质合金	410	1.2	0.75	0.117	2.2	0.8
可锻铸铁，硬度 150HB	高速钢	425	1.0	0.8	0.206	2.0	0.8
	硬质合金	320	1.2	0.75	0.98	2.2	0.8
中等硬度非均质铜合金，硬度 100～140HB	高速钢	310	1.0	0.8	0.117	2.0	0.8

注：用硬质合金钻头钻削未淬硬的碳素结构钢、铬钢及镍铬钢时，轴向力及扭矩可按下式计算：

$$F_f = 3.48 d^{1.4} f^{0.8} \sigma_b^{0.75} \qquad M_c = 5.87 d^2 f \sigma_b^{0.7}$$

3. 铣削力计算

铣削力可按表 4-3 所列公式计算。

表 4-3　硬质合金铣刀铣削力的计算公式

刀具材料	铣刀类型	加工材料	铣削力 F_c 计算公式/N
硬质合金	端铣刀	碳钢	$F_c=9.81\times825a_e^{1.1}f_z^{0.75}a_p^{1.0}zd^{-1.3}n^{-0.2}\times60^{-0.2}$
		灰铸铁	$F_c=9.81\times54.5a_e^{1.0}f_z^{0.74}a_p^{0.9}zd^{-1.0}$
		可锻铸铁	$F_c=9.81\times491a_e^{1.1}f_z^{0.75}a_p^{1.0}zd^{-1.3}n^{-0.2}\times60^{-0.2}$
	圆柱铣刀	碳钢	$F_c=9.81\times101a_e^{0.88}f_z^{0.75}a_p^{1.0}zd^{-0.87}$
		灰铸铁	$F_c=9.81\times58a_e^{0.9}f_z^{0.8}a_p^{1.0}zd^{-0.9}$
	立铣刀	碳钢	$F_c=9.81\times12.5a_e^{0.85}f_z^{0.75}a_p^{1.0}zd^{-0.73}n^{0.13}\times60^{0.13}$
高速钢	立铣刀、圆柱铣刀	碳钢、可锻铸铁、青铜、铝合金等	$F_c=9.81\times C_{F_c}a_e^{0.86}f_z^{0.72}a_p^{1.0}zd^{-0.80}$
	端铣刀		$F_c=9.81\times C_{F_c}a_e^{1.1}f_z^{0.80}a_p^{0.95}zd^{-1.1}$
	盘铣刀、锯片铣刀等		$F_c=9.81\times C_{F_c}a_e^{0.86}f_z^{0.72}a_p^{1.0}zd^{-0.86}$

续表

<table>
<tr><th>刀具材料</th><th>铣刀类型</th><th>加工材料</th><th colspan="4">铣削力 F_c 计算公式/N</th></tr>
<tr><td rowspan="10">高速钢</td><td>立铣刀、圆柱铣刀</td><td rowspan="3">灰铸铁</td><td colspan="4">$F_c=9.81\times C_{F_c}a_e^{0.83}f_z^{0.65}a_p^{1.0}zd^{-0.83}$</td></tr>
<tr><td>端铣刀</td><td colspan="4">$F_c=9.81\times C_{F_c}a_e^{1.14}f_z^{0.72}a_p^{0.9}zd^{-0.14}$</td></tr>
<tr><td>盘铣刀、锯片铣刀等</td><td colspan="4">$F_c=9.81\times C_{F_c}a_e^{0.83}f_z^{0.65}a_p^{1.0}zd^{-0.83}$</td></tr>
<tr><td rowspan="2">铣刀类型</td><td colspan="5">加工不同工件材料时的铣削力修正系数 C_{F_c}</td></tr>
<tr><td>碳钢</td><td>可锻铸铁</td><td>灰铸铁</td><td>青铜</td><td>镁合金</td></tr>
<tr><td>立铣刀、圆柱铣刀</td><td>68.2</td><td>30</td><td>30</td><td>22.6</td><td>17</td></tr>
<tr><td>端铣刀</td><td>82.4</td><td>50</td><td>50</td><td>37.5</td><td>20.6</td></tr>
<tr><td>盘铣刀、锯片铣刀等</td><td>68.3</td><td>30</td><td>30</td><td>22.5</td><td>17</td></tr>
<tr><td rowspan="2">被加工材料 σ_b 或硬度不同时的修正系数 K_{F_c}</td><td colspan="5">加工钢料时　$K_{F_c}=\left(\frac{\sigma_b}{0.736}\right)^{0.30}$　（式中 σ_b 的单位为 GPa）</td></tr>
<tr><td colspan="5">加工铸铁时　$K_{F_c}=\left(\frac{布氏硬度值}{190}\right)^{0.55}$</td></tr>
</table>

二、夹紧力计算

按照夹具设计原则合理确定夹紧力的作用点和作用方向之后，即应计算夹紧力的大小。计算夹紧力是一个很复杂的问题，一般只能粗略地估算。因为在加工过程中，工件受到切削力、重力、冲击力、离心力和惯性力的作用，从理论上讲，夹紧力的作用效果必须与上述作用力（矩）相平衡。但在不同条件下，上述作用力在平衡系中对工件所起的作用各不相同。为了简化夹紧力的计算，通常假设工艺系统是刚性的，切削过程是稳定的，在这些假设条件下，根据切削力实验计算公式求切削力，然后找出加工过程中最不利的瞬时状态，按静力学原理求出夹紧力的大小。夹紧力大小的计算通常表现为夹紧力矩与摩擦力矩的平衡。夹紧力的计算公式为：

$$F_j=KF_{计}$$

式中　$F_{计}$——在最不利条件下由静力计算求出的夹紧力；

F_j——实际需要的夹紧力；

K——安全系数，一般取 $K=1.5\sim3$，粗加工取大值，精加工取小值。

1. 斜楔机构夹紧力、夹紧行程及自锁角的计算

（1）夹紧力

$$F'=i_pF\quad (\mathrm{N})$$

式中　i_p——机构的扩力比。

（2）自锁角 α_z

（3）夹紧行程 S

$$S=S_1\tan\alpha$$

式中　S_1——斜楔工作行程，mm。

图 4-2 和表 4-4 分别为斜楔夹紧机构的结构形式、扩力比和自锁角。

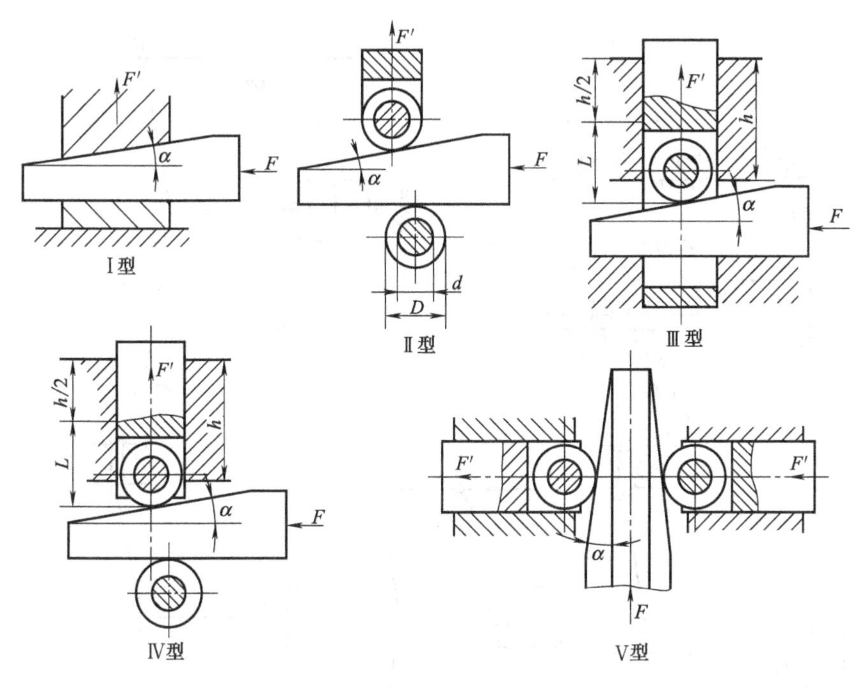

图 4-2 斜楔夹紧机构的结构形式

表 4-4 斜楔夹紧机构的扩力比和自锁角

机构形式	Ⅰ	Ⅱ	Ⅲ	Ⅳ	Ⅴ
α	i_p				
5°	3.47	5.31	4.14	5.16	7.03/n
7°	3.07	4.46	3.58	4.31	5.55/n
10°	2.62	3.59	3.02	3.42	4.18/n
15°	2.09	2.68	2.29	2.51	2.90/n
自锁角 α_z	≤11°25′	≤5°40′	≤8°33′	≤5°40′	≤2°50′
$d/D=0.5$，$L/h=0.7$，摩擦系数 0.1，n——柱塞数					

2. 铰链机构夹紧力的计算

$$F'=i_pF \quad (\mathrm{N})$$

式中 i_p——机构的扩力比。

图 4-3 和表 4-5 分别为铰链夹紧机构的结构形式和扩力比。

表 4-5 铰链夹紧机构的扩力比

铰链形式	Ⅰ	Ⅱ	Ⅲ	Ⅳ	Ⅴ	铰链形式	Ⅰ	Ⅱ	Ⅲ	Ⅳ	Ⅴ
α	i_p					α	i_p				
10°	4.41	2.83	2.73	2.83	2.73	25°	1.52	1.07	0.96	1.07	0.96
15°	3.14	1.86	1.76	1.86	1.76	30°	1.59	0.87	0.76	0.87	0.76
20°	2.41	1.37	1.27	1.37	1.27						
$d/D=0.5$，$l/h=0.7$，摩擦系数 0.1						$d/D=0.5$，$l/h=0.7$，摩擦系数 0.1					

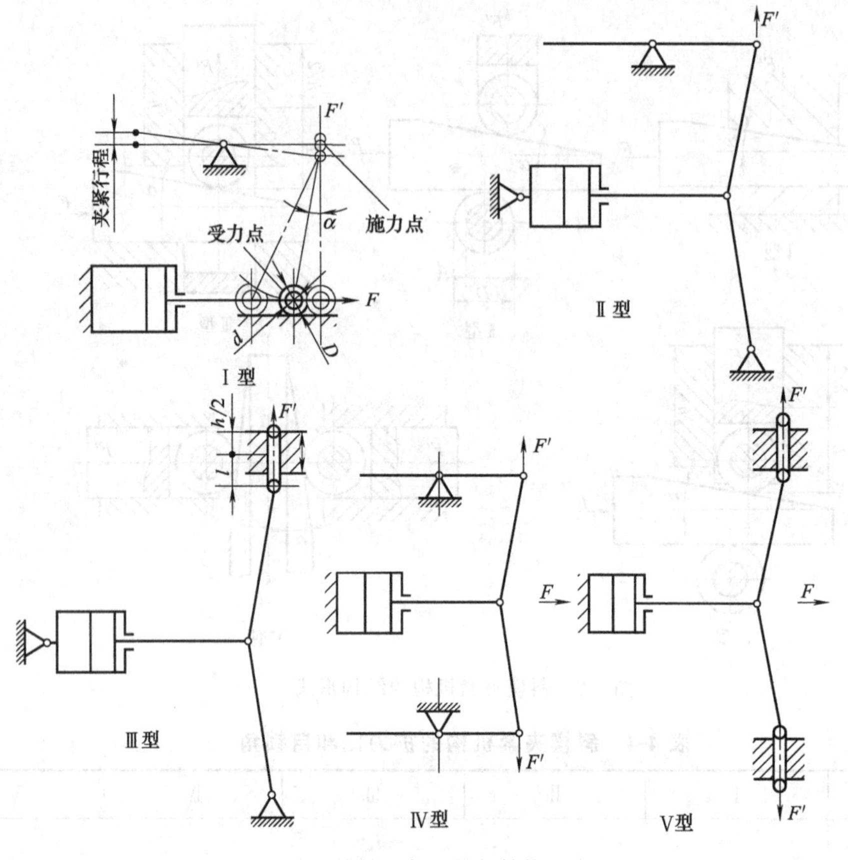

图 4-3　铰链夹紧机构的结构形式

第三节　夹具公差和技术要求制订

一、制订夹具公差和技术要求的基本原则

制订夹具公差和技术要求，必须以产品图样、工艺规程和设计任务书为依据，对被加工工件尺寸、公差和技术要求等进行全面分析、细致考虑，以便确定夹具所必须达到的经济精度，使机床夹具的制造精度能确保产品质量。制订夹具公差和技术要求时，应遵循以下基本原则：

(1) 为保证工件加工精度，在制订夹具的公差和技术要求时，应使夹具制造误差的总和不超过工件相应公差的 1/5～1/3。

(2) 为增加夹具的使用可靠性和使用寿命，必须考虑夹具使用过程中的磨损补偿，在不增加制造困难的前提下，应尽量把夹具的公差定得小一些。

(3) 为了减少加工困难，有时允许适当放宽夹具各组成元件的制造公差，而采用调整法、修配法、装配后加工、就地加工等方法提高夹具的制造精度。

(4) 夹具中的尺寸、公差和技术要求应表示清楚，不可相互矛盾和重复。凡标注公差要求的部位，必须有相应的检验基准。

(5) 夹具中对于精度要求较高的定位元件，应用质地较好的材料制造，其淬火硬度一般不低于 50HRC，以保持精度。

(6) 夹具设计中，不论工件尺寸公差是单向分布还是双向分布，都应改为以平均尺寸作为基本尺寸和双向对称分布的公差，以此作为夹具的相应基本尺寸，然后规定夹具的制造公差。

例如：工件两孔中心距尺寸为 $180^{+0.06}_{0}$mm，设计夹具时，如果将夹具尺寸公差标注为 (180±0.01)mm 就错了，因为此时夹具孔距的最小极限尺寸为 179.99mm，显然已超出工件的公差范围。正确的标注是，先将工件尺寸及公差改为 (180.03±0.03)mm，以 180.03mm 作为夹具的基本尺寸，然后取其对称分布公差±0.03mm 的 1/3，即±0.01mm 作为夹具的制造公差，这样才能满足工件的精度要求。

二、夹具各组成元件相互位置精度和相关尺寸公差的制订

一般夹具公差可分为与工件加工尺寸直接有关的和与工件尺寸无关的两类。

1. 与工件工序尺寸公差和技术要求直接有关的夹具尺寸公差和技术要求

这类公差可直接由工件的尺寸公差和技术要求来制订夹具的尺寸公差和技术要求，多数沿用经验公式来确定，即取工件相应工序尺寸公差的 1/5～1/3 作为夹具的公差，具体选取时则必须结合工件的加工精度、批量大小以及工厂的生产技术水平等因素进行细致分析和全面考虑。

表 4-6 列出了各类机床夹具公差与工件相应公差的比例关系；表 4-7、表 4-8 分别列出了按工件相应尺寸公差和角度公差选取夹具公差的参考数据。

表 4-6　按工件公差选取夹具公差

夹具类型	工件工序尺寸公差/mm				
	0.03～0.10	0.10～0.20	0.20～0.30	0.30～0.50	自由尺寸
车床夹具	1/4	1/4	1/5	1/5	1/5
钻床夹具	1/3	1/4	1/4	1/5	1/5
镗床夹具	1/3	1/3	1/4	1/4	1/5

表 4-7　按工件公差确定夹具相应尺寸公差的参考数据　mm

工件尺寸公差	夹具尺寸公差	工件尺寸公差	夹具尺寸公差
0.008～0.01	0.005	0.20～0.24	0.08
0.01～0.02	0.006	0.24～0.28	0.09
0.02～0.03	0.010	0.28～0.34	0.10
0.03～0.05	0.015	0.34～0.45	0.15
0.05～0.06	0.025	0.45～0.65	0.20
0.06～0.07	0.030	0.65～0.90	0.30
0.07～0.08	0.035	0.90～1.30	0.40
0.08～0.09	0.040	1.30～1.50	0.50
0.09～0.10	0.045	1.50～1.60	0.60
0.10～0.13	0.050	1.60～2.00	0.70
0.12～0.16	0.060	2.00～2.50	0.80
0.16～0.20	0.070	2.50～3.00	1.00

表 4-8　按工件角度公差确定夹具相应角度公差的参考数据

工件角度公差	夹具角度公差	工件角度公差	夹具角度公差
0°00′50″～0°01′30″	0°00′30″	0°20′～0°25′	0°10′
0°01′30″～0°20′30″	0°01′00″	0°25′～0°35′	0°12′
0°02′30″～0°03′30″	0°01′30″	0°35′～0°50′	0°15′
0°03′30″～0°04′30″	0°02′00″	0°50′～1°00′	0°20′
0°04′30″～0°06′00″	0°02′30″	1°00′～1°30′	0°30′
0°06′00″～0°08′00″	0°03′00″	1°30′～2°00′	0°40′
0°08′00″～0°10′00″	0°04′00″	2°00′～3°00′	1°00′
0°10′00″～0°15′00″	0°05′00″	3°00′～4°00′	1°20′
0°15′00″～0°20′00″	0°08′00″	4°00′～5°00′	1°40′

夹具各组成元件之间的位置精度一般应考虑以下几方面要求：

(1) 定位面之间或者定位面与夹具安装基面之间的平行度或垂直度等要求。

(2) 定位面本身的几何公差等要求。

(3) 导向元件之间、及其与定位面或夹具安装基面之间的同轴度、平行度或垂直度要求。

(4) 对刀块工作面至定位面的距离公差。

以上这些技术要求都是为了满足工件加工精度而提出的。为了保证操作正常而安全地进行，有时还需要规定一些其它技术要求。如有些钻孔工序，被钻孔与其定位基准面之间并无垂直度要求，但为了使钻头能正常工作而不致折断，往往规定钻套中心对钻模底面的垂直度要求等。

凡与工件要求有关的夹具位置精度要求的公差数值，同样按工件相应技术要求公差的1/5～1/3 选取。若工件没有提出具体技术要求，则可参考下列数值选用：

(1) 同一平面上的支承钉或支承板的等高允差，一般不大于 0.02mm；

(2) 定位元件工作表面对定位键槽侧面的平行度或垂直度误差，一般不大于 0.02/100mm；

(3) 定位元件工作表面对夹具体底面的平行度或垂直度误差，一般不大于 0.02/100mm；

(4) 钻套轴线对夹具体底面的垂直度误差不大于 0.05/100mm；

(5) 镗模前后镗套的同轴度误差不大于 0.02mm；

(6) 对刀块工作表面对定位元件工作表面的平行度或垂直度误差不大于 0.03/100mm；

(7) 对刀块工作表面对定位键槽侧面的平行度或垂直度误差不大于 0.03/100mm；

(8) 车、磨夹具的找正基面对其回转中心的径向跳动误差不大于 0.02mm。

2. 与工件工序尺寸无关的夹具尺寸公差和技术要求

与工件尺寸公差无关的尺寸公差多属于夹具内部的结构尺寸公差，如定位元件与夹具体的配合尺寸公差、夹紧机构上各组成零件间的配合尺寸公差等。这类尺寸公差主要是根据零件在夹具中的功用和装配要求，而直接根据国家标准选取配合种类和公差等级，并根据机构性能要求提出相应的要求等。

三、夹具公差与配合选择

1. 夹具常用配合种类和公差等级

夹具公差等级与配合应符合国家标准。表 4-9 为机床夹具常用配合种类和公差等级。

表 4-9　机床夹具常用配合种类和公差等级

<table>
<tr><th colspan="2" rowspan="2">配合件的工作形式</th><th colspan="2">精　度　要　求</th><th rowspan="2">示　　例</th></tr>
<tr><th>一般精度</th><th>较高精度</th></tr>
<tr><td colspan="2">定位元件与工件
定位基面间的配合</td><td>H7/h6、H7/g6、H7/f7</td><td>H6/h5、H6/g5、H6/f5</td><td>定位销与工件
定位基准孔的配合</td></tr>
<tr><td colspan="2">有导向作用，并有相对
运动的元件间的配合</td><td>H7/h6、H7/g6、H7/f7
G7/h6、F7/h6</td><td>H6/h5、H6/g5、H6/f5
G6/h5、F7/h6</td><td>移动定位元件、
刀具与导套的配合</td></tr>
<tr><td colspan="2">有导向作用，并有相对
运动的元件间的配合</td><td>H8/f9、H8/d9</td><td>H8/f8</td><td>移动夹具底座
与滑座的配合</td></tr>
<tr><td rowspan="2">没有相对运动
元件间的配合</td><td>无紧固件</td><td colspan="2">H7/n6、H7/r6、H7/s6</td><td rowspan="2">固定支承钉、定位销</td></tr>
<tr><td>有紧固件</td><td colspan="2">H7/m6、H7/k6、H7/js6</td></tr>
</table>

注：表中配合种类和公差等级，仅供参考，根据夹具的实际结构和要求，也可选用其它的配合种类和公差等级。

2. 夹具配合元件的配合实例

表 4-10 为一些夹具常用元件的配合，供夹具设计时参考。

表 4-10　夹具常用元件的配合

<table>
<tr><th colspan="2">配合元件名称</th><th>图　　例</th><th colspan="2">配合元件名称</th><th>图　　例</th></tr>
<tr><td rowspan="3">定位销和支承钉与其配合件的典型配合</td><td>定位销</td><td> 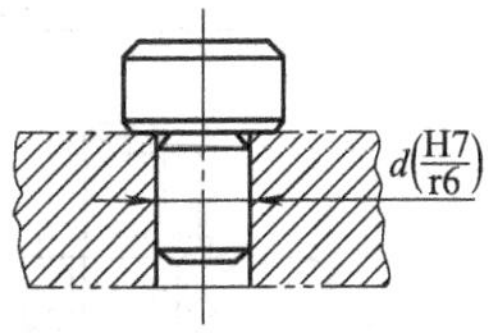$d\left(\frac{H7}{r6}\right)$</td><td rowspan="3">定位销和支承钉与其配合件的典型配合</td><td>支承钉</td><td> 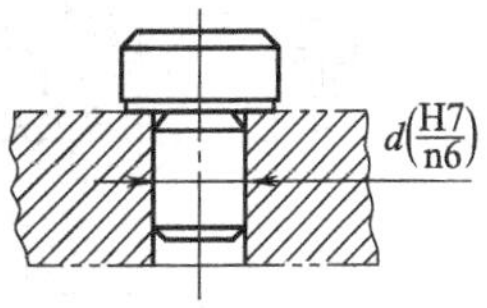$d\left(\frac{H7}{n6}\right)$</td></tr>
<tr><td>菱形销</td><td> 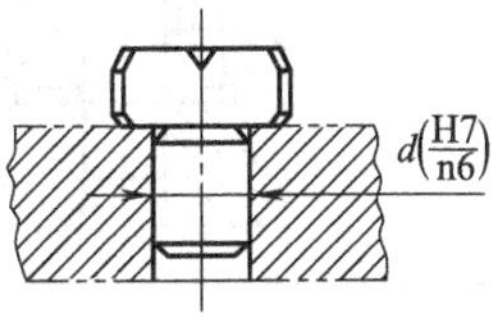$d\left(\frac{H7}{n6}\right)$</td><td>盖板式钻模定位销</td><td> 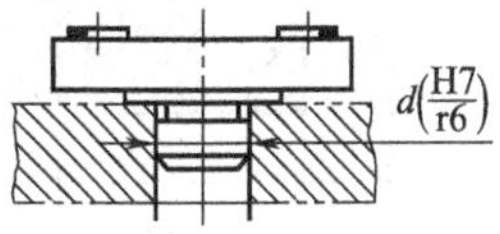$d\left(\frac{H7}{r6}\right)$</td></tr>
<tr><td>大尺寸定位销</td><td> 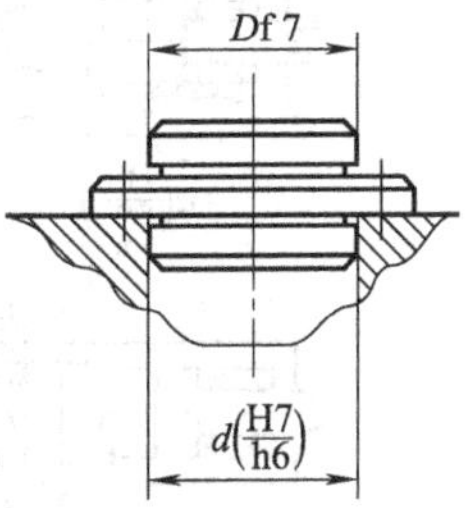$Df7$
$d\left(\frac{H7}{h6}\right)$</td><td>可换定位销</td><td> 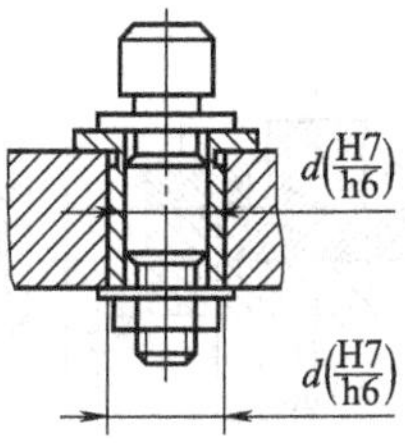$d\left(\frac{H7}{h6}\right)$
$d\left(\frac{H7}{h6}\right)$</td></tr>
</table>

续表

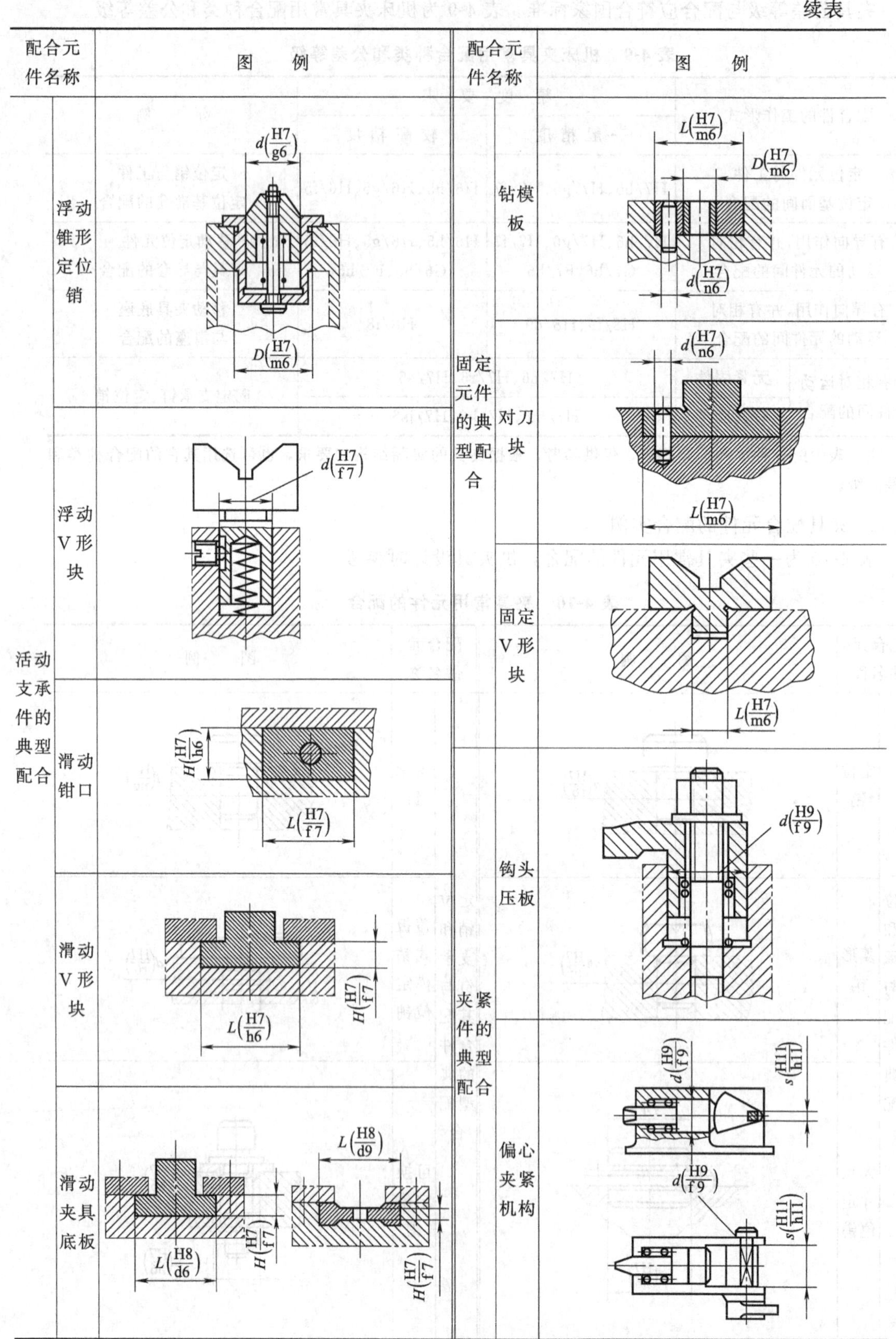

配合元件名称
图例
配合元件名称
图例
活动支承件的典型配合
浮动锥形定位销
d(H7/g6)
D(H7/m6)
浮动V形块
d(H7/f7)
滑动钳口
H(H7/h6)
L(H7/f7)
滑动V形块
L(H7/h6)
H(H7/f7)
滑动夹具底板
L(H8/d6)
H(H7/f7)
L(H8/d9)
H(H7/f7)
固定元件的典型配合
钻模板
L(H7/m6)
D(H7/m6)
d(H7/n6)
对刀块
d(H7/n6)
L(H7/m6)
固定V形块
L(H7/m6)
夹紧件的典型配合
钩头压板
d(H9/f9)
偏心夹紧机构
d(H9/f9)
s(H11/h11)
d(H9/f9)
s(H11/h11)

续表

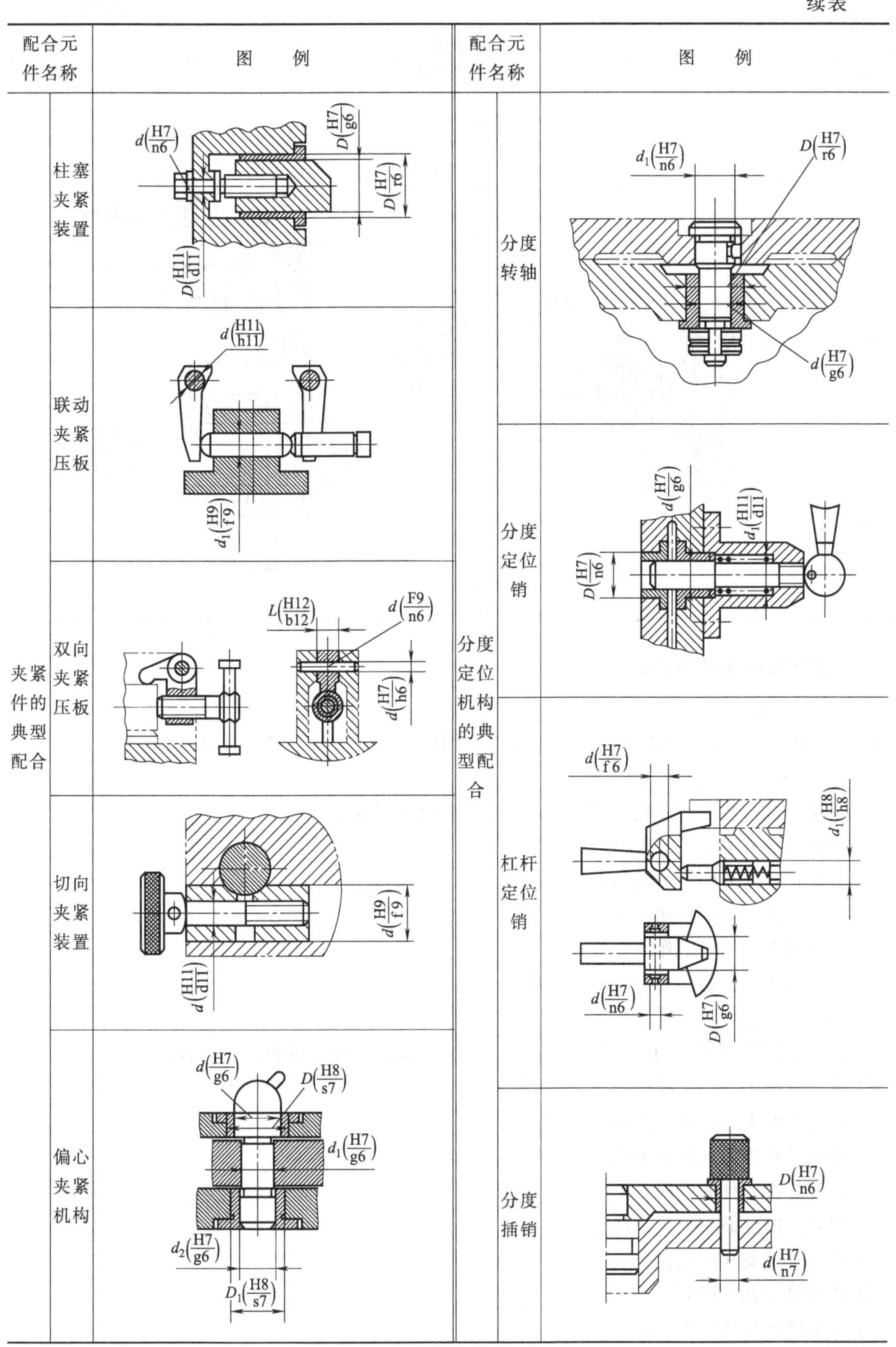

配合元件名称
图　　例
配合元件名称
图　　例
夹紧件的典型配合
柱塞夹紧装置
d(H7/n6)
D(H7/g6)
D(H7/r6)
D(H11/d11)
联动夹紧压板
d(H11/h11)
d1(H9/f9)
双向夹紧压板
L(H12/b12)
d(F9/n6)
d(H7/h6)
切向夹紧装置
d(H9/f9)
d(H11/d11)
偏心夹紧机构
d(H7/g6)
D(H8/s7)
d1(H7/g6)
d2(H7/g6)
D1(H8/s7)
分度定位机构的典型配合
分度转轴
d1(H7/n6)
D(H7/r6)
d(H7/g6)
分度定位销
d(H7/g6)
d1(H11/d11)
D(H7/n6)
杠杆定位销
d(H7/f6)
d1(H8/h8)
d(H7/n6)
D(H7/g6)
分度插销
D(H7/n6)
d(H7/n7)

续表

配合元件名称		图例	配合元件名称		图例
辅助支承的典型配合	辅助支承	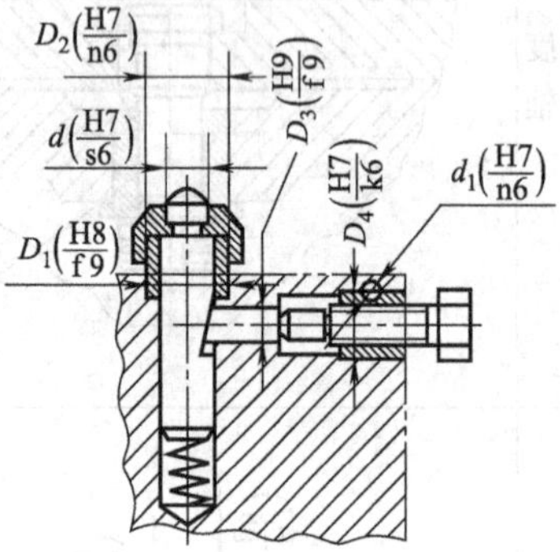	其它典型配合	铰链钻模板	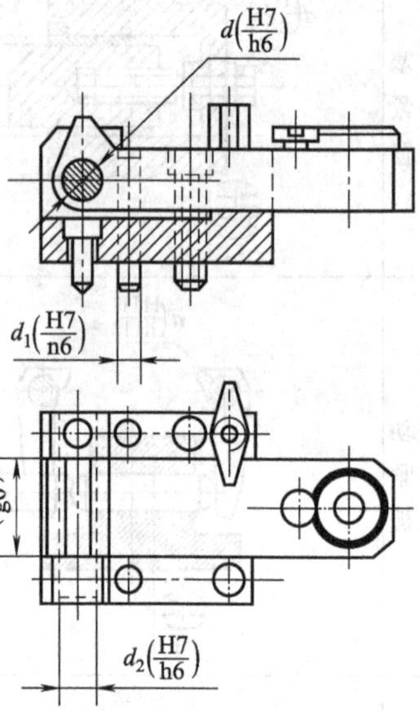

四、夹具制造和使用说明

(1) 夹具制造说明

对于要用特殊方法进行加工或装配才能达到图样要求的夹具，必须在夹具总装图上予以说明。其内容有以下几方面：

① 必须先进行装配或装配一部分以后再进行加工的表面；

② 需用特殊方法加工的表面；

③ 新型夹具的某些特殊结构；

④ 某些夹具手柄的特殊位置；

⑤ 制造时需要相互配作的零件；

⑥ 气、液压动力部件的试验技术要求。

(2) 夹具使用说明

为了正确合理地使用与保养夹具，有些夹具图上需注以使用说明，其内容包括：

① 多工位加工的加工顺序；

② 夹紧力的大小、夹紧的顺序和方法；

③ 使用过程中需加的平衡装置；

④ 装夹多种工件的说明；

⑤ 同时使用的通用夹具或转台；

⑥ 使用时的安全问题；

⑦ 使用时的调整说明；

⑧ 高精度夹具的保养方法。

第四节　夹具设计中的注意事项及常见错误

一、夹具设计中的注意事项

（1）在确定夹具设计方案时应当遵循的原则是：确保加工质量，结构尽量简单，操作省力高效，制造成本低廉。

（2）定位元件选定后，应进行定位误差分析计算。如计算结果超差，则需改变定位方法或提高定位元件、定位表面的制造精度，以减少定位误差，提高加工精度。有时甚至要从根本上改变工艺路线的安排，以保证零件加工的顺利进行。

另外，定位元件设计时应满足：

① 要有与工件相适应的精度；

② 要有足够的刚度，不允许受力时发生变形；

③ 要有良好的耐磨性，以便在使用中保持其工作精度，一般多采用低碳钢渗碳淬火或碳素工具钢淬火，硬度58～62HRC。

（3）常用夹紧机构有杠杆、螺旋、偏心和铰链机构等，设计时可以根据具体情况正确选用，并配合以手动、气动或液动的动力源。

夹紧机构选定后，应进行夹紧力计算。计算时通常将夹具和工件看成一个刚性系统，根据工件受切削力，夹紧力（大型工件还应考虑重力，高速运动的工件还应考虑惯性力等）的状态，在处于静力平衡条件下，计算出理论夹紧力，再乘以安全系数 K，作为实际所需的夹紧力。根据生产经验，一般取 $K=1.5$～3，粗加工时，取 $K=2.5$～3；精加工时，取 $K=1.5$～2。

应该指出，由于加工方法、切削刀具，以及装夹方式千差万别，夹紧力的计算在某些情况下没有现成的公式可以套用，需要同学们根据所学理论知识进行分析研究，选取合理的计算方法。

（4）所设计夹具，不但机构要合理，结构也应当合理，否则都不能正常工作。

图4-4（a）所示为一个机构不合理的例子。一个圆柱形零件用V形块定位并用二个压

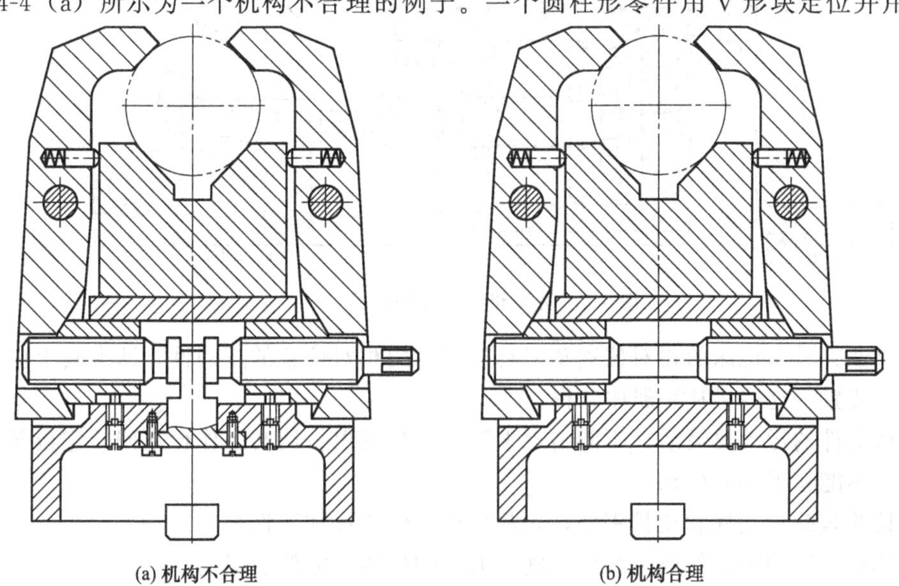

图4-4　夹具机构合理性实例

板夹紧。由于这个夹具是用双向正反螺杆带动两个压板作自动定心夹紧，因此这个零件存在重复定位。图 4-4（b）是经过修改后的设计，零件仍由 V 形块定位，双头螺杆-压板系统可以沿横向移动而只起压紧作用，从而解决了重复定位问题。

图 4-5 所示为一个铰链夹紧机构。从机构学角度考虑是合理的。但当铰链机构中的滚子、销轴磨损或出现制造、装配误差时，滚子的移动就会超过死点而导致机构的失效，因此这个夹具还有不合理之处。如果在拉杆上增加一个调整环节，如图 4-6 所示。那么这套夹具不但在机构上是合理的，在结构上也是合理的。

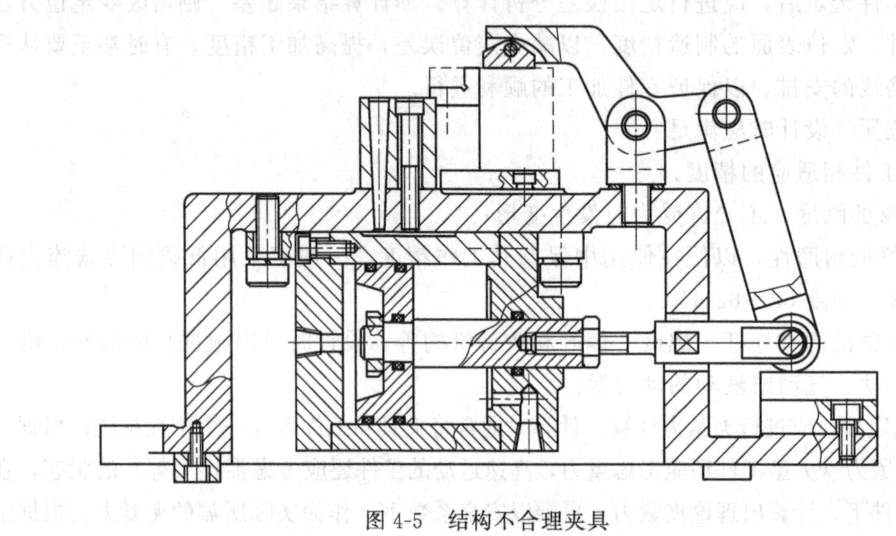

图 4-5 结构不合理夹具

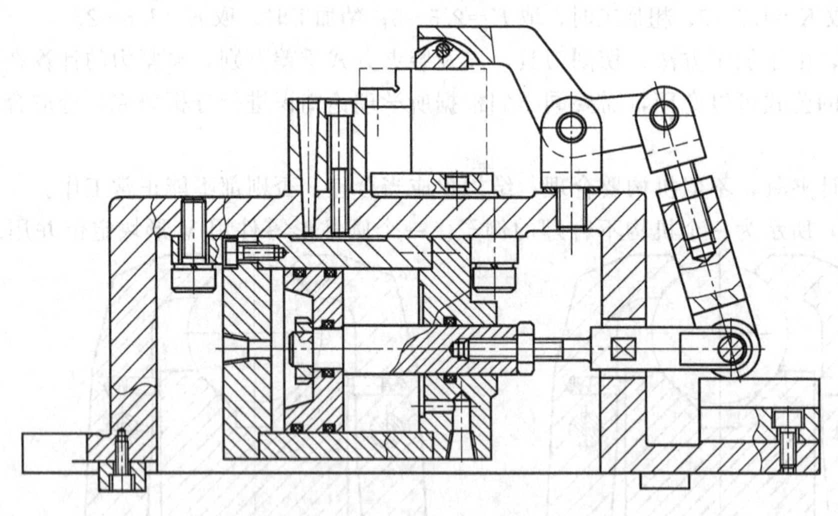

图 4-6 机构和结构合理夹具

(5) 要保证夹具与机床的相对位置及刀具与夹具的相对位置的正确性，即夹具上应具备定位键及对刀装置。这些可从手册中查得。

(6) 运动部件的运动要灵活，不能出现干涉和卡死现象。回转工作台或回转定位部件应有锁紧装置，不能在工作时松动。

(7) 夹具的装配工艺性和夹具零件，尤其是夹具体的可加工性要好。

(8) 夹具中的运动零部件要有润滑措施，夹具的排屑要方便、畅通。

(9) 夹具中零件的选材、尺寸公差，以及总装图的技术要求要合理。为便于审查零件的加工工艺性及夹具的装配工艺性，从教学要求出发，各零部件应尽量不采用简化画法绘制。

二、夹具设计中常易出现的错误

由于学生是第一次独立进行工艺规程编制及夹具设计，因而常常会发生一些结构设计方面的错误，现将它们以正误对照的形式列于表 4-11 中，供参考。

表 4-11　夹具设计中易出现的错误示例

项目	正误对比		简要说明
	错误的或不好的	正确的或好的	
定位销在夹具体上的定位与连接	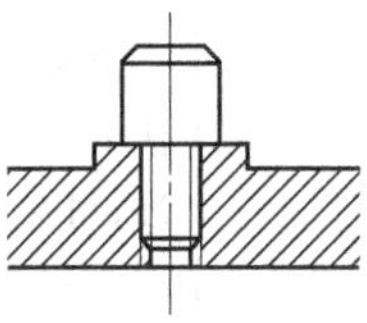	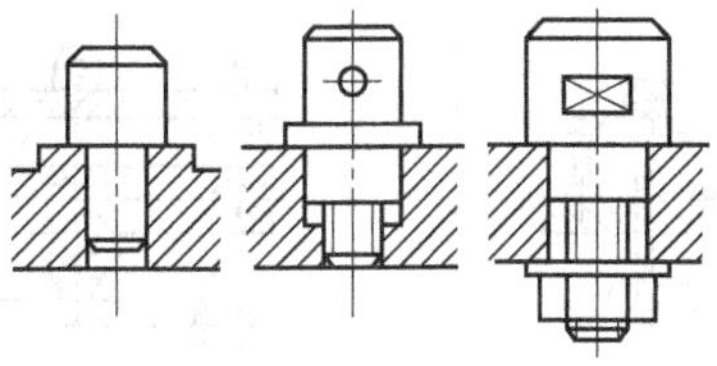	1. 定位销本身位置误差太大，因为螺纹不起定心作用 2. 带螺纹的销应有旋紧用的扳手孔或扳手平面
螺纹连接	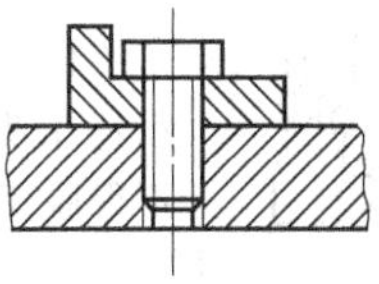	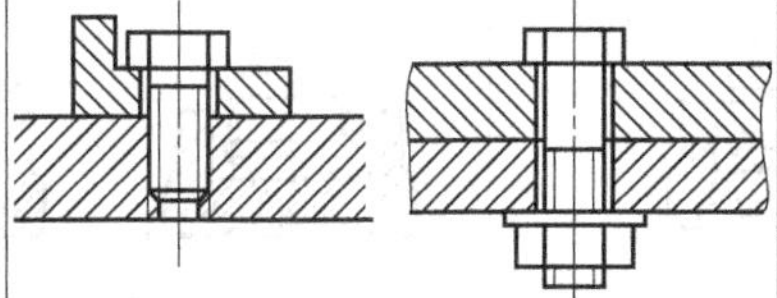	被连接件应为光孔。若两者都为螺纹，将无法拧紧
可调支承	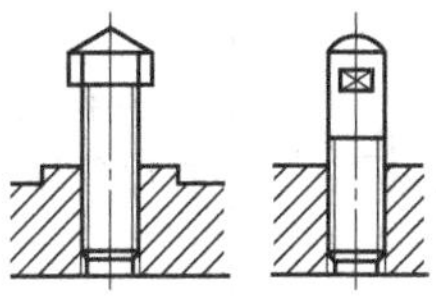	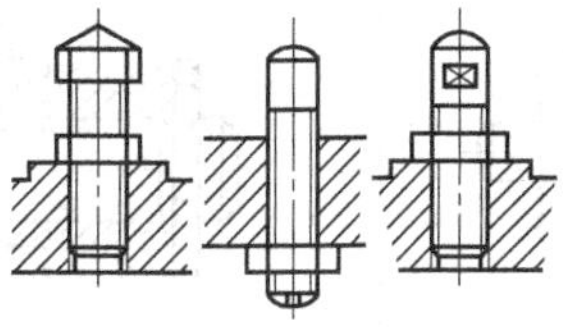	1. 应有锁紧螺母 2. 应有扳手孔（面）或一字槽（十字槽）
工件安放	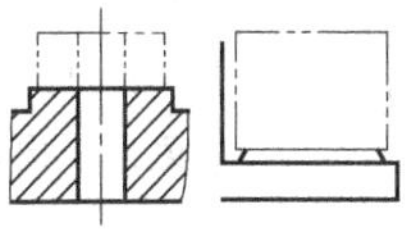	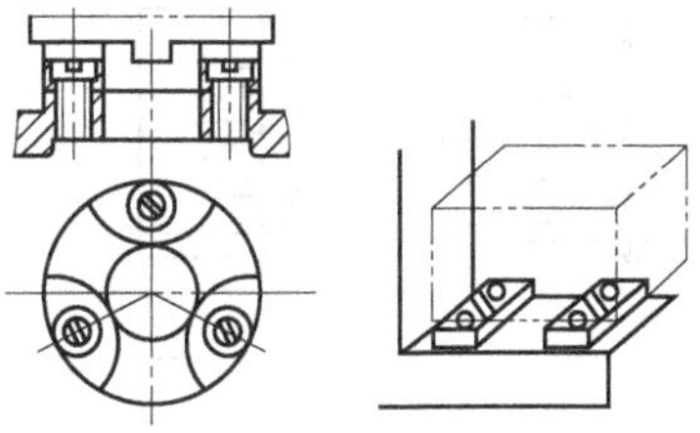	工件最好不要直接与夹具接触，应加支承板、支承垫圈等
机构自由度	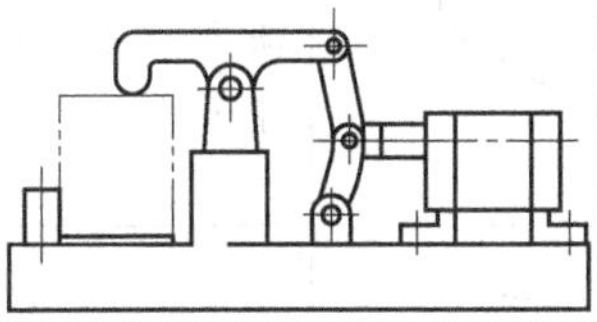	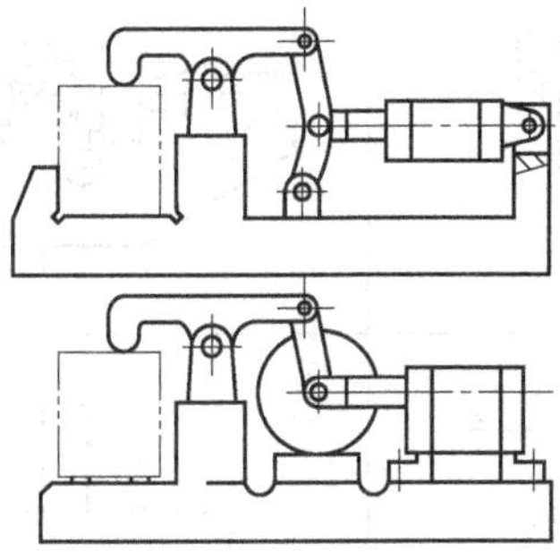	夹紧机构运动时不得发生干涉，应验算其自由度 $F\neq0$ 如左图：$F=3\times4-2\times6=0$ 右上图：$F=3\times5-2\times7=1$ 右下图：$F=3\times3-2\times4=1$

续表

项目	正误对比		简要说明
	错误的或不好的	正确的或好的	
考虑极限状态不卡死			摆动零件动作过程中不应卡死，应检查极限位置
联动机构的运动补偿			联动机构应操作灵活省力，不应发生干涉，可采用槽、长孔、高副等作为补偿环节
摆动压块			压杆应能装入，且当压杆上升时摆动压块不得脱落
可移动心轴			手轮转动时应保证心轴只移不转
移动V形架			1. V形架移动副应便于制造、调整和维修 2. 与夹具之间应避免大平面接触
耳孔方向	主轴方向	主轴方向	耳孔方向(即机床工作台T形槽方向)应与夹具在机床上安放及刀具(机床主轴)之间协调一致，不应相互矛盾
加强筋的设置	F	F	加强筋应尽量放在使之承受压应力的方向

续表

项目	正误对比		简要说明
	错误的或不好的	正确的或好的	
铸造结构	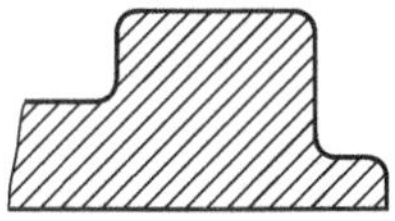	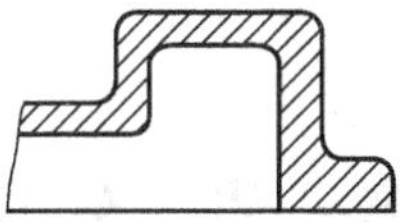	夹具铸造应壁厚均匀
使用球面垫圈	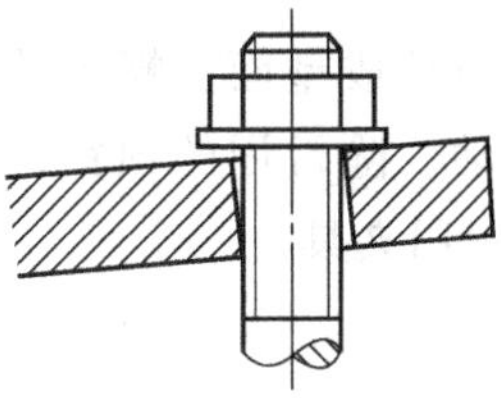	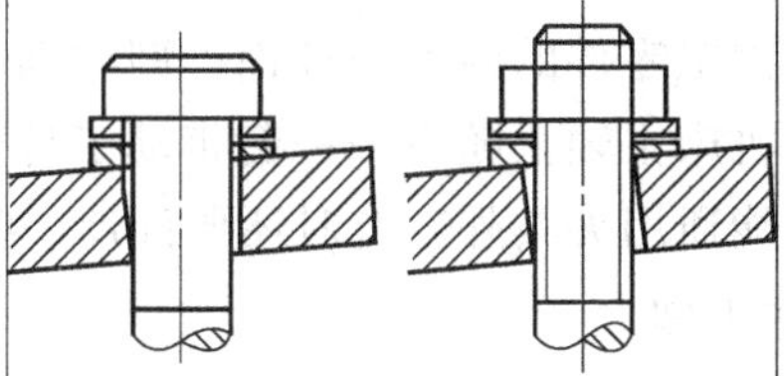	螺杆与压板有可能倾斜受力时，应采用球面垫圈，以免螺纹产生附加弯曲应力而破坏
菱形销安装方向	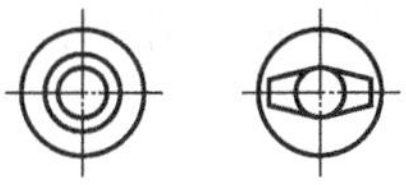	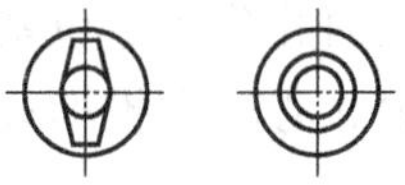	菱形销长轴应处于两孔连心线垂直方向上

第五章　各类机床夹具设计要点

第一节　车 床 夹 具

车床夹具主要要用于加工零件的内外圆柱面、圆锥面、回转成型面、螺纹及端平面等。在加工过程中夹具安装在机床主轴上随主轴一起带动工件转动。除常用的顶针、三爪卡盘、四爪卡盘、花盘等一类万能通用夹具外，有时还要设计一些专用夹具。

一、车床夹具的主要类型

1. 心轴类车床夹具

心轴类车床夹具多用于工件以内孔作为定位基准，加工外圆柱面的情况。常见的车床心轴有：圆柱心轴、弹性心轴、顶尖式心轴和锥柄式心轴等。

（1）圆柱心轴

圆柱心轴有：间隙配合心轴［图 5-1（a)］、过盈配合心轴［图 5-1（b)］、花键心轴［图 5-1（c)］、小锥度心轴［图 5-1（d)］等。

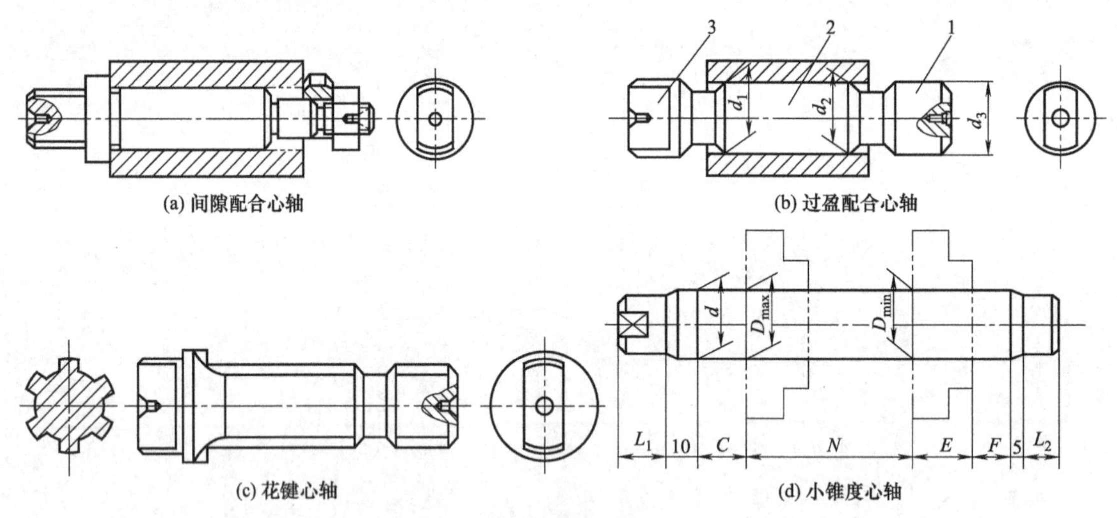

图 5-1　圆柱心轴

1—引导部分；2—工作部分；3—传动部分

间隙配合心轴：心轴的圆柱配合面一般按 h6、g6 或 f7 制造。

过盈配合心轴：$d_3=d_{min}$，$L_3=L/2$，当 $L/d\leqslant 1$ 时，$d_1=d_2=d_{max}$ r6；当 $L/d>1$ 时，$d_1=d_{max}$ r6，$d_2=d_{min}$ h6。L、d——工件定位孔的长度和直径。

表 5-1 和表 5-2 分别为小锥度心轴锥度的结构尺寸和高精度心轴锥度推荐值。

（2）弹性心轴

弹性心轴有：弹簧心轴［图 5-2（a)、(b)］、波纹套定心心轴［图 5-2（c)］、楔式卡爪自动定心心轴［图 5-2（d)］和液性塑料心轴［图 5-2（e)］等。

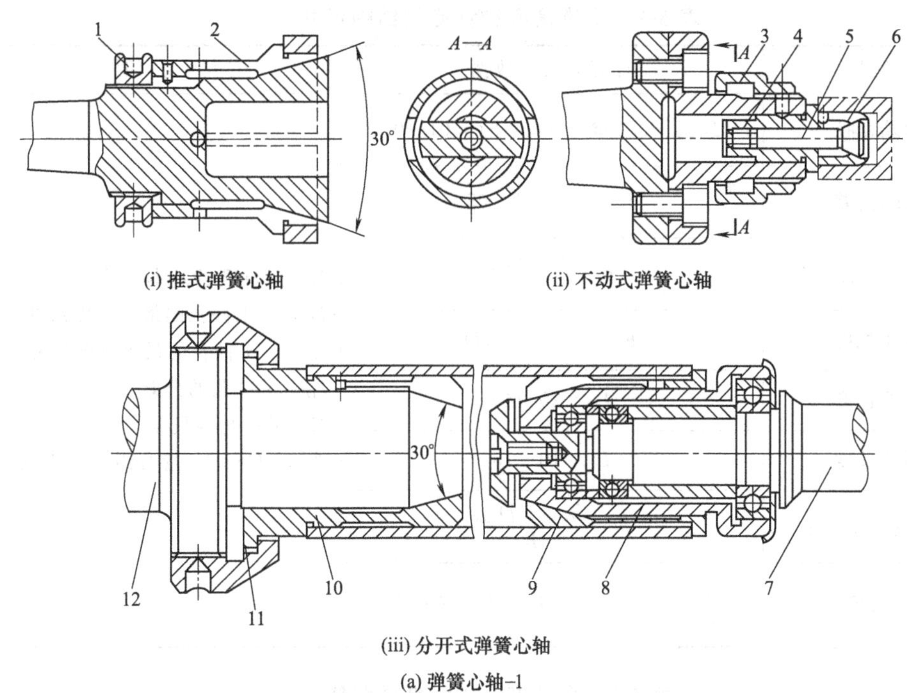

(i) 推式弹簧心轴　　(ii) 不动式弹簧心轴

(iii) 分开式弹簧心轴

(a) 弹簧心轴-1

1,3,11—螺母；2,6,9,10—筒夹；4—滑条；5—拉杆；7,12—心轴体；8—锥套

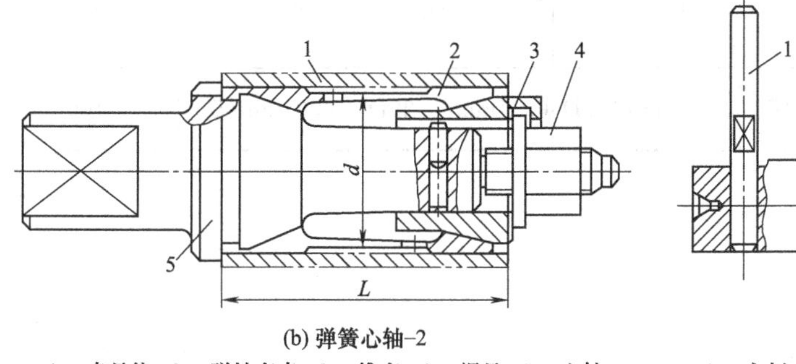

(b) 弹簧心轴-2

1—夹具体；2—弹性套夹；3—锥套；4—螺母；5—心轴

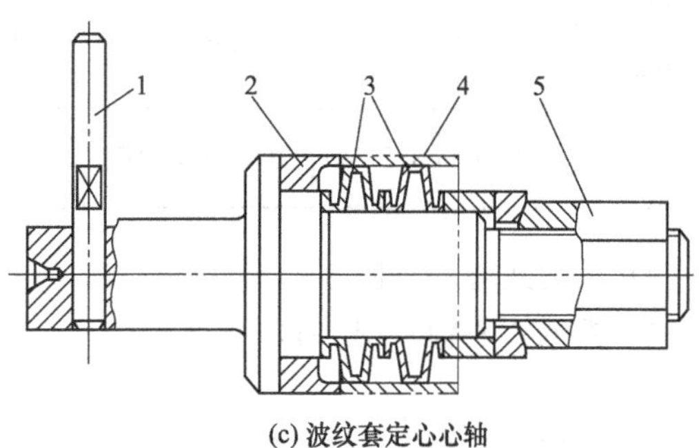

(c) 波纹套定心心轴

1—立杆；2—支承圈；3—波纹套；4—外套；5—螺母

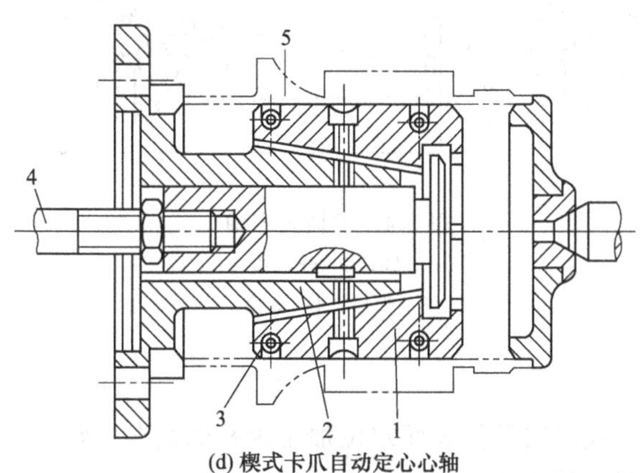

(d) 楔式卡爪自动定心心轴

1—卡爪；2—本体；3—弹簧卡圈；4—拉杆；5—工件

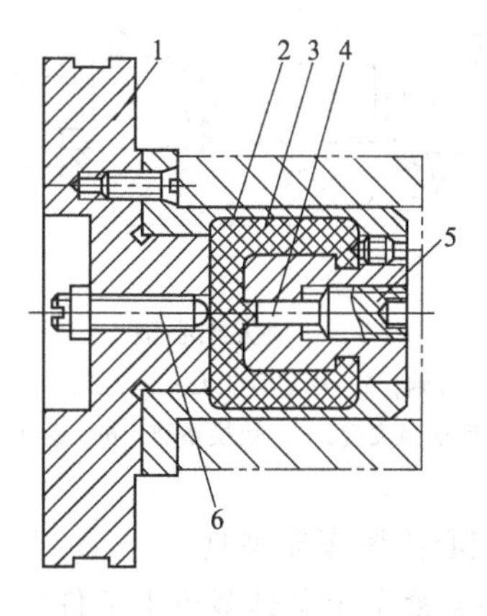

(e) 液性塑料心轴

1—夹具体；2—薄壁套筒；3—液性塑料；4—柱塞；5—螺钉；6—限位螺钉

图 5-2　弹性心轴

表 5-1 小锥度心轴锥度的结构尺寸

<table>
<tr><th>计算项目</th><th>计算公式及数据</th><th>说 明</th></tr>
<tr><td>心轴大端直径</td><td>$d=D_{max}+0.25\delta_D \approx D_{max}+(0.01\sim0.02)$</td><td rowspan="8">D—工件孔的基本尺寸
D_{max}—工件孔的最大极限尺寸
D_{min}—工件孔的最小极限尺寸
δ_D—工件孔的公差
E—工件孔的长度
当 $L/d>8$ 时，应分组设计心轴</td></tr>
<tr><td>心轴大端公差</td><td>$\delta_d=0.01\sim0.005$</td></tr>
<tr><td>保险锥面长度</td><td>$C=\frac{d-D_{max}}{K}$</td></tr>
<tr><td>导向锥面长度</td><td>$F=(0.3\sim0.5)D$</td></tr>
<tr><td>左端圆柱长度</td><td>$L_1=20\sim40$</td></tr>
<tr><td>右端圆柱长度</td><td>$L_2=10\sim15$</td></tr>
<tr><td>工件轴向位置的变动范围</td><td>$N=\frac{D_{max}-D_{min}}{K}$</td></tr>
<tr><td>心轴总长度</td><td>$L=C+F+L_1+L_2+N+E+15$</td></tr>
</table>

表 5-2 高精度心轴锥度推荐值

工件定位孔直径 D/mm	8～25	25～50	50～70	70～80	80～100	>100
锥度 K	0.01mm/2.5D	0.01mm/2D	0.01mm/1.5D	0.01mm/1.25D	0.01mm/D	0.01/100

（3）顶尖式心轴（图 5-3）

（4）锥柄式心轴（图 5-4）

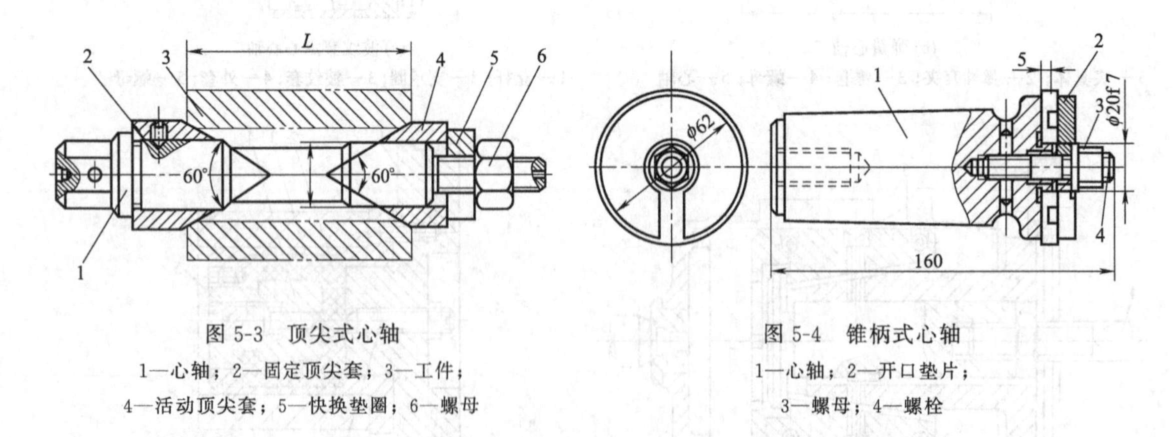

图 5-3 顶尖式心轴

1—心轴；2—固定顶尖套；3—工件；4—活动顶尖套；5—快换垫圈；6—螺母

图 5-4 锥柄式心轴

1—心轴；2—开口垫片；3—螺母；4—螺栓

2. 定心夹紧车床夹具

定心夹紧车床夹具多用于工件以回转体工件或以回转体表面定位加工内孔的情况。常见的有：弹簧夹头［图 5-5 (a)、(b)］和液性塑料弹簧夹头［图 5-5 (c)］等。

3. 花盘式车床夹具

图 5-6 和图 5-7 分别为加工回水盖 2×G1 管螺纹的工序简图和车床夹具图。

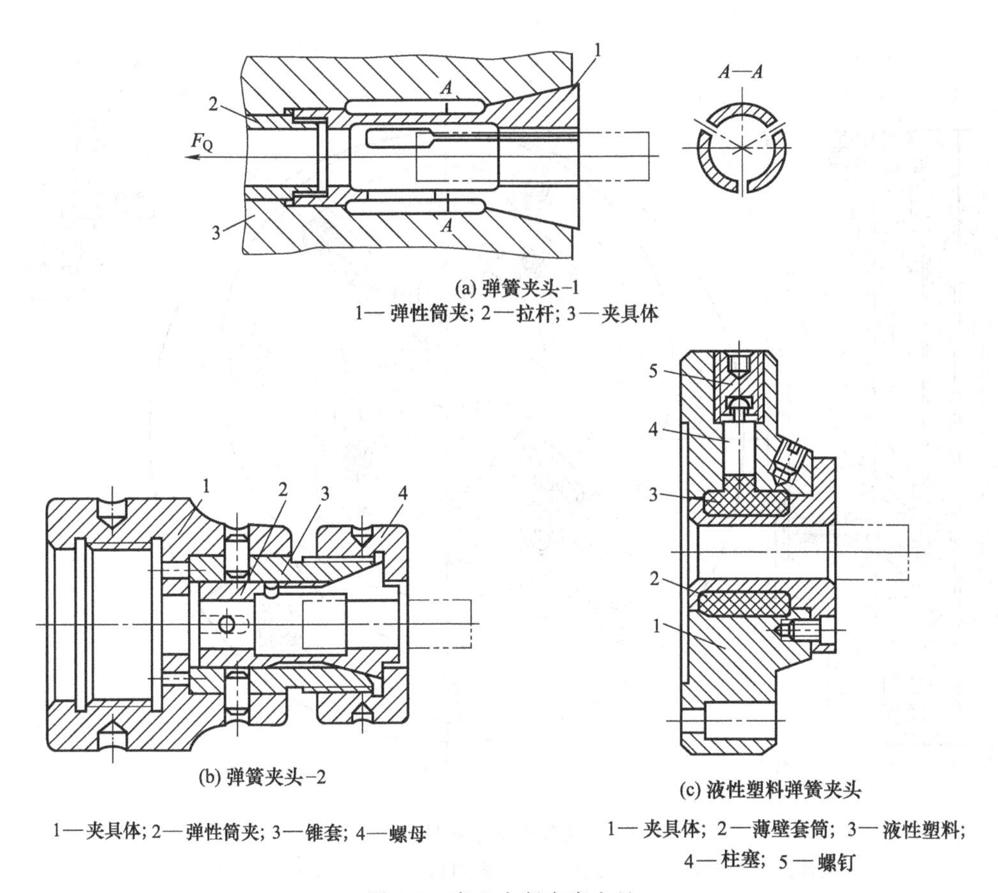

(a) 弹簧夹头-1

1—弹性筒夹；2—拉杆；3—夹具体

(b) 弹簧夹头-2

1—夹具体；2—弹性筒夹；3—锥套；4—螺母

(c) 液性塑料弹簧夹头

1—夹具体；2—薄壁套筒；3—液性塑料；4—柱塞；5—螺钉

图 5-5　定心夹紧车床夹具

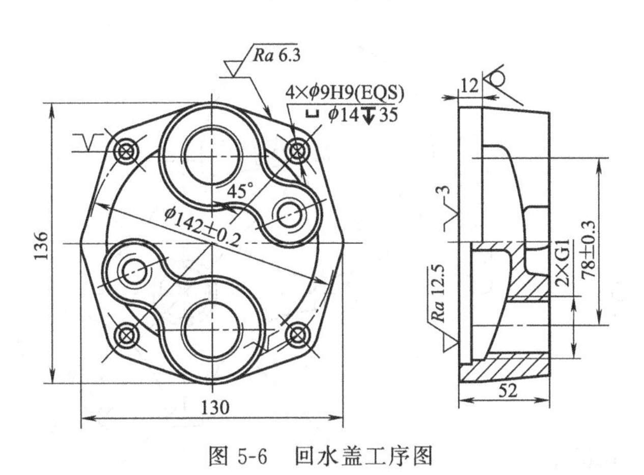

图 5-6　回水盖工序图

图 5-8 所示为十字槽轮零件精车圆弧 $\phi23^{+0.023}_{0}$mm 的工序简图。本工序要求保证四处 $\phi23^{+0.023}_{0}$mm 圆弧；对角圆弧位置尺寸 18mm±0.02mm 及对称度公差 0.02mm；$\phi23^{+0.023}_{0}$mm 轴线与 $\phi5.5h6$ 轴线的平行度允差 $\phi0.01$mm。

图 5-9 所示为加工该工序的车床夹具，工件以 $\phi5.5h6$ 外圆柱面与端面 B、半精车的 $\phi22.5h8$ 圆弧面（精车第二个圆弧面时则用已经车好的 $\phi23^{+0.023}_{0}$ mm 圆弧面）为定位基面，夹具上定位套 1 的内孔表面与端面、定位销 2（安装在定位套 3 中，限位表面尺寸为 $\phi22.5_{-0.01}^{0}$ mm，安装在定位套 4 中，限位表面尺寸为 $\phi23_{-0.008}^{0}$mm，图中未画出，精车第二

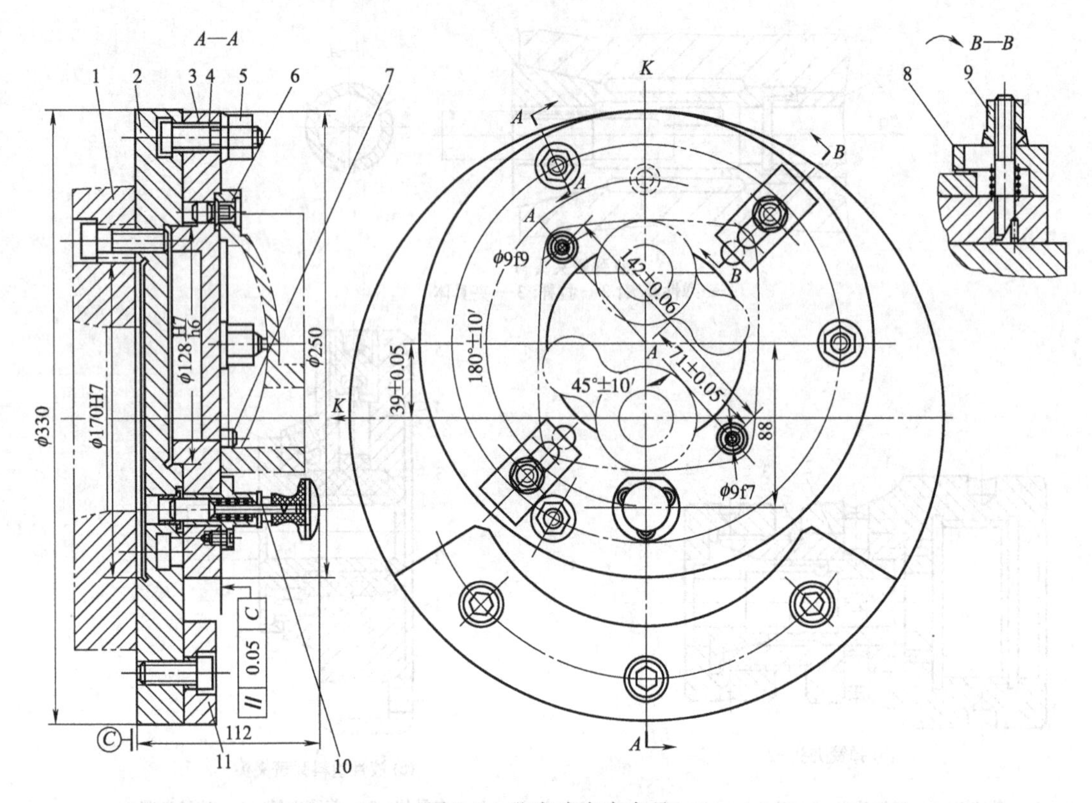

图 5-7　花盘式车床夹具

1—过渡盘；2—夹具体；3—分度盘；4—T 形螺钉；5，9—螺母；6—削边销；7—圆柱销；8—压板；10—对定销；11—配重块

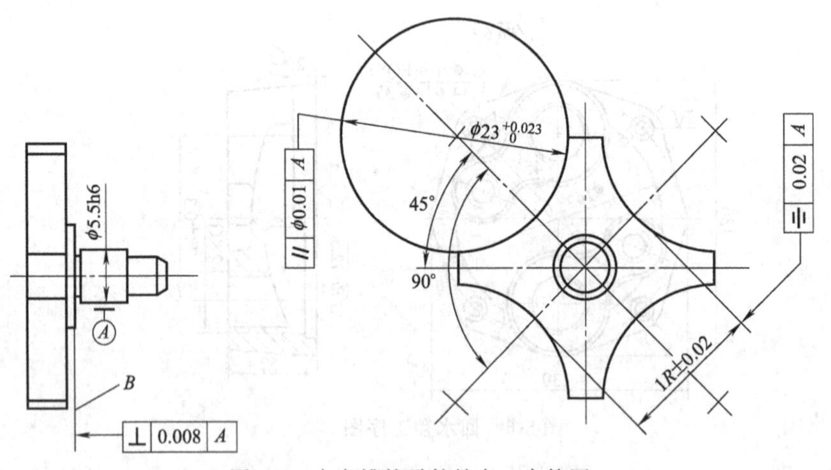

图 5-8　十字槽轮零件精车工序简图

个圆弧面时使用）的外圆表面为相应的限位基面。限制工件 6 个自由度，符合基准重合原则。同时加工三件，有利于对尺寸的测量。

4. 角铁式车床夹具

角铁式车床夹具的结构特点是具有类似角铁的夹具体。在角铁式车床夹具上加工的工件形状较复杂。常用于壳体、支座、接头等类零件上圆柱面及端面。当被加工工件的主要定位基准是平面，被加工面的轴线对主要定位基准平面保持一定的位置关系（平行或成一定的角

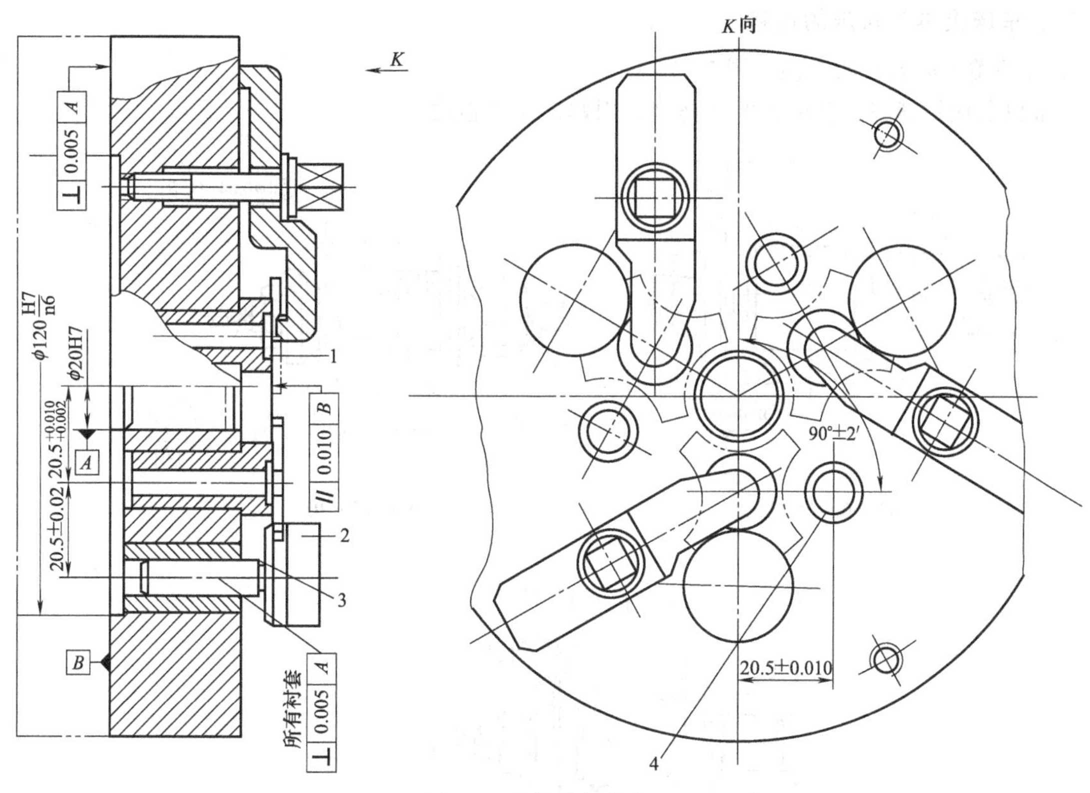

图 5-9　花盘式车床夹具

1，3，4—定位套；2—定位销

度）时，相应的夹具上的平面定位件设置在与车床主轴轴线相平行或成一定角度的位置上。

图 5-10 为一角铁式车床夹具。工件 9 以两孔在圆柱销 2 和削边销 1 上定位；端面直接在夹具体 4 的角铁平面上定位。两螺钉压板分别在两定位销孔旁把工件夹紧。导向套 6 用来引导加工孔的刀具。7 是平衡块，以消除夹具在回转时的不平衡现象。夹具上设置轴向定位基面 5，它与圆柱销保持确定的轴向距离，可以用来控制刀具的轴向行程。

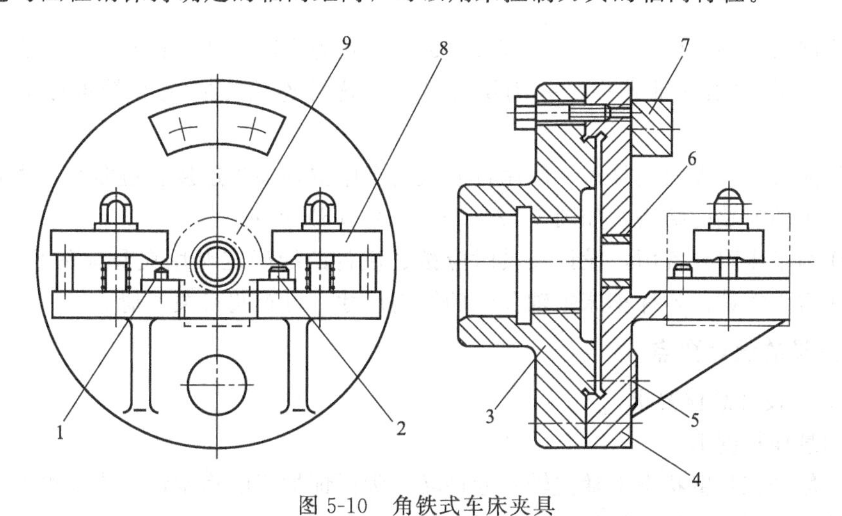

图 5-10　角铁式车床夹具

1—削边销；2—圆柱销；3—过渡盘；4—夹具体；5—定位基面；6—导向套；7—平衡块；8—压板；9—工件

二、车床夹具与机床的连接

1. 心轴类车床夹具的连接（图 5-11）

一般以莫氏锥柄与主轴锥孔配合连接，用螺栓拉紧心轴。

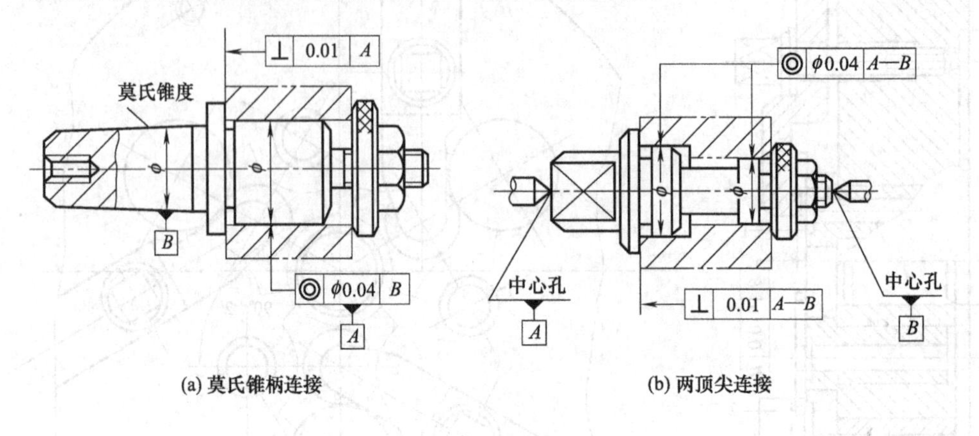

(a) 莫氏锥柄连接　　(b) 两顶尖连接

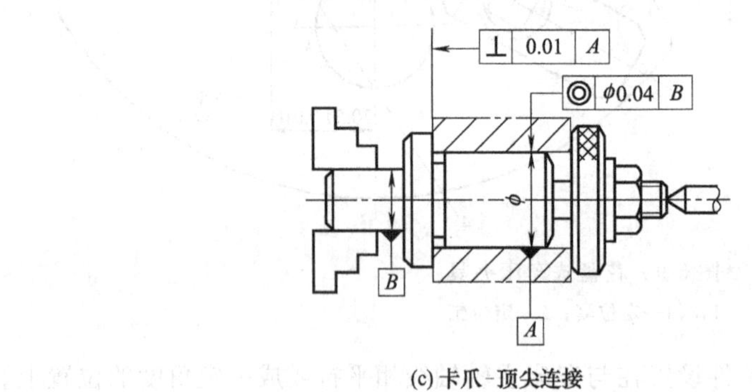

(c) 卡爪-顶尖连接

图 5-11　心轴类车床夹具的连接

2. 其它类车床夹具的连接

根据径向尺寸的大小，其它专用夹具在机床主轴上的安装连接一般有两种方式，如图 5-12 所示。

(1) 对于径向尺寸 $D<140$mm，或 $D<(2\sim3)\ d$（d 为主轴内孔直径）的小型夹具，一般用锥柄安装在车床主轴的锥孔中，并用螺杆拉紧。这种连接方式定心精度较高，如图 5-12 (a)所示。

(2) 对于径向尺寸较大的夹具，一般用过渡盘与车床主轴轴颈连接。过渡盘与主轴配合处的形状取决于主轴前端的结构，如图 5-12（b）、(c)、(d) 所示。

过渡盘常作为车床附件备用，设计夹具时应按过渡盘凸缘确定专用夹具体的止口尺寸。过渡盘的材料通常为铸铁。各种车床主轴前端的结构尺寸，可查阅有关手册。

三、车床夹具的设计要点

1. 车床夹具的设计总体要求

(1) 夹具的悬伸长度 L

车床夹具一般是在悬臂状态下随主轴一起回转，为保证加工的稳定性，夹具的结构应紧凑、轻便，悬伸长度要短，尽可能使重心靠近主轴。

夹具的悬伸长度 L 与轮廓直径 D 之比应参照以下选取：当 $D<150$mm 时，取 $L/D\leqslant$

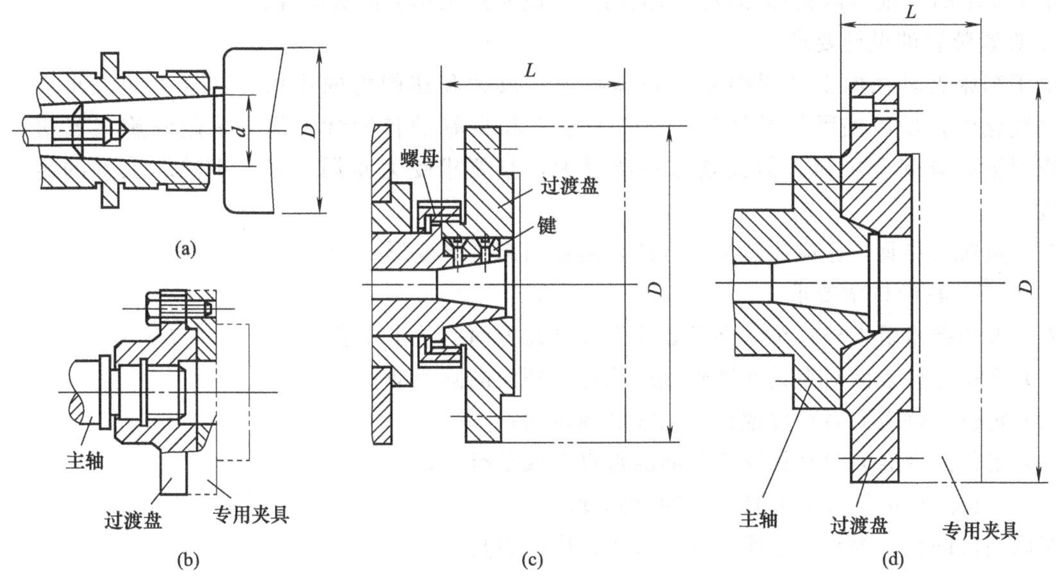

图 5-12　其它类车床夹具的连接

1.25；当直径在 150<D<300mm 时，取 $L/D \leqslant 0.9$；当 D>300mm 时，取 $L/D \leqslant 0.6$。

（2）平衡、配重

加工时，因工件随夹具一起转动，其重心如不在回转中心上将产生离心力，且离心力随转速的增高而急剧增大，使加工过程产生振动，对零件的加工精度、表面质量以及车床主轴轴承都会有较大的影响。所以车床夹具要注意各装置之间的布局，必要时设计配重块加以平衡。

平衡方法有两种：设置配重块或加工减重孔。配重块上应开有弧形槽或径向孔，以便调节配重块的位置。

（3）夹紧机构应安全耐用

加紧点尽量选在工件最大处，夹紧力足够大，在切削过程中，不至于在离心力和惯性力的作用下使夹紧松动，夹具上尽量避免带有尖角或凸出部分。

（4）夹具与机床连接准确、可靠

为了使车床夹具在机床主轴上安装正确，除了在过渡盘上用止口孔定位以外，常常在车床夹具上设置找正孔、校正基圆或其他测量元件，以保证车床夹具精确地安装到机床主轴回转中心上。

（5）夹具的外形轮廓

夹具体应设计成圆形，为保证安全，夹具上的各种元件一般不允许凸出夹具体圆形轮廓之外。此外，还应注意切屑缠绕和切削液飞溅等问题，必要时应设置防护罩。

2. 定位元件的设计要求

加工回转面时，定位元件的结构和布局必须保证工件被加工面的轴线与车床主轴的旋转轴线重合。

对于同轴的轴套类和盘类工件，要求定位元件工作面的中心线与夹具的回转轴线重合，同轴度误差应控制在 0.01mm 之内。

对于壳类、接头或支座等工件，被加工的回转面轴线与工序基准之间有尺寸联系或相互位置精度要求时，则应以夹具轴线为基准确定定位元件工作表面的位置。

3. 夹紧装置的设计要求

由于车床夹具在加工过程中要受到离心力、重力和切削力的作用，其合力的大小与方向是变化的。所以夹紧装置要有足够的夹紧力和良好的自锁性，优先采用螺旋夹紧机构，以保证夹紧安全可靠。但夹紧力不能过大，且要求受力布局合理，不破坏工件的定位精度。

对于角铁式夹具，还应注意施力方式，避免引起夹具变形。

4. 车床夹具的技术要求

除一般的技术要求外，车床夹具要注意以下几方面的技术要求：

(1) 定位元件表面对夹具回转轴线或找正圆环面的圆跳动；

(2) 定位元件表面对顶尖或锥柄轴线的圆跳动；

(3) 定位元件表面对夹具安装基面的垂直度或平行度；

(4) 定位元件的轴线对夹具轴线的对称度。

车床夹具的设计要点也适用于外圆磨床使用的夹具。

第二节 铣床夹具

一、铣床夹具的分类

铣床夹具主要用于加工零件上的平面、键槽、缺口及成形表面等。由于铣削加工的切削力较大，又是断续切削，加工中易引起振动，因此要求铣床夹具的受力元件要有足够的强度。夹紧力应足够大，且有较好的自锁性。此外，铣床夹具一般通过对刀装置确定刀具与工件的相对位置，其夹具体底面大多设有定向键，通过定向键与铣床工作台 T 形槽的配合来确定夹具在机床上的方位。夹具安装后用螺栓紧固在铣床的工作台上。

铣床夹具一般按工件的进给方式，分成直线进给与圆周进给两种类型。

(1) 直线进给的铣床夹具

在铣床夹具中，这类夹具用得最多，一般根据工件质量和结构及生产批量，将夹具设计成装夹单件、多件串联或多件并联的结构。铣床夹具也可采用分度等形式。

图 5-13 是铣削轴端方头的夹具，采用平行对向式多杆联动夹紧机械，旋转夹紧螺母 6，通过球面垫圈及压板 7 将工件压在 V 形块 8 上。四把三面刃铣刀同时铣完两个侧面后，取下楔块 5，将回转座 4 转过 90°，再用楔块 5 将回转座定位并楔紧，即可铣削工件的另两个侧面。

(2) 圆周进给的铣床夹具

圆周进给铣削方式在不停车的情况下装卸工件，因此生产率高，适用于大批量生产。

图 5-14 所示是在立式铣床上圆周进给铣拨叉的夹具。通过电动机、蜗轮副传动机构带动回转工作台 6 回转。夹具上可同时装夹 12 个工件。工件以一端的孔、端面及侧面在夹具的定位板、定位销 2 及挡销 4 上定位。由液压缸 5 驱动拉杆 1，通过开口垫圈 3 夹紧工件。图中 AB 是加工区段，CD 为工件的装卸区段。

二、铣床夹具的设计要点

定位键和对刀装置是铣床夹具的特殊元件。

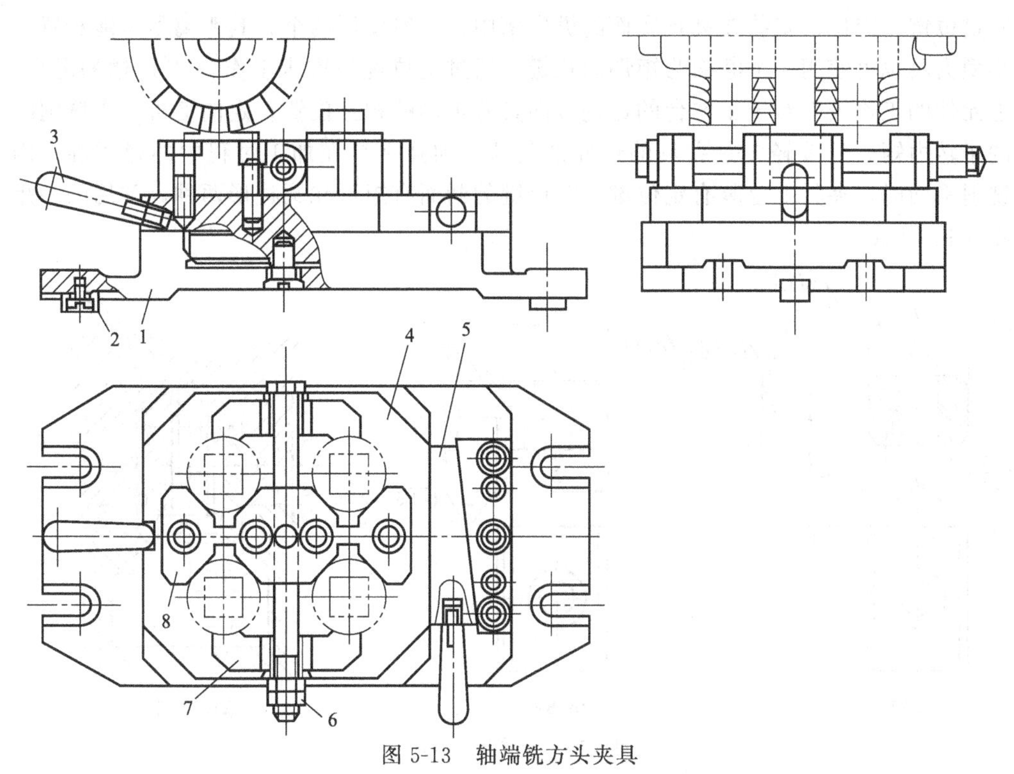

图 5-13　轴端铣方头夹具

1—夹具体；2—定向键；3—手柄；4—回转座；5—楔块；6—夹紧螺母；7—压板；8—V形块

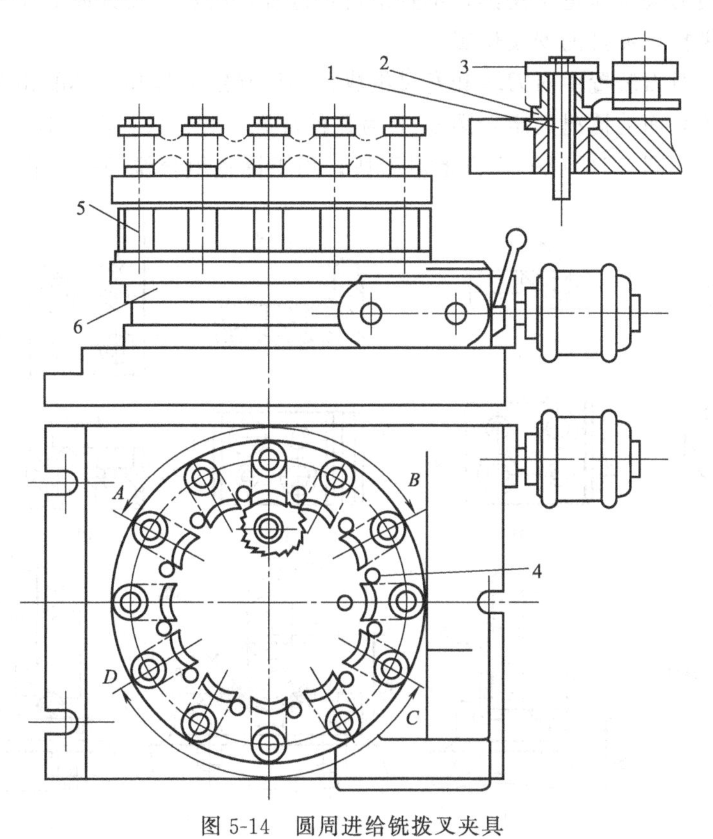

图 5-14　圆周进给铣拨叉夹具

1—拉杆；2—定位销；3—开口垫圈；4—挡销；5—液压缸；6—工作台

（1）定位键　定位键安装在夹具底面的纵向槽中，一般使用两个，其距离尽可能布置得远些，小型夹具也可使用一个断面为矩形的长键。通过定位键与铣床工作台 T 形槽的配合，使夹具上元件的工作表面对于工作台的送进方向具有正确的相互位置。定向键可承受铣削时所产生的扭转力矩，可减轻夹紧夹具的螺栓的负荷，加强夹具在加工过程中的稳固性。因此，在铣削平面时，夹具上也装有定位键。定位键的断面有矩形和圆柱形两种，常用的为矩形。如图 5-15 所示。

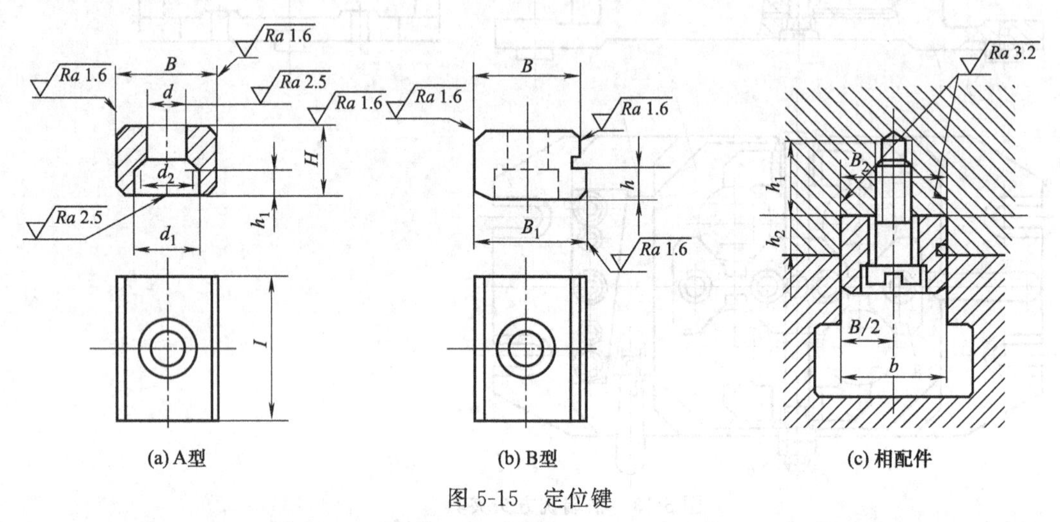

图 5-15　定位键

定位精度要求高的夹具和重型夹具，不宜采用定位键，而是在夹具体上加工出一窄长平面作为找正基面，来校正夹具的安装位置。

（2）对刀装置　对刀装置由对刀块和塞尺组成，用以确定夹具和刀具的相对位置。对刀装置的形式根据加工表面的情况而定，图 5-16 为几种常见的对刀块：图 5-16（a）为圆形对刀块，用于加工平面；图 5-16（b）为方形对刀块，用于调整组合铣刀的位置；图 5-16（c）

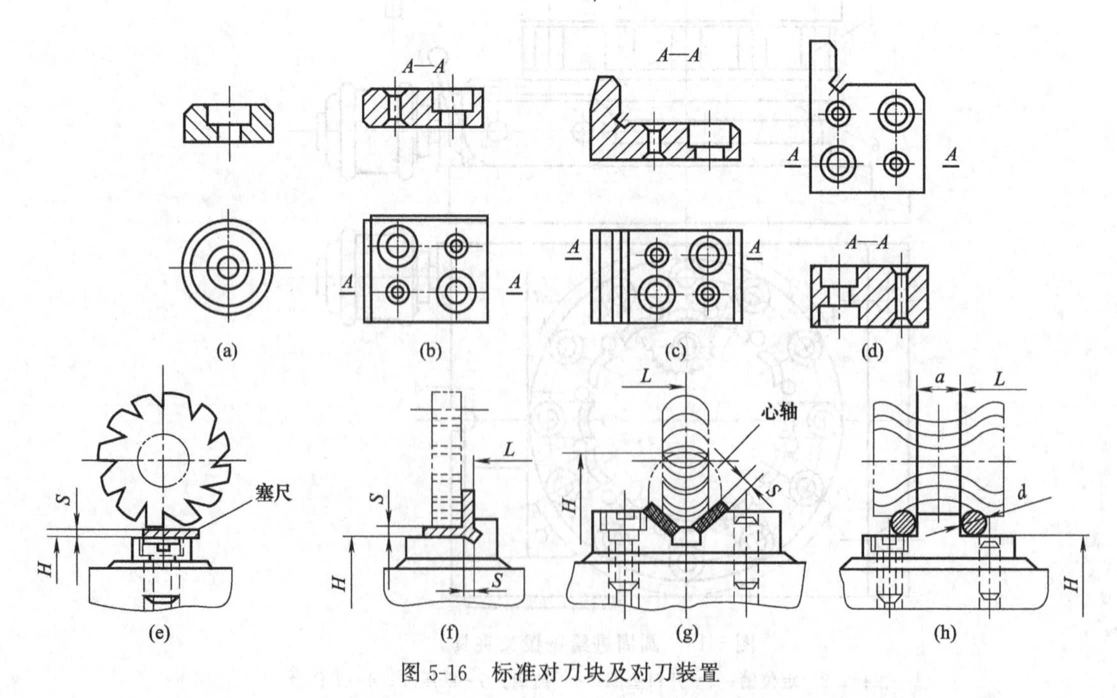

图 5-16　标准对刀块及对刀装置

为直角对刀块，用于加工两相互垂直面或铣槽时的对刀；图 5-16（d）为侧装对刀块，亦用于加工两相互垂直面或铣槽时的对刀。这些标准对刀块的结构参数均可从有关手册中查取。对刀调整工作通过塞尺（平面型或圆柱型）进行，这样可以避免损坏刀具和对刀块的工作表面。塞尺的厚度或直径一般为 3～5 mm，按国家标准 h6 的公差制造，在夹具总图上应注明塞尺的尺寸。

采用标准对刀块和塞尺进行对刀调整时，加工精度不超过 IT8 级公差。当对刀调整要求较高或不便于设置对刀块时，可以采用试切法，标准件对刀法；或用百分表来校正定位元件相对于刀具的位置，而不设置对刀装置。

(3) 夹具体　为提高铣床夹具在机床上安装的稳固性，除要求夹具体有足够的强度和刚度外，还应使被加工表面尽量靠近工作台面，以降低夹具的重心。因此，夹具体的高宽比限制在 $H/B \leqslant 1 \sim 1.25$ 范围内，如图 5-17 所示。

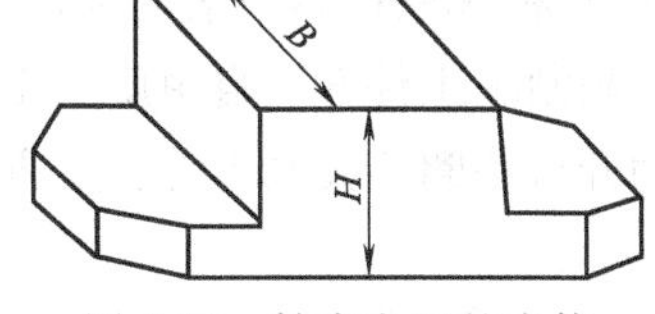

图 5-17　铣床夹具的本体

铣床夹具与工作台的连接部分应设计耳座，供 T 形槽用螺栓穿过，将夹具紧固在工作台上。图 5-18 和表 5-3 分别为 U 形座耳的常用结构和尺寸。

铣削加工时，产生大量切屑，夹具应有足够的排屑空间，并注意切屑的流向，使清理切屑方便。对于重型的铣床夹具在夹具体上要设置吊环，以便于搬运。

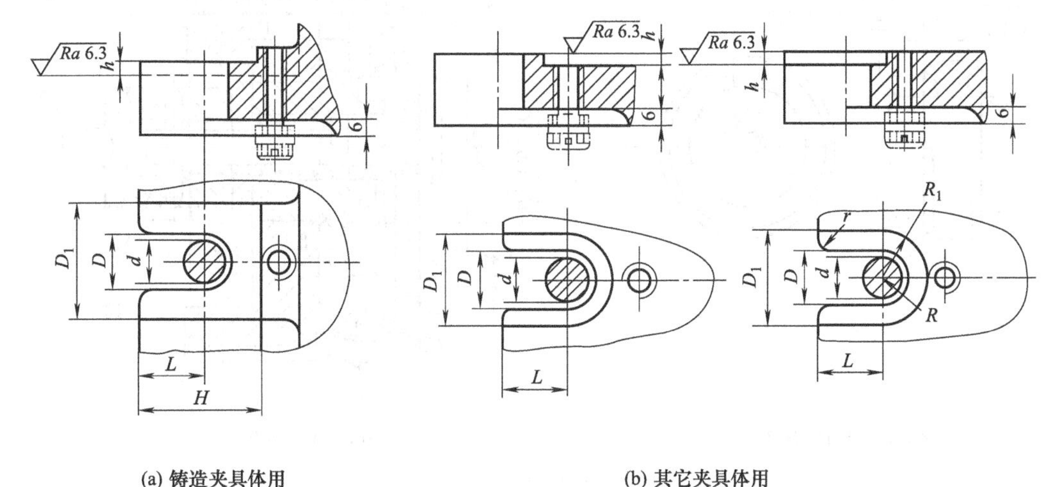

图 5-18　U 形座耳常用结构

表 5-3　U 形座耳尺寸　mm

螺栓直径 d	D	D_1	h	L	H	r	螺栓直径 d	D	D_1	h	L	H	r
8	10	20	≥3	16	28	1.5	18	20	40	≥5	26	50	2
10	12	24	≥3	18	32	1.5	20	22	44	≥5	28	54	2
12	14	30	≥3	20	36	1.5	24	28	50	≥5	30	60	2
16	18	38	≥5	25	46	2	30	36	62	≥6	38	76	3

第三节　钻床夹具

钻床夹具因大都具有刀具导向装置，习惯上又称为钻模。

一、钻模的类型

钻模根据其结构可分为固定式钻模、回转式钻模、翻转式钻模、盖板式钻模和滑柱式钻模等。

（1）固定式钻模　在使用过程中，钻模的位置固定不动。这类钻模加工精度较高，主要用于立式钻床上，加工直径较大的单孔，或在摇臂钻床上加工平行孔系。

图 5-19（a）是零件加工孔的工序图，ϕ68H7 孔与两端面已经加工完。本工序需加工 ϕ12H8 孔，要求孔中心至 N 面为 15mm±0.1mm；与 ϕ68H7 孔轴线的垂直度公差为 0.05mm，对称度公差为 0.1mm。据此，采用图 5-19（b）所示固定式钻模来加工工件。加工时选定工件以端面 N 和 ϕ68H7 内圆表面为定位基面，分别在定位法兰 4 的 ϕ68h6 短外圆柱面和端面 N 上定位，限制了工件 5 个自由度。工件安装后扳动手柄 8 借助圆偏心凸轮 9 的作用，通过拉杆 3 与转动开口垫圈 2 夹紧工件。反方向扳动手柄 8，拉杆 3 在弹簧 10 的作用下松开工件。

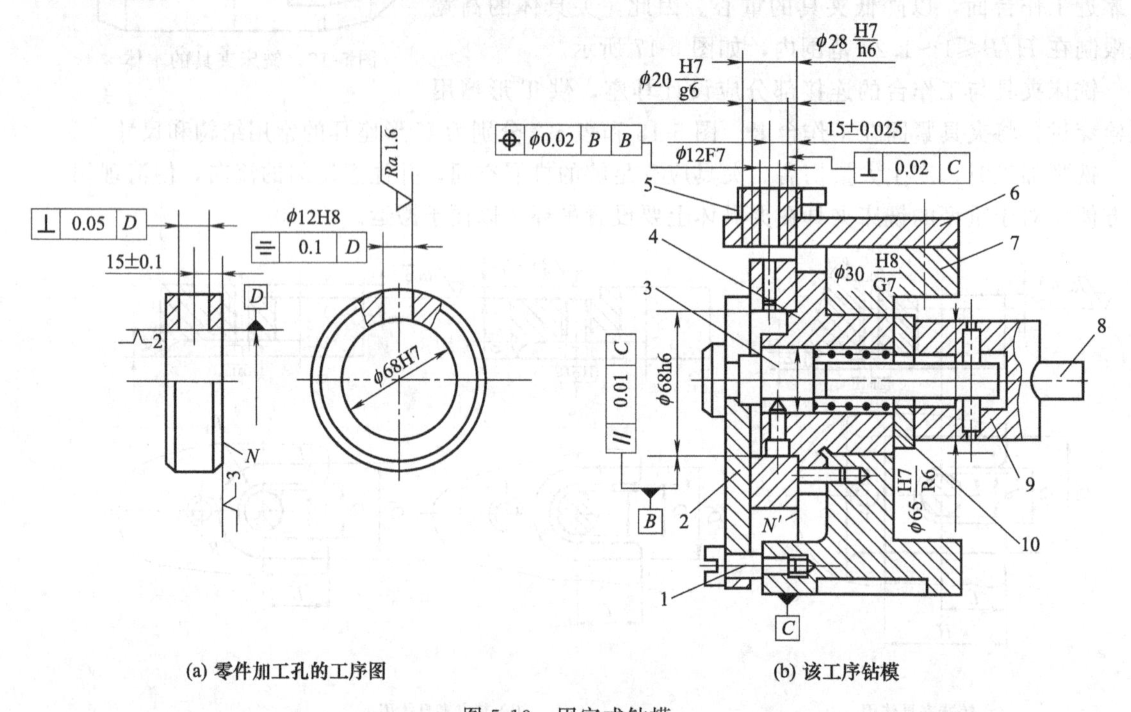

(a) 零件加工孔的工序图　　　　(b) 该工序钻模

图 5-19　固定式钻模

1—螺钉；2—转动开口垫圈；3—拉杆；4—定位法兰；5—快换钻套；6—钻模板；7—夹具体；8—手柄；9—圆偏心凸轮；10—弹簧

（2）回转式钻模　主要用来加工围绕一定的回转轴线（立轴、卧轴或倾斜轴）分布的轴向或径向孔系以及分布在工件几个不同表面上的孔。工件在一次装夹中，靠钻模回转依次加工各孔，因此这类钻模必须有分度装置。

回转式钻模按所采用对定机构的类型，分为轴向分度式回转钻模和径向分度式回转钻模。

图 5-20 为轴向分度式回转钻模。工件以其端面和内孔与钻模上的定位表面及圆柱销 7 接触完成定位；拧紧螺母 8，通过快换垫圈 9 将工件夹紧；通过钻套引导钻头对工件进行加工。在加工完成一个孔后，转动手柄 3，可将分度盘松开，利用把手 5 将对定销 6 从定位套中拔出，使分度盘带动工件回转至某一角度后，对定销又插入分度盘上的另一定位套中即完成一次分度，再转动手柄 3 将分度盘锁紧，即可依次加工其余各孔。

图 5-21 为径向分度式回转钻模。

(3) 翻转式钻模　主要用于加工中、小型工件上分布在不同表面的孔。

图 5-22 为加工套筒上四个径向孔的翻转式钻模。工件以内孔及端面在定位销 1 上定位，用快换垫圈 2 和螺母 3 夹紧。钻完一个组孔后，翻转 60°钻另一个组孔。该夹具结构比较简单，但每次钻孔都需要找正钻套相对钻头的位置，辅助时间较长，且翻转费力。因此该类夹具连同工件的总质量不能太大，一般不宜超过 8～10kg。

(4) 盖板式钻模　它没有夹具体，只有一块钻模板，结构最为简单。一般钻模板上除装有钻套外，还装有定位元件和夹紧装置。加工时，只要将它盖在工件上定位夹紧即可。

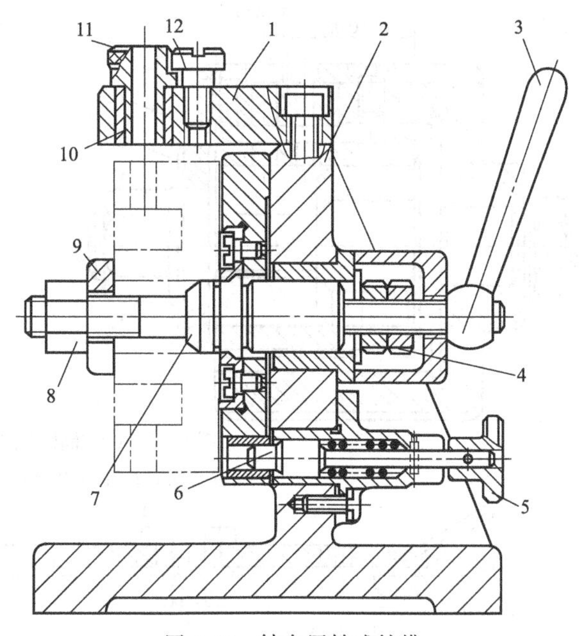

图 5-20　轴向回转式钻模

1—钻模板；2—夹具体；3—手柄；4,8—螺母；5—把手；6—对定销；7—圆柱销；9—快换垫圈；10—衬套；11—钻套；12—螺钉

盖板式钻模结构简单，多用于加工大型工件上的小孔。因夹具在使用时经常搬动，故盖板式钻模质量不宜超过 10kg。为了减小质量，可在盖板上设置加强筋，以减小厚度，也可用铸铝件。

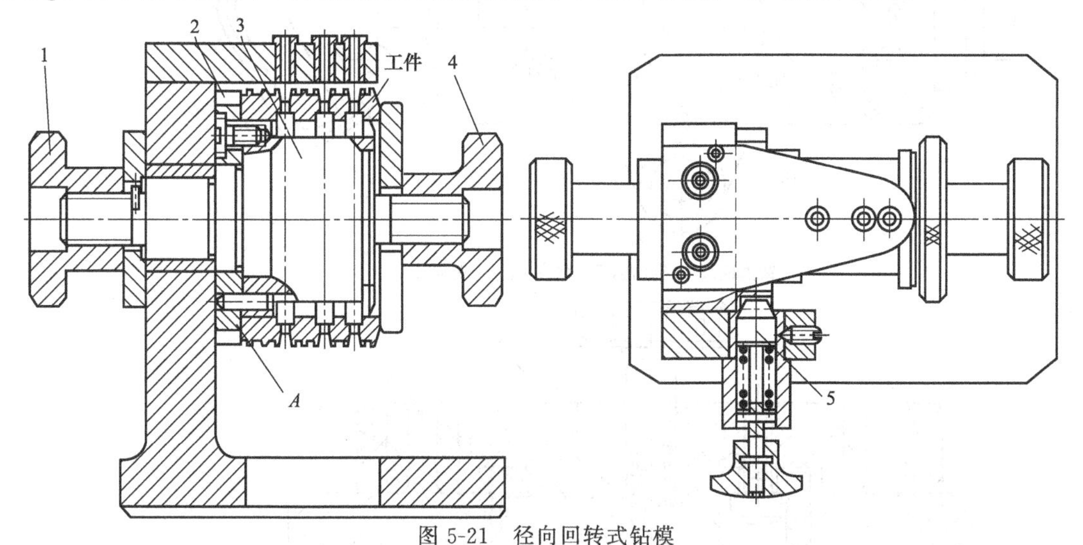

图 5-21　径向回转式钻模

1,4—螺母；2—分度盘；3—定位销；5—分度销

图 5-23 (a) 为加工车床溜板箱上多个小孔的盖板式钻模。在钻模板 1 上装有钻套、圆柱销 2、削边销 3 和支承钉 4。因钻小孔，钻削力矩小，故未设置夹紧装置。

图 5-23 (b) 为加工箱体零件的端面法兰孔的盖板式钻模。以箱体的孔及端面为定位面，盖板式钻模像盖子一样置于图示位置并实现定位，靠滚花螺钉 2 旋进时压迫钢球使径向均布的 3 个滑柱 5 顶向工件内孔面，从而实现夹紧。若法兰孔位置精度要求不高时，可不设置夹紧结构，但先钻 1 个孔后，要插入一销，再钻其它孔。

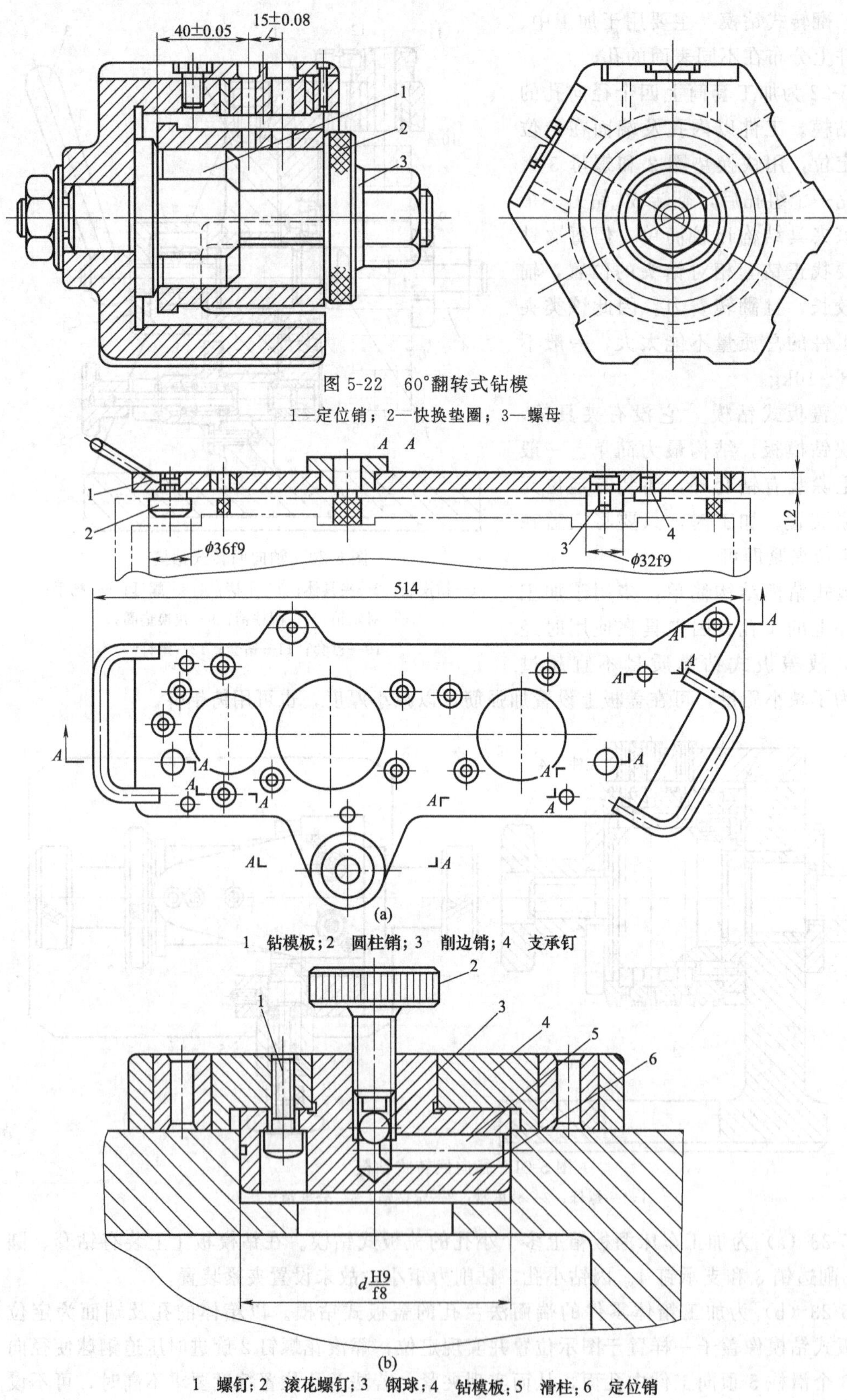

图 5-22　60°翻转式钻模

1—定位销；2—快换垫圈；3—螺母

1　钻模板；2　圆柱销；3　削边销；4　支承钉

1　螺钉；2　滚花螺钉；3　钢球；4　钻模板；5　滑柱；6　定位销

图 5-23　盖板式钻模

（5）滑柱式钻模　它是一种带有升降钻模板的通用可调夹具。

图 5-24 为手动滑柱式钻模的通用结构，由夹具体 1、三根滑柱 2、钻模板 4 和传动、锁紧机构组成。使用时只要根据工件的形状、尺寸和加工要求等具体情况，专门设计制造相应的定位、夹紧装置和钻套等，装在夹具体和钻模板上的适当位置，即可用于加工。转动手柄 6，通过齿轮齿条传动和左右滑柱的导向，即可带动钻模板升降，夹紧或松开工件。其工作原理为：螺旋齿轮轴 7 的左端制成螺旋齿，与中间滑柱后侧的螺旋齿条相啮合，螺旋角 45°；轴的右端制成双锥面体，锥度 1∶5，与夹具体 1 及套环 5 的锥孔配合。钻模板下降接触到工件后继续施力，则钻模板通过夹紧元件将工件夹紧，并在齿轮轴上产生轴向分力使锥体楔紧在夹具体的锥孔中。由于锥角小于两倍摩擦角（锥体与锥孔的摩擦系数 $f=0.1$，$\varphi=6°$），故能自锁。当加工完毕，钻模板升到一定高度时，使齿轮轴的另一段锥体楔紧在套环 5 的锥体中，将钻模板锁紧。

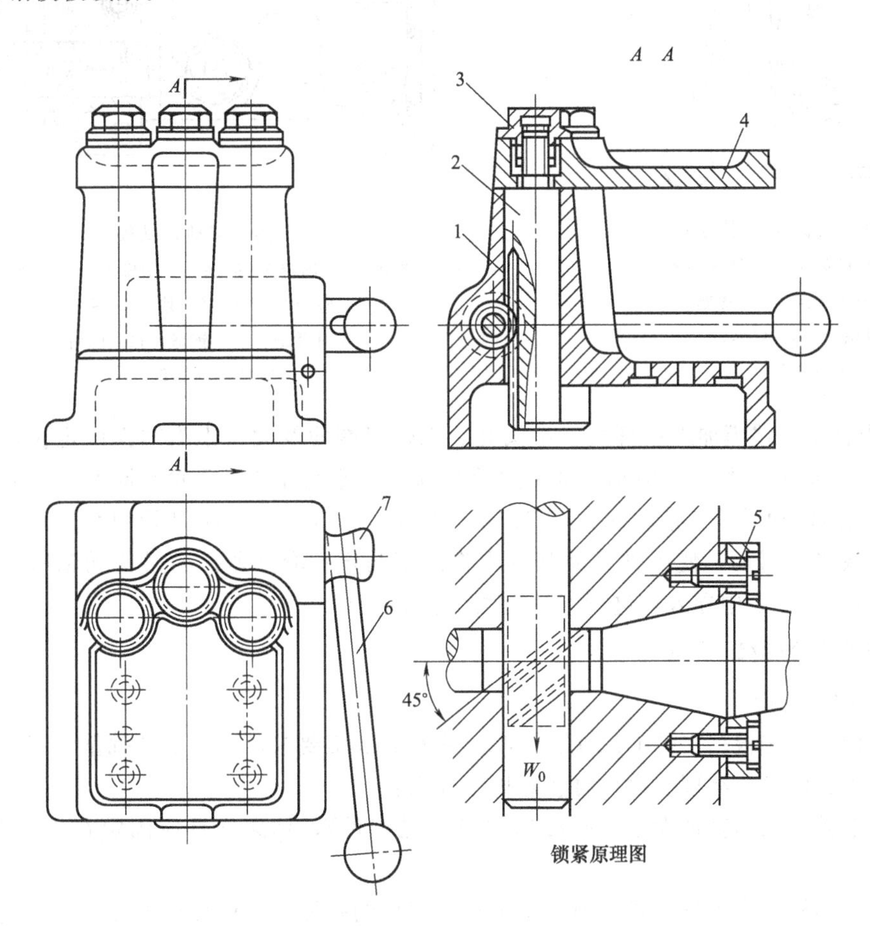

图 5-24　滑柱式钻模的通用结构

1—夹具体；2—滑柱；3—锁紧螺母；4—钻模板；5—套环；6—手柄；7—螺旋齿轮轴

图 5-25 为手动滑柱式钻模的应用实例。该滑柱式钻模用来钻、扩、铰拨叉上的 ϕ20H7 孔。工件以圆柱端面、底面及后侧面在夹具上的定位锥套 9、两个可调支承 2 及圆柱挡销 3 定位。转动手柄，通过齿轮、齿条传动机构使滑柱带动钻模板下降，由两个压柱 4 通过液性塑料对工件实施夹紧。钻头依次由快换钻套 7 引导，进行钻、扩、铰加工。

（6）移动式钻模　这类钻模用于加工中、小型工件同一表面上的多个孔。

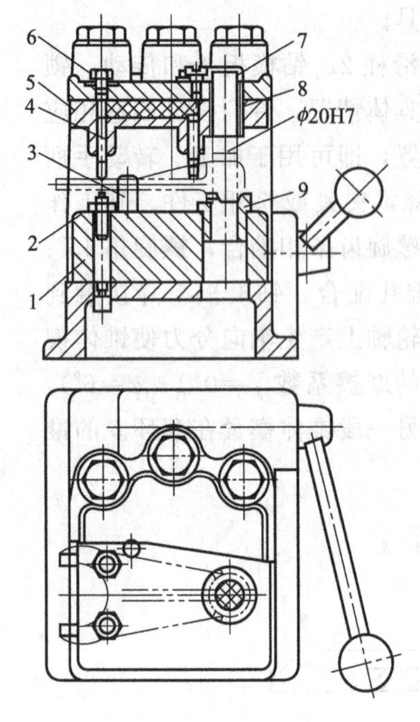

图 5-25　滑柱式钻模应用实例

1—底座；2—可调支承；3—圆柱挡销；4—压柱；5—压柱体；6—螺塞；7—快换钻套；8—衬套；9—定位锥套

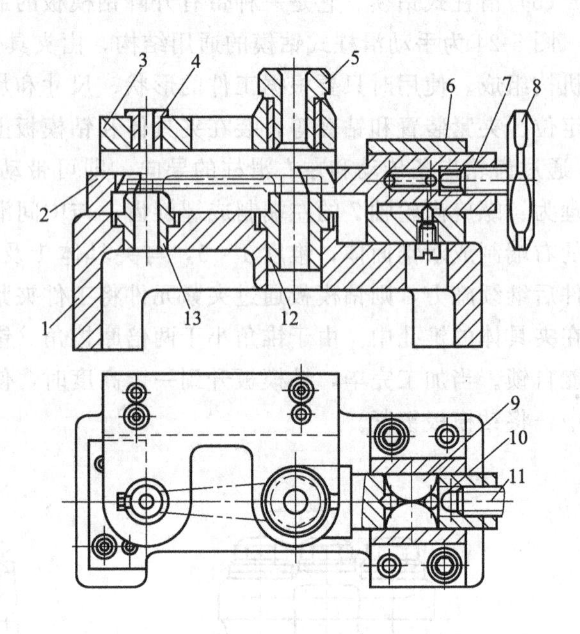

图 5-26　移动式钻模

1—夹具体；2—固定 V 形块；3—钻模板；4,5—钻套；6—支座；7—活动 V 形块；8—手轮；9—半月牙键；10—钢球；11—螺钉；12,13—定位套

图 5-26 为移动式钻模加工连杆大、小头孔。工件以端面及大、小头圆弧面定位，在定位套 12、13 和固定 V 形块 2 及活动 V 形块 7 上定位。夹紧时先通过手轮 8 推到活动 V 形块 7 压紧工件，然后转动手轮 8 带动螺钉 11 转动，压迫钢球 10，使两半月牙键 9 向外膨胀开而锁紧。V 形块带有斜面，使工件在夹紧分力作用下与定位套贴紧。通过移动钻模，使钻头分别在两个钻套 4、5 中导入，进行工件上两个孔的加工。

二、钻床夹具的设计要点

1. 钻模类型的选择

在设计钻模时，需根据工件的尺寸、形状、质量和加工要求，以及生产批量、工厂的具体条件来考虑夹具的结构类型。设计时注意以下几点：

(1) 工件上被钻孔的直径大于 10mm 时（特别是钢件），钻床夹具应固定在工作台上，以保证操作安全。

(2) 翻转式钻模和自由移动式钻模适用中小型工件的孔加工。夹具和工件的总质量不宜超过 10kg，以减轻操作工人的劳动强度。

(3) 当加工多个不在同一圆周上的平行孔系时，如夹具和工件的总质量超过 15kg，宜采用固定式钻模在摇臂钻床上加工，若生产批量大，可以在立式钻床或组合机床上采用多轴传动头进行加工。

(4) 对于孔与端面精度要求不高的小型工件，可采用滑柱式钻模，以缩短夹具设计与制造周期。但对于垂直度公差小于 0.1mm、孔距精度小于 ±0.15mm 的工件，则不宜采用滑柱式钻模。

(5) 钻模板与夹具体的连接不宜采用焊接的方法。因焊接应力不能彻底消除，影响夹具制造精度的长期保持性。

(6) 当孔的位置尺寸精度要求较高时（其公差小于±0.05mm)，则宜采用固定式钻模板和固定式钻套的结构形式。

2. 钻模板的结构

用于安装钻套的钻模板，按其与夹具体连接的方式可分为固定式钻模板、铰链式钻模板、可卸式钻模板和悬挂式钻模板等，如图 5-27 所示。

(1) 固定式钻模板［图 5-27 (a)］ 钻模板固定在夹具体上，结构简单，钻孔精度高。

(2) 铰链式钻模板［图 5-27 (b)］ 当钻模板妨碍工件装卸或钻孔后需要攻螺纹时采用，由于铰链结构存在间隙，所以它的加工精度不如固定式钻模板高，用于多工步加工中。

(3) 可卸式钻模板［图 5-27 (c)］ 工件在夹具中每装卸一次，钻模板也要装卸一次。这种钻模板加工的工件精度高，但装卸工件效率低。

(4) 悬挂式钻模板［图 5-27 (d)］ 在大批量生产中，加工一般平行孔系，常采用组合

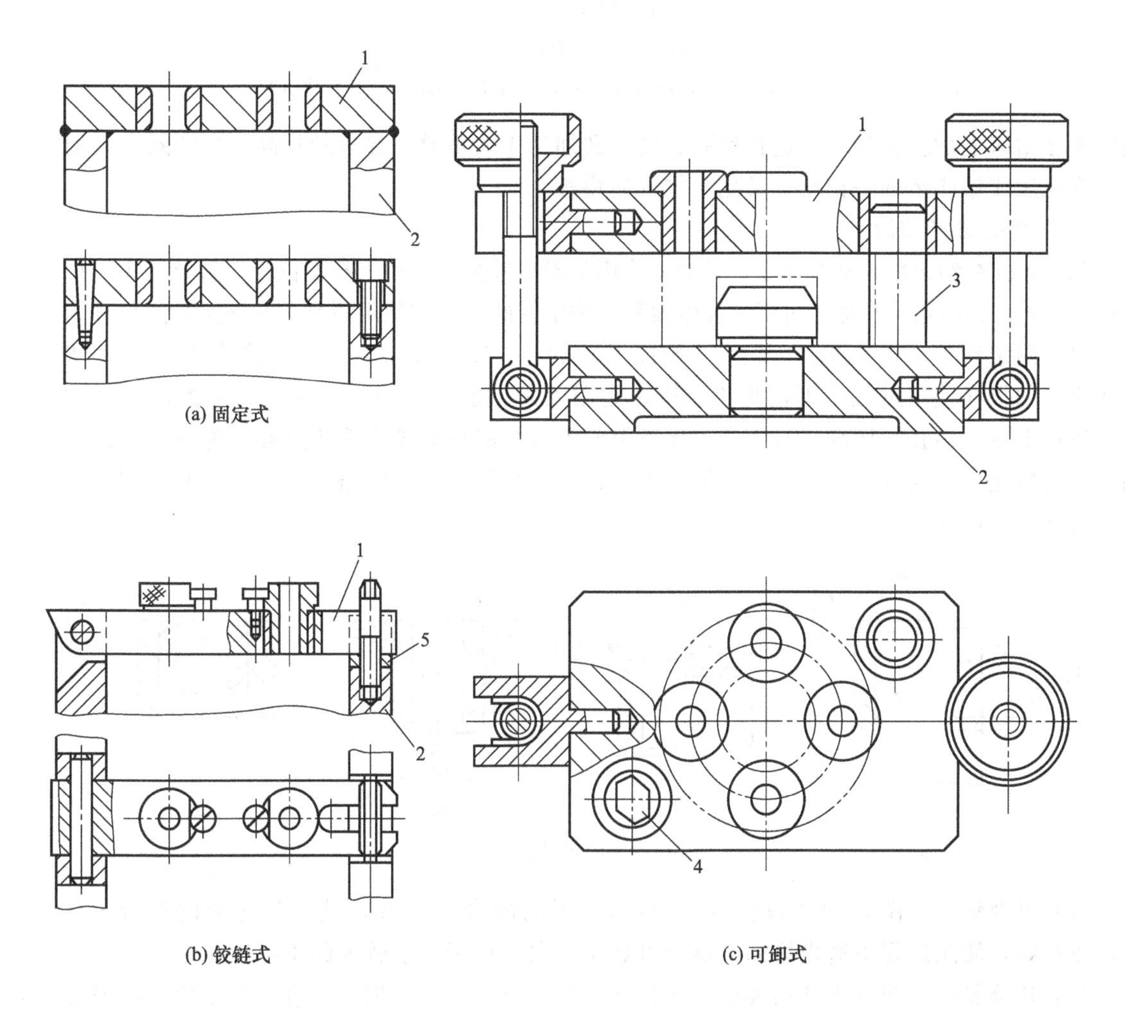

图 5-27

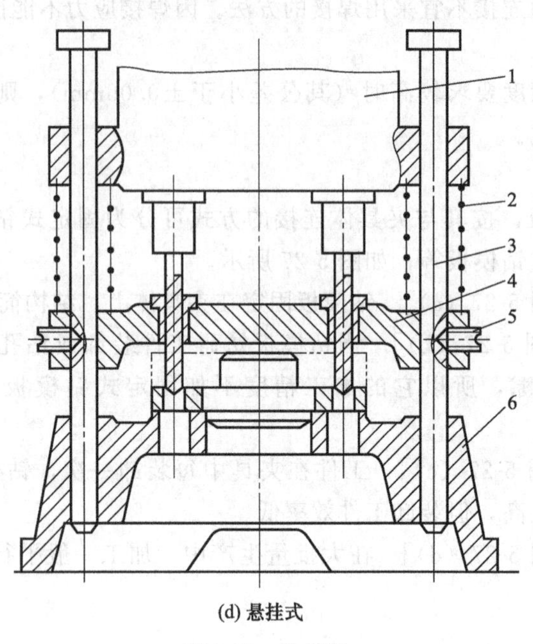

(d) 悬挂式

图 5-27　钻模板

1—钻模板；2—夹具体；3—圆导柱；4—菱形导柱；5—垫片；6—多轴传动头；

机床或在钻床上加多轴传动头进行钻孔，使各孔加工工时重叠，显著地提高了生产效率。配合组合机床或钻床多轴头钻孔，常用悬挂式钻模板。

3. 钻套的选择和设计

钻套装配在钻模板或夹具体上，钻套的作用是确定被加工工件上孔的位置，引导钻头、扩孔钻或铰刀，并防止其在加工过程中发生偏斜。按钻套的结构和使用情况，可分为四种类型。

(1) 固定钻套（图 5-28）　钻套外圆以 H7/n6 或 H7/r6 配合直接压入钻模板或夹具体的孔中，如果在使用过程中不需更换钻套，则用固定钻套较为经济，钻孔的位置精度也较高。适用于单一钻孔工序和小批生产。B 型用于较薄的钻模板或铸铁钻模板［图 5-28 (b)］。钻套下端应超出钻模板或至少平齐［图 5-28 (c)］，而不应缩在钻模板内［图 5-28 (d)］，这样易造成切屑堵塞。

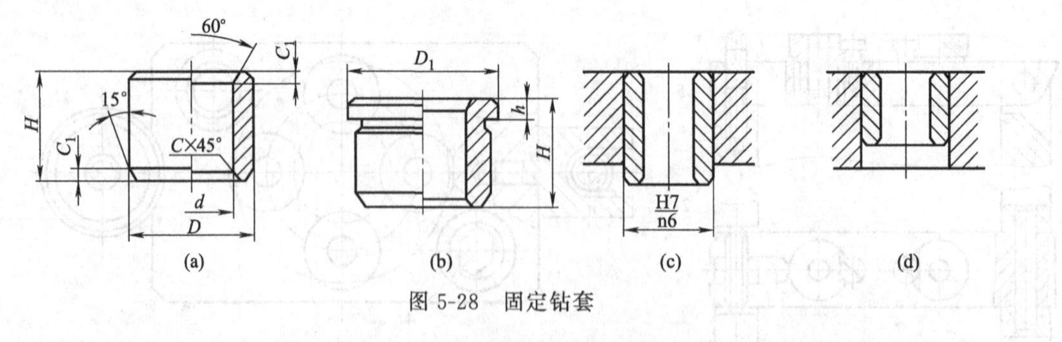

图 5-28　固定钻套

(2) 可换钻套［图 5-29 (a)］　衬套与钻模板的配合 H7/n6，钻套与衬套的配合 F7/m6、F7/k6，使用过程中磨损后卸下螺钉可更换。主要用于批量较大的单纯钻孔中。

(3) 快换钻套　当加工孔需要依次进行钻、扩、铰时，由于刀具的直径逐渐增大，需要使用外径相同，而孔径不同的钻套来引导刀具。这时使用图 5-29 (b) 所示的快换钻套可以

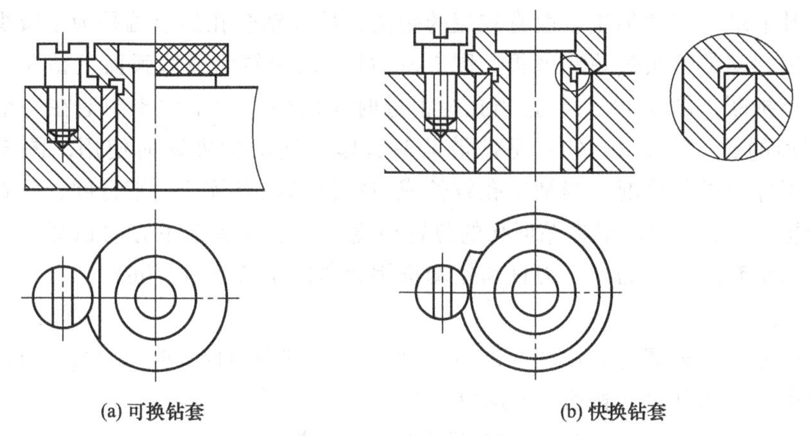

图 5-29　可换钻套和快换钻套

减少更换钻套的时间。它和衬套的配合同于可换钻套，但其锁紧螺钉的突肩比钻套上凹面略高，取出钻套不需拧下锁紧螺钉，只需将钻套转过一定的角度，使半圆缺口或削边正对螺钉头部即可取出。但是削边或缺口的位置应考虑刀具与孔壁间摩擦力矩的方向，以免退刀时钻套随刀具自动拔出。

以上三类钻套已标准化，其规格可参阅有关夹具手册。

（4）特殊钻套　由于工件形状或被加工孔位置的特殊性，需要设计特殊结构的钻套。图 5-30 为几种特殊钻套结构。当钻模板或夹具体不能靠近加工表面时，使用图 5-30（a）所示

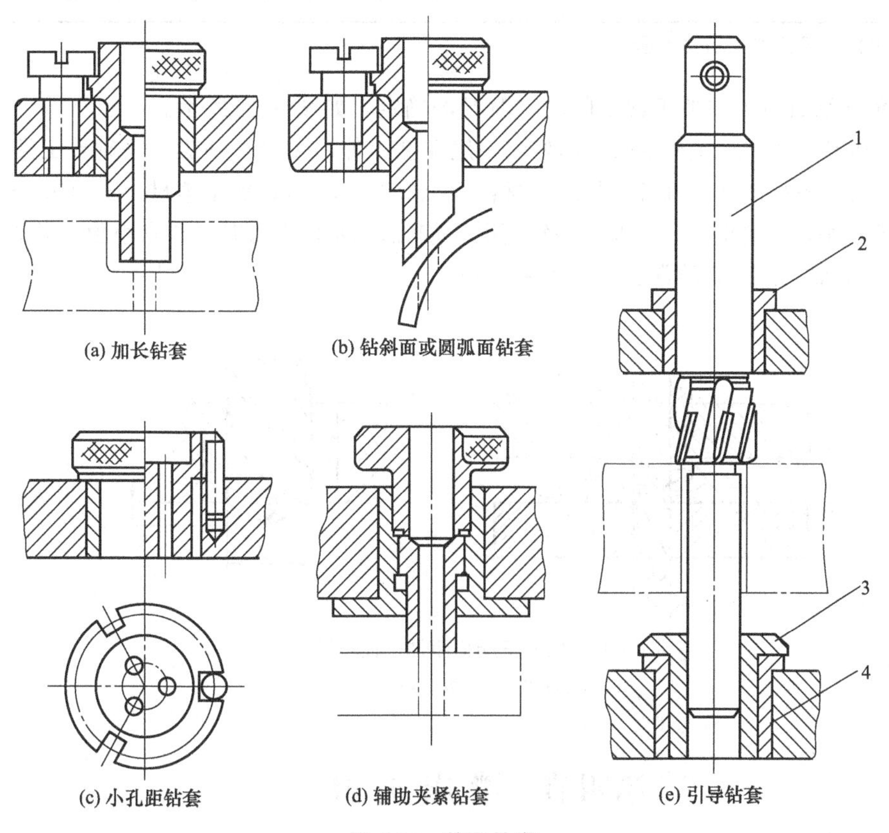

图 5-30　特殊钻套

1—扩孔钻；2,3—钻套；4—钻套衬套

的加长钻套，使其下端与工件加工表面有较短的距离。扩大钻套孔的上端是为了减少引导部分的长度，减少因摩擦使钻头过热和磨损。图 5-30（b）用于斜面或圆弧面上钻孔，防止钻头切入时引偏甚至折断。图 5-30（c）是当孔距很近时使用的，为了便于制造在一个钻套上加工出几个近距离的孔。图 5-30（d）是需借助钻套作为辅助性夹紧时使用。图 5-30（e）为使用上下钻套引导刀具的情况。当加工孔较长或与定位基准有较严的平行度、垂直度要求时，只在上面设置一个钻套 2，很难保证孔的位置精度。对于安置在下方的钻套 3 要注意防止切屑落入刀杆与钻套之间，为此，刀杆与钻套选用较紧的配合（H7/h6）。

4. 钻套导孔尺寸与公差

（1）钻套导引刀具非刃部时，如图 5-30（e）所示，一般取 H7/g6、H6/g5、H7/f7。

（2）钻套导引刀具刃部时，按表 5-4 选取。

表 5-4 钻套导孔的尺寸公差

工序	导孔基本尺寸	导 孔 偏 差
钻、扩	刀具刃部基本直径	上偏差＝刀具刃部上偏差＋F7 上偏差 下偏差＝刀具刃部上偏差＋F7 下偏差
粗铰		上偏差＝刀具刃部上偏差＋G7 上偏差 下偏差＝刀具刃部上偏差＋G7 下偏差
精铰		上偏差＝刀具刃部上偏差＋G6 上偏差 下偏差＝刀具刃部上偏差＋G6 下偏差

注：刀具刃部直径偏差见相关手册。

（3）钻套下端面与工件加工面之间的空隙 S 的确定，如图 5-31 所示。

S 过小切屑易阻塞，S 过大导向性不好，一般在钻刃伸出钻套，钻尖正好碰着工件表面，导向性最好，考虑各种因素，推荐：加工脆材：$S=(0.3\sim0.6)d$；加工塑材：$S=(0.5\sim1)d$。材料愈硬，S 愈小；d 愈小，S 愈大。特殊情况，如在斜面上钻孔时，S 取小值；孔位精度高时，取 $S=0$；钻 $L/d>5$ 的深孔，取 $S=1.5d$。

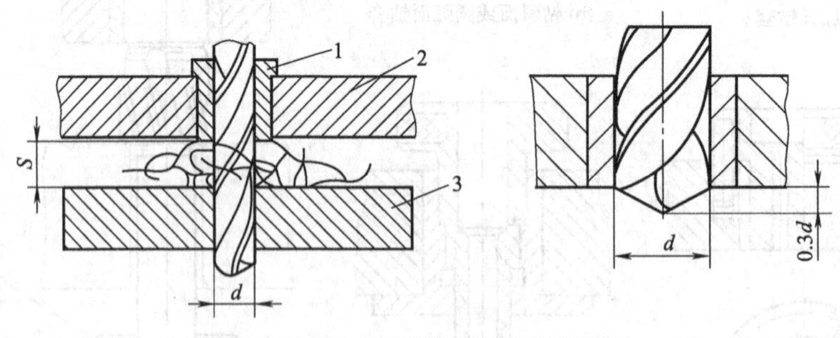

图 5-31 钻套下端面距加工面空隙

1—钻套；2—钻模板；3—工件

第四节 镗床夹具

镗床夹具又称为镗模，主要用于加工箱体或支座类零件上的精密孔和孔系。

镗模和钻模一样，是依靠专门的导引元件——镗套来导引镗杆，从而保证所镗的孔具有很高的位置精度。由此可知，采用镗模后，镗孔的精度便可不受机床精度的影响。镗模广泛应用于高效率的专用组合镗床（又称联动镗床）和一般普通镗床。即使缺乏上述专门的镗孔设备的中小工厂，也可以利用镗模来加工精密孔系。

一、镗模的组成

图 5-32 所示为加工车床尾架孔用的镗模。镗模的两个支承分别设置在刀具的前方和后方，镗杆 10 和主轴浮动连接。工件以底面槽及侧面在定位板 3、4 及可调支承钉 7 上定位，采用联动夹紧机构，拧紧夹紧螺钉 6，压板 5、8 同时将工件夹紧。镗模支架 1 上用回转镗套 2 来支承和引导镗杆。镗模以底面 A 安装在机床工作台上，其位置用 B 面找正。可见，一般镗模是由定位元件、夹紧装置、导引元件（镗套）和夹具体（镗模支架和镗模底座）四部分组成。

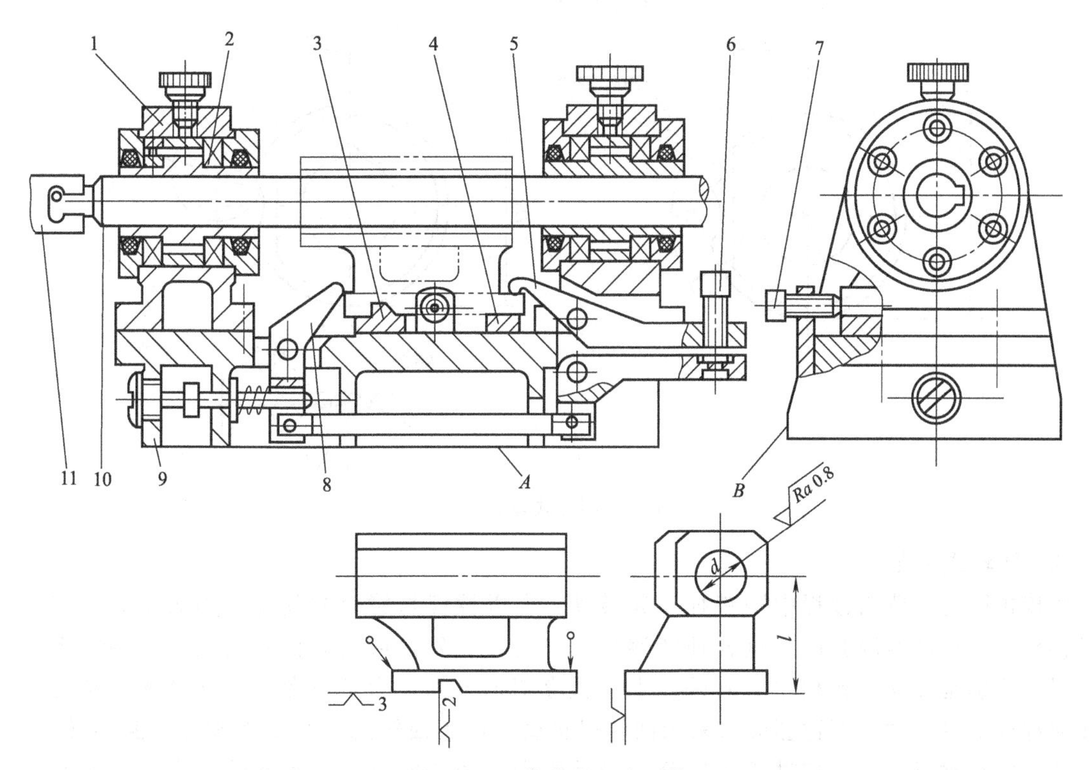

图 5-32　镗车床尾座孔镗模

1—镗模支架；2—回转镗套；3,4—定位板；5,8—压板；6—夹紧螺钉；7—可调支承钉
9—镗模底座；10—镗杆；11—浮动接头

二、镗床夹具的设计要点

1. 镗套

镗套主要用来导引镗杆，按结构形式分为固定式镗套和回转式镗套两类。

(1) 固定式镗套

如图 5-33 所示，镗套固定在镗模支架上，相对镗模支架无运动。它具有外形尺寸小、结构紧凑、制造简单，易保证镗套中心位置的准确等优点。因与镗杆之间有摩擦，主要用于低速加工。

固定式镗套结构已标准化，设计时可参阅相关手册。

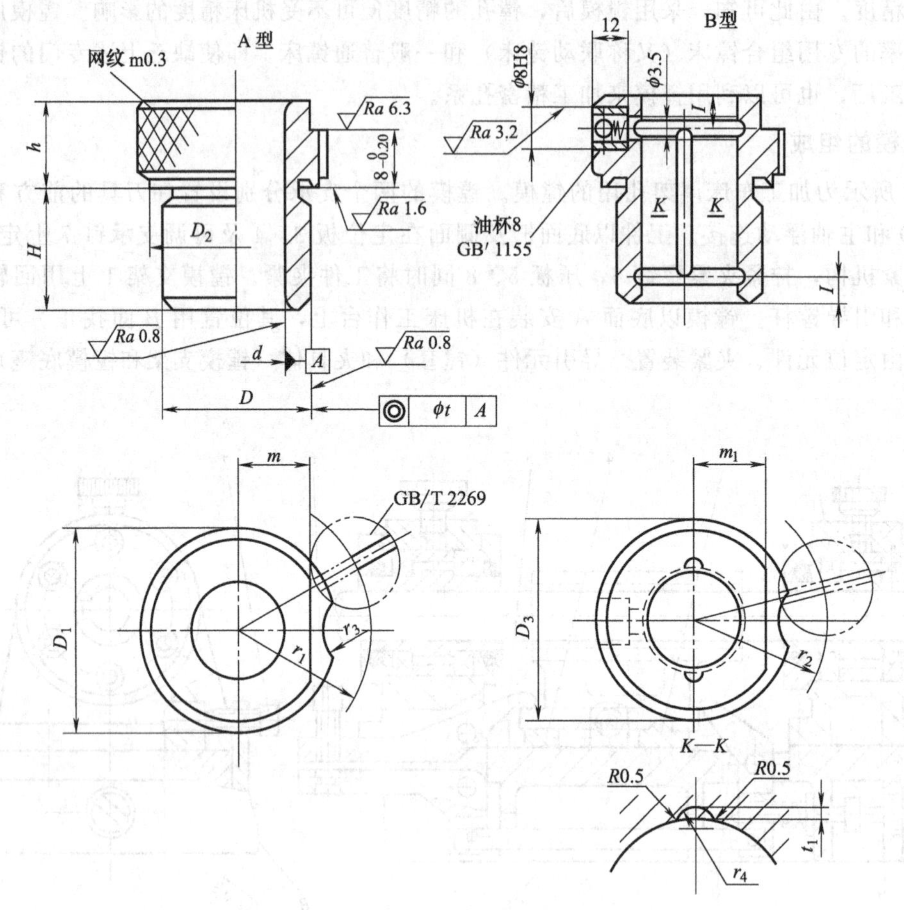

图 5-33 固定式镗套

(2) 回转式镗套

回转式镗套在镗孔过程中随镗杆一起转动，所以镗杆与镗套之间无相对转动，只有相对移动。当在高速镗孔时，这样便能避免镗杆与镗套发热咬死，而且也改善了镗杆磨损情况。特别是在立式镗模中，若采用上下镗套双面导向，为了避免因切屑落入下镗套内而使镗杆卡住，故而下镗套应该采用回转式镗套。由于回转式镗套要随镗杆一起回转，所以镗套要有轴承支承，按轴承不同分为滑动镗套［图 5-34 (a)］和滚动镗套［图 5-34 (b)、(c)、(d)］。

① 滑动镗套［图 5-34 (a)］ 由滑动轴承支承的镗套。装有键的镗杆伸到带有键槽的镗套中，工作时镗杆和镗套一起相对轴承转动，允许的话，镗刀也可通过键槽。

② 滚动镗套 由滚动轴承支承的镗套。

a. 外滚式［图 5-34 (b)、(c)］ 轴承安装在镗套外，工作时镗杆与镗套有相对轴向移动，无相对转动。

b. 内滚式［图 5-34 (d)］ 轴承安装在镗套内，工作时镗杆与镗套无相对轴向移动，有相对转动。

(3) 镗套的布置方式

镗套的布置方式主要取决于镗孔直径 D 和深度 L，如表 5-5 所示。

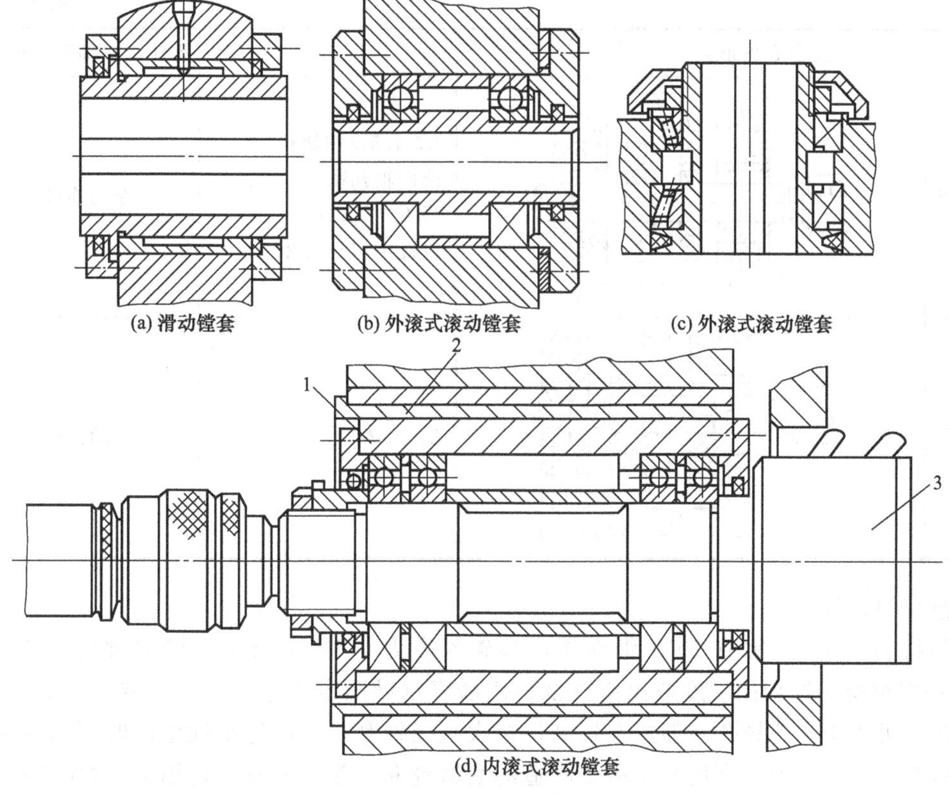

图 5-34　回转式镗套

1—内滚式镗套；2—固定支承套；3—镗杆

表 5-5　镗套布置方式

镗套布置形式		应用	镗杆与主轴连接形式
单面前镗套	D　d　l　h　H	$D>60$mm $L<D$,通孔 $h=(0.5\sim1)D$ $h\geqslant20$	刚性连接 （莫氏锥度连接）
单面后镗套	d　D　H　h　l	用于 $D<60$mm $L<D$,通孔、盲孔	刚性连接 （莫氏锥度连接）
	d　D　H　h　l	用于 $D<60$mm $L>D$,通孔、盲孔	

续表

镗套布置形式		应用	镗杆与主轴连接形式
双面单镗套	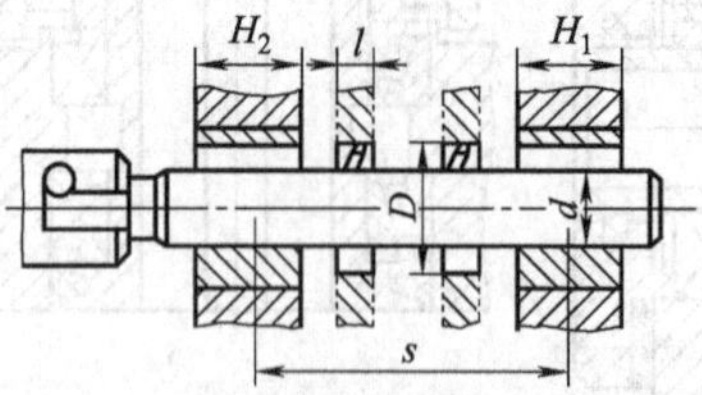	$L>1.5D$ 的通孔或同轴孔系，当 $S>10d$ 时，应设中间导引套	浮动连接
单面双镗套	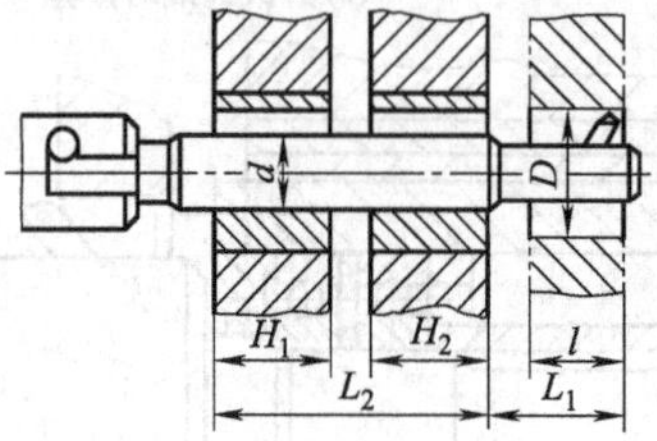	$L_1<5d$	浮动连接

(4) 镗套的材料

镗套的材料常用 20 钢或 20Cr 钢渗碳，渗碳深度为 0.8～1.2mm，淬火硬度为 55～60HRC。一般情况，镗套的硬度应比镗杆低。用磷青铜做固定式镗套，因为减摩性好不易与镗杆咬住，可用于高速镗孔，但成本较高；对大直径镗套，或单件小批生产时用的镗套，也可采用铸铁镗套，目前也有用粉末冶金制造的耐磨镗套。镗套的衬套也用 20 钢做成。渗碳深度 0.8～1.2mm，淬火硬度 58～64HRC。

(5) 镗套的主要技术条件

镗套的主要技术条件，如表 5-6 所示。

表 5-6 镗套尺寸及公差

镗套尺寸及要求	粗 镗	精 镗
镗套与镗杆的配合	H7/g6(H7/h6)	H6/g5(H6/h5)
镗套与衬套的配合	H7/g6(H7/js6)	H6/g5(H6/j5)
衬套与支架的配合	H7/n6	H7/n5
镗套内外圆同轴度	ϕ0.01	当镗套外径≥85:ϕ0.01 当镗套外径<85:ϕ0.005

注：括号内为回转镗套与镗杆的配合。

2. 镗杆

(1) 镗杆结构

镗杆的导引部分结构，如图 5-35 所示。

图 5-35 (a) 是开有油槽的圆柱导引，这种结构最简单，但与镗套接触面大，润滑不好，加工时又很难避免切屑进入导引部分。常常容易产生“咬死”现象。

图 5-35 (b)、(c) 是开有直槽和螺旋槽的导引。它与镗套的接触面积小，沟槽又可以容屑，情况比图 5-35 (a) 要好。但一般切削速度仍不宜超过 20m/min。

图 5-35 (d) 是镶滑块的导引结构。由于它与导套接触面小，而且用铜块时的摩擦较小，其使用速度可较高一些，但滑块磨损较快。采用钢滑块可比铜滑块磨损小，但与镗套摩

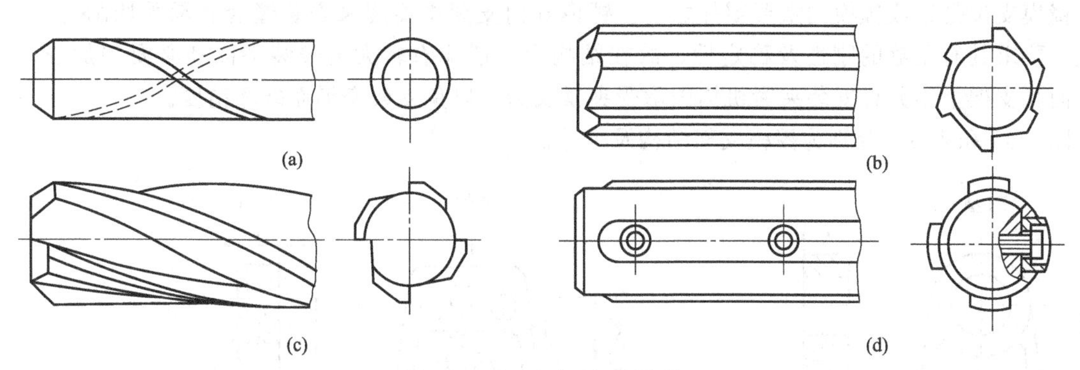

图 5-35 镗杆导引部分结构

擦又增加了。滑块磨损后，可在滑块下加垫，再将外圆修磨。

(2) 镗杆直径和轴向尺寸

镗杆直径：$d=(0.6\sim0.8)D$。

镗孔直径 D、镗杆直径 d、镗刀截面 $B\times B$ 按式（5-1）计算或参考表 5-7 选取。

$$\frac{D-d}{2}=(1\sim1.5)B \tag{5-1}$$

表 5-7 镗孔直径、镗杆直径及镗刀截面参考值

镗孔直径 D/mm	30～40	45～50	50～70	70～90	90～110
镗杆直径 d/mm	20～30	30～40	40～50	50～65	65～90
镗刀截面 $B\times B$/mm×mm	8×8	10×10	12×12	16×16	16×16 或 20×20

设计时，还应注意：

① 镗杆直径 d 应尽可能大，其双导引部分的 $L/d\leqslant10$ 为宜；而悬伸部分的 $L/d\leqslant4\sim5$，以使其有足够的刚度来保证加工精度。

② 镗杆上的装刀孔应错开布置，以免过分削弱镗杆的强度与刚度。并尽可能考虑到各切削刃切削负荷的相互平衡以减少镗杆变形，改善镗杆与镗套的磨损情况。

(3) 镗杆材料及主要技术要求

镗杆要求表面硬度高而内部韧性好，常用 20 钢、20Cr 钢，渗碳淬火硬度为 61～63HRC。要求较高时，可用氮化钢 38CrMoAlA，但热处理工艺复杂。大直径镗杆，也用 45 钢、40Cr 钢或 65Mn 钢。

(4) 镗杆的导引方式及与主轴的连接

镗杆的引导方式分为单、双支承引导（见表 5-4）。单支承时，镗杆与机床主轴采用刚性连接，主轴回转精度影响镗孔精度，故适于小孔和短孔的加工。双支承时，镗杆和机床主轴采用浮动连接（图 5-36）。所镗孔的位置精度取决于镗模两导向孔的位置精度，而与机床主轴精度无关。

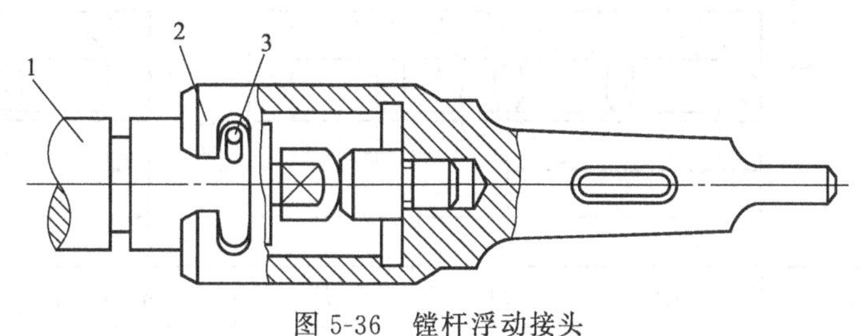

图 5-36 镗杆浮动接头

1—镗杆；2—接头体；3—拨动销

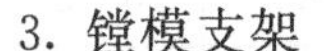

3. 镗模支架

镗模支架是组成镗模的重要零件之一。镗模导向支架主要用来安装镗套和承受切削力。因此，要求其有足够的刚性及稳定性，故在结构上一般应有较大的安装基面和必要的加强筋；而且支架上不允许安装夹紧机构来承受夹紧反力，以免支架变形而破坏精度。

图 5-37 和表 5-8 分别为镗模支架结构及尺寸。

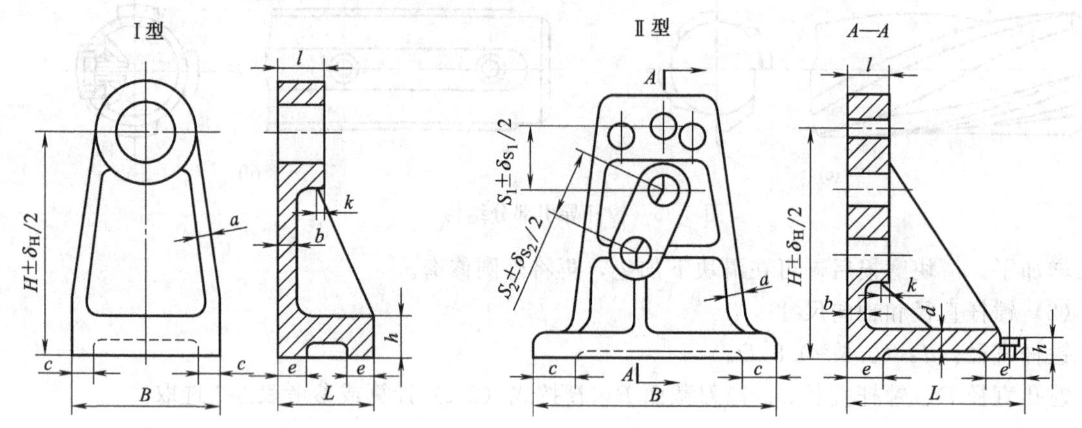

图 5-37　镗模支架

表 5-8　镗模支架尺寸参数表

类型	B	L	H	S_1	S_2	l	a	b	c	d	e	h	k
Ⅰ	(1/2～3/5)H	(1/3～1/2)H	视工件相应尺寸确定				10～20	15～25	30～40	3～5	20～30	20～30	3～5
Ⅱ	(2/3～1)H	(1/3～2/3)H											

镗模支架与镗模底座的连接，一般仍沿用销钉定位、螺钉紧固的形式。在镗模装配中，调整好支架正确位置后，用 2 个对定销对定。

镗模支架的材料，一般采用灰铸铁 HT200，铸造和粗加工后，须经退火和时效处理。

4. 镗模底座

镗模底座要承受包括工件、镗杆、镗套、镗模支架、定位元件和夹紧装置等在内的全部重量以及加工过程中的切削力，因此，底座的刚性要好，变形要小。通常镗模底座的壁厚较厚，而且底座内腔设有十字形加强筋。

表 5-9 为镗模底座的结构尺寸参数表。

表 5-9　镗模底座的结构尺寸参数表

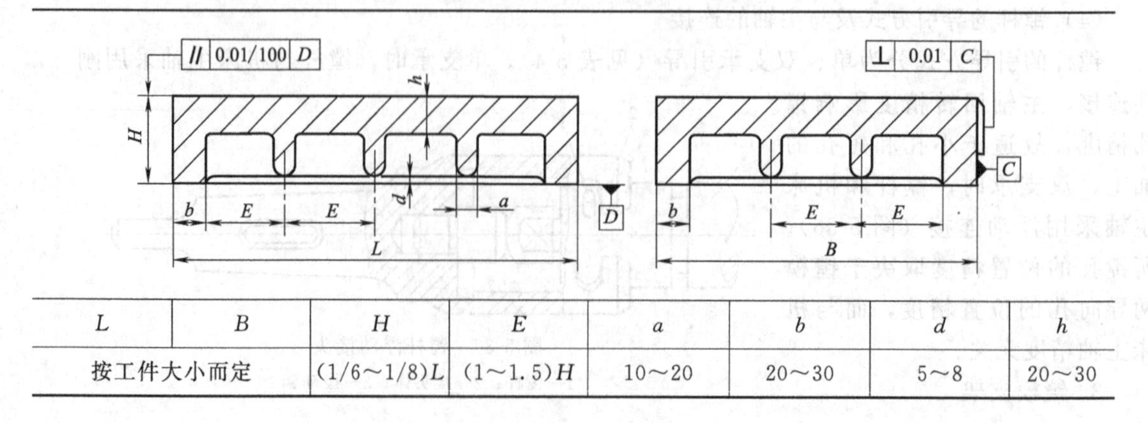

L	B	H	E	a	b	d	h
按工件大小而定		(1/6～1/8)L	(1～1.5)H	10～20	20～30	5～8	20～30

设计时，还须注意以下几点：

(1) 在镗模上应设置供安装找正用的找正基面 C（见表 5-9 附图）。供在机床上正确安装镗模底座时找正用。找正基面与镗套中心线的平行度应在 0.01/300mm 内。

(2) 镗模重量一般都很重，为便于吊装，应在底座上设置供起吊用的吊环螺钉或起重螺栓。

(3) 镗模底座的上平面，应按所要安装的各元件位置，做出相配合的凸台表面，其凸出高度约为 3～5mm，以减少刮研的工作量。

(4) 镗模底座材料一般用灰铸铁 HT200。在毛坯铸造后和粗加工后，都需要进行时效处理。

第六章　机械制造技术基础课程设计题目选编

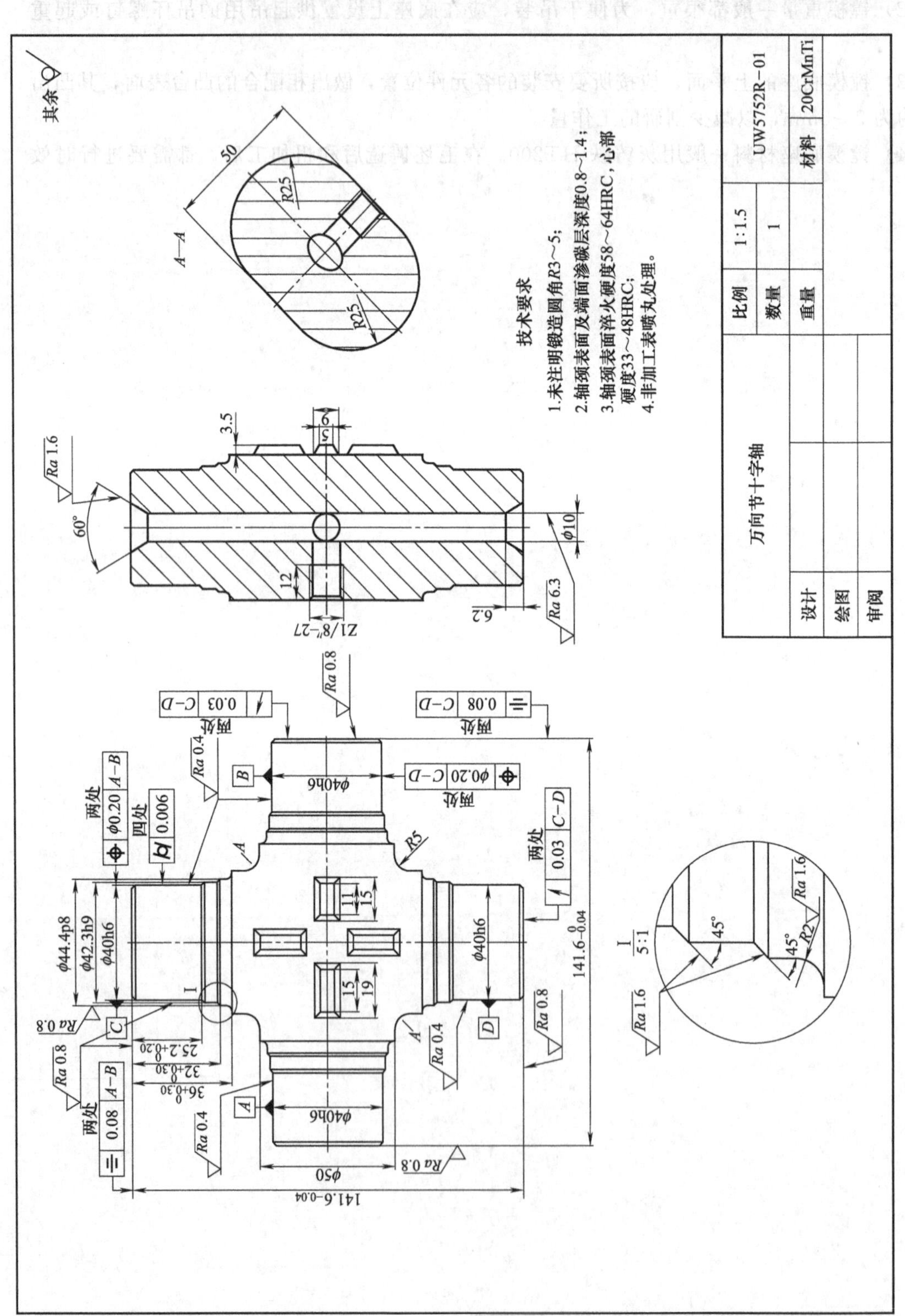

图 6-1　万向节十字轴

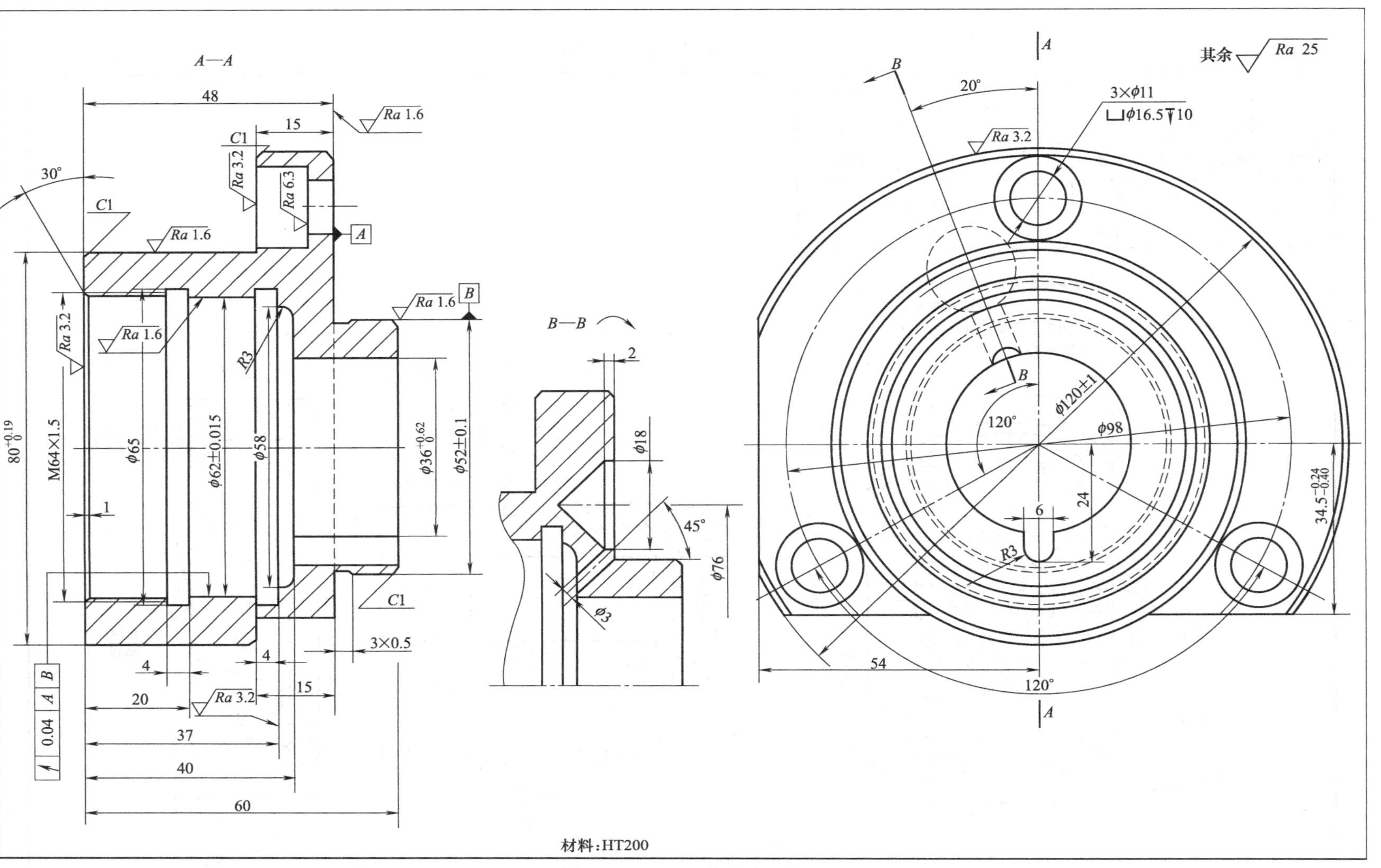

材料:HT200

图 6-2　CA6140 车床法兰盘

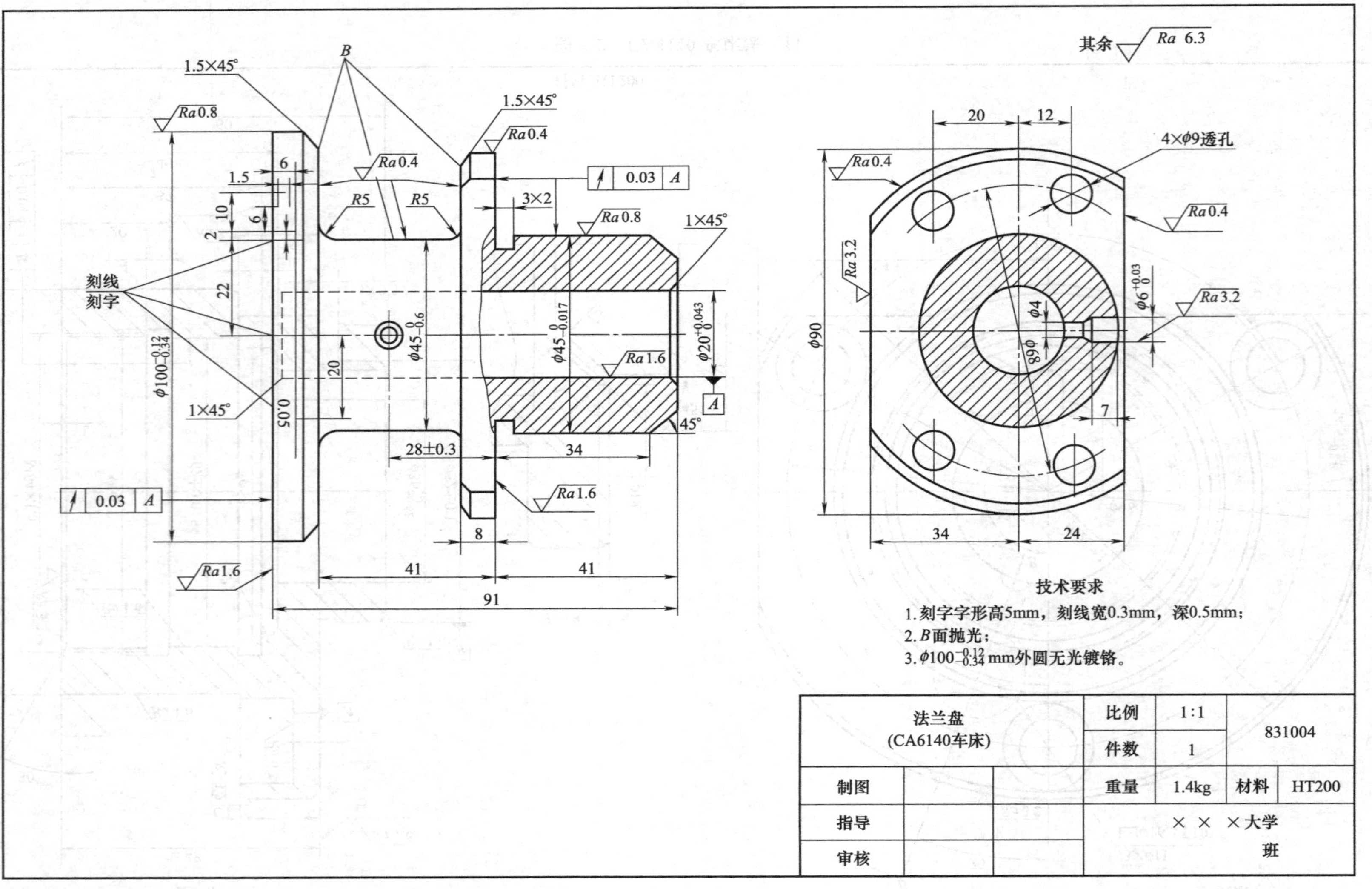

图 6-3 CA6140 车床法兰盘

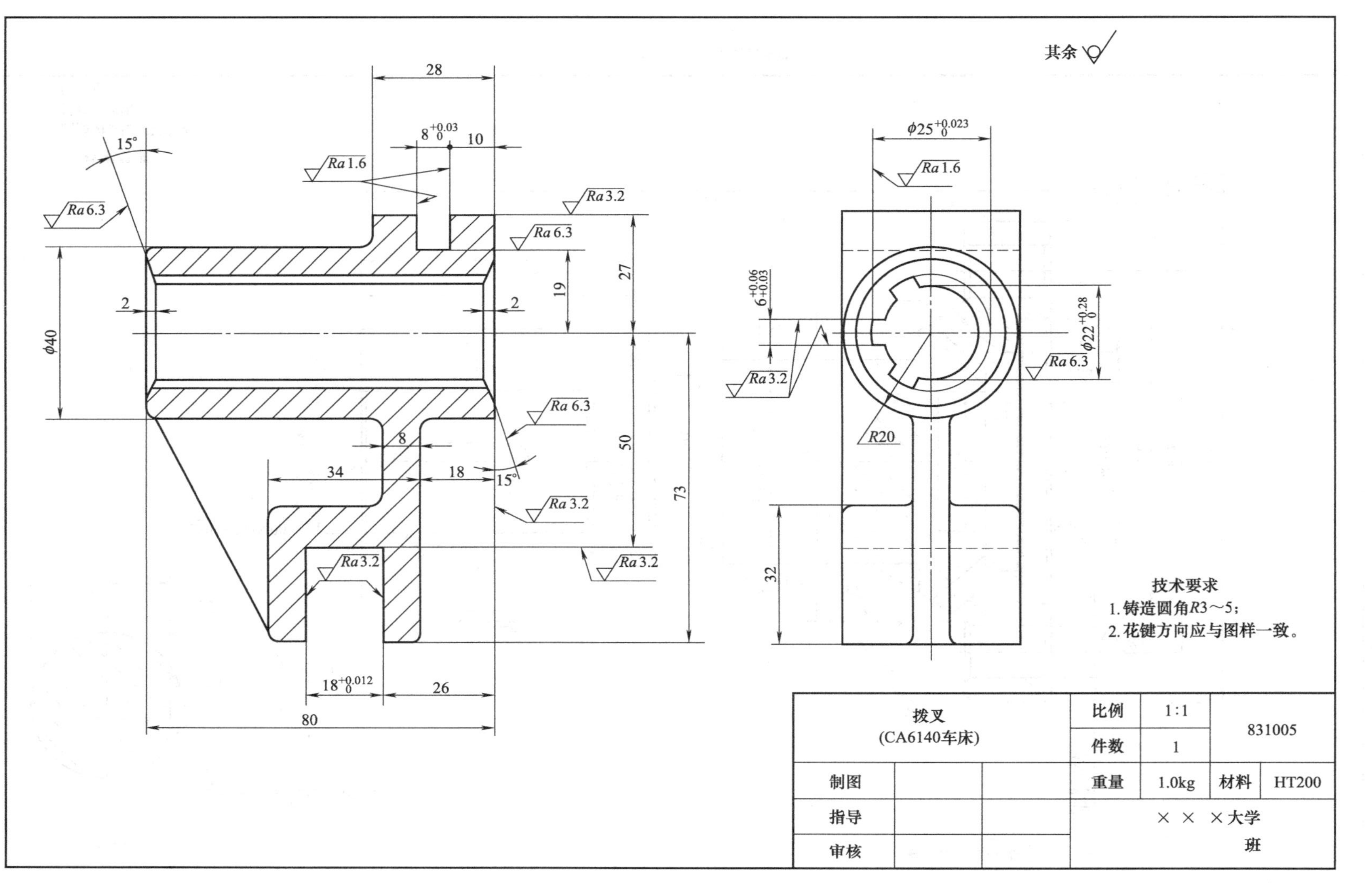

图 6-4　CA6140 车床拨叉

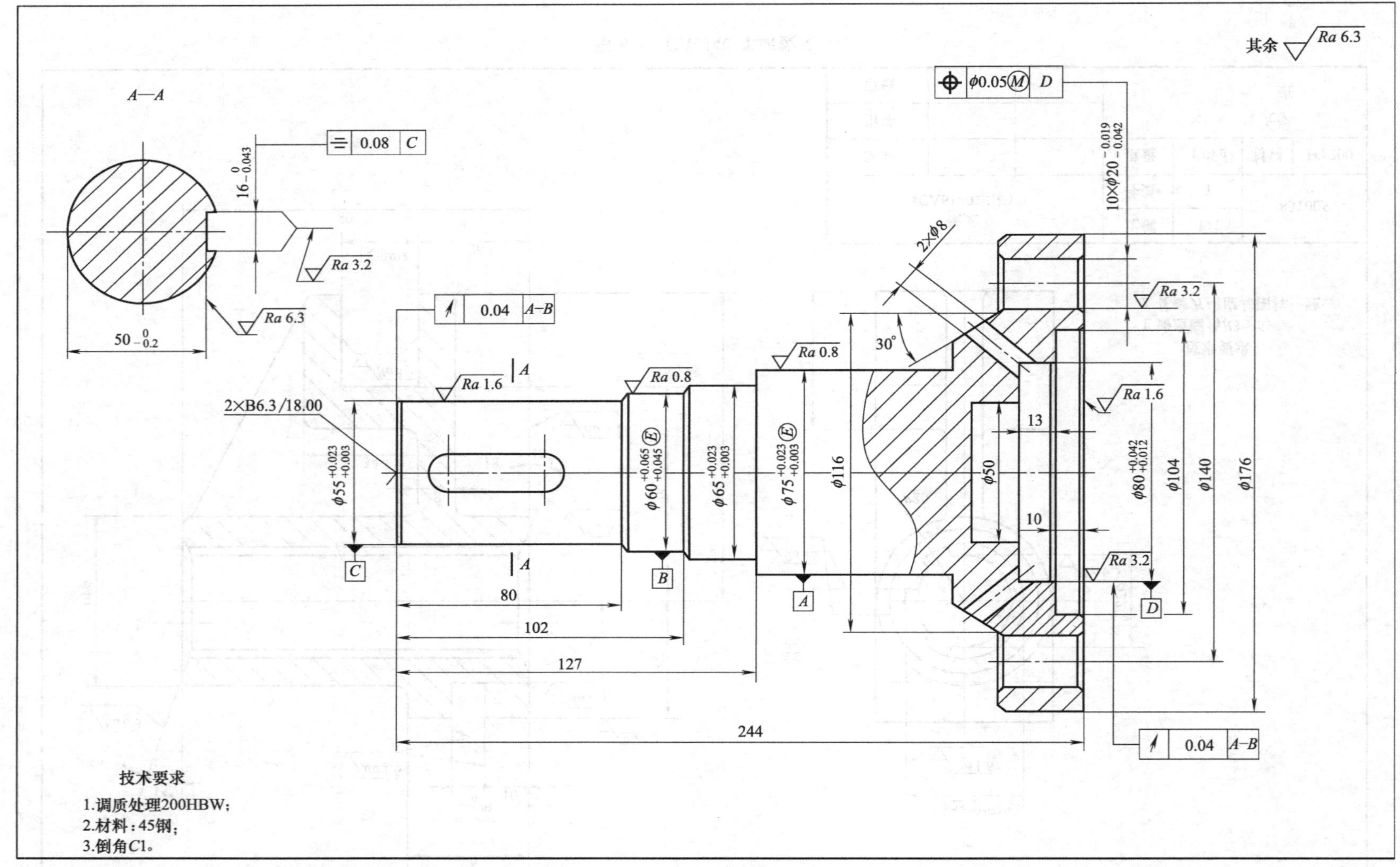

图 6-5 CA6140 车床输出轴

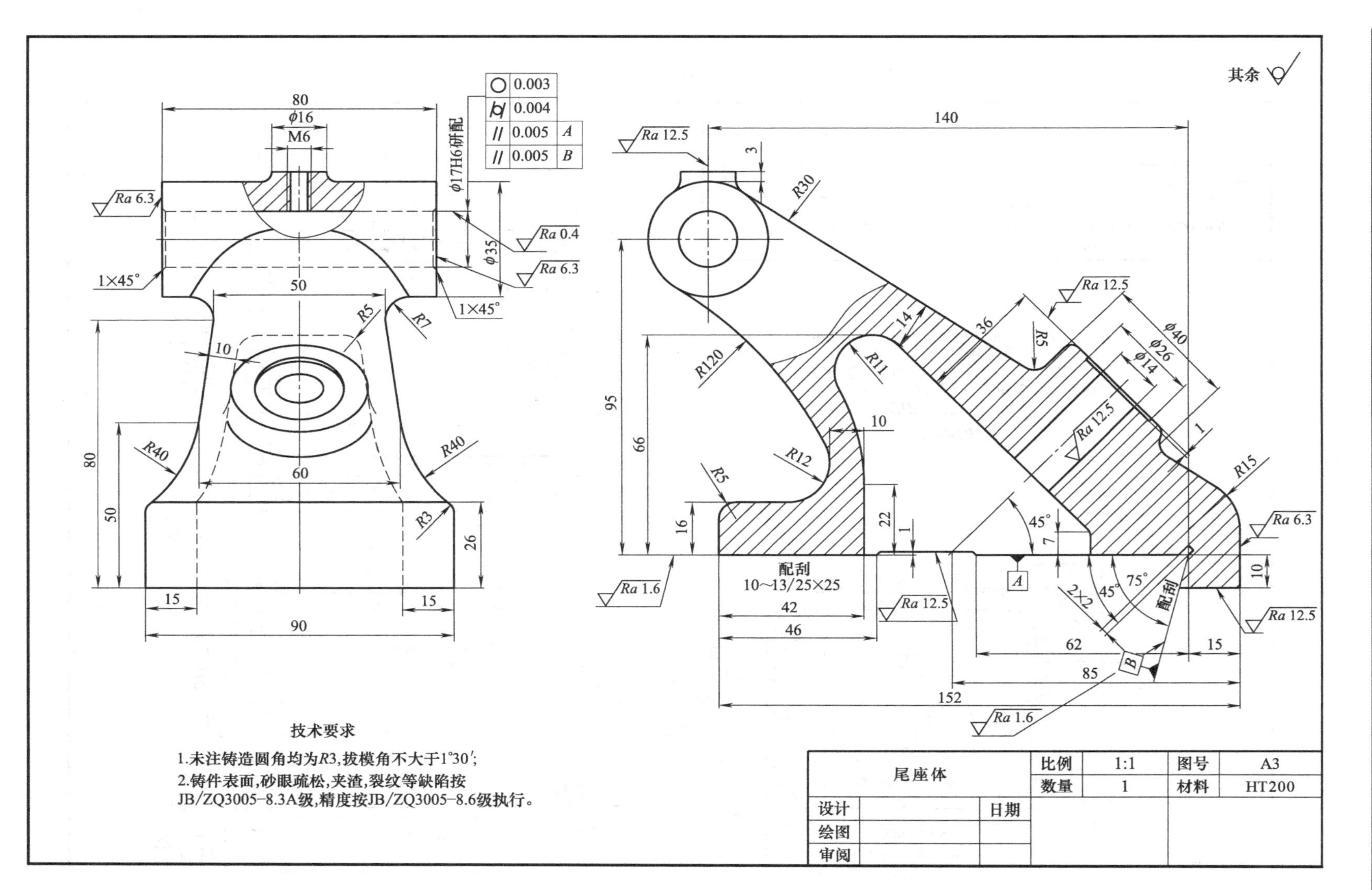
其余
技术要求
1.未注铸造圆角均为R3,拔模角不大于1°30′;
2.铸件表面,砂眼疏松,夹渣,裂纹等缺陷按JB/ZQ3005-8.3A级,精度按JB/ZQ3005-8.6级执行。
尾座体
比例 1:1
图号 A3
数量 1
材料 HT200
设计
绘图
审阅
日期
配刮
10~13/25×25
φ17H6研配

图 6-6　尾座体

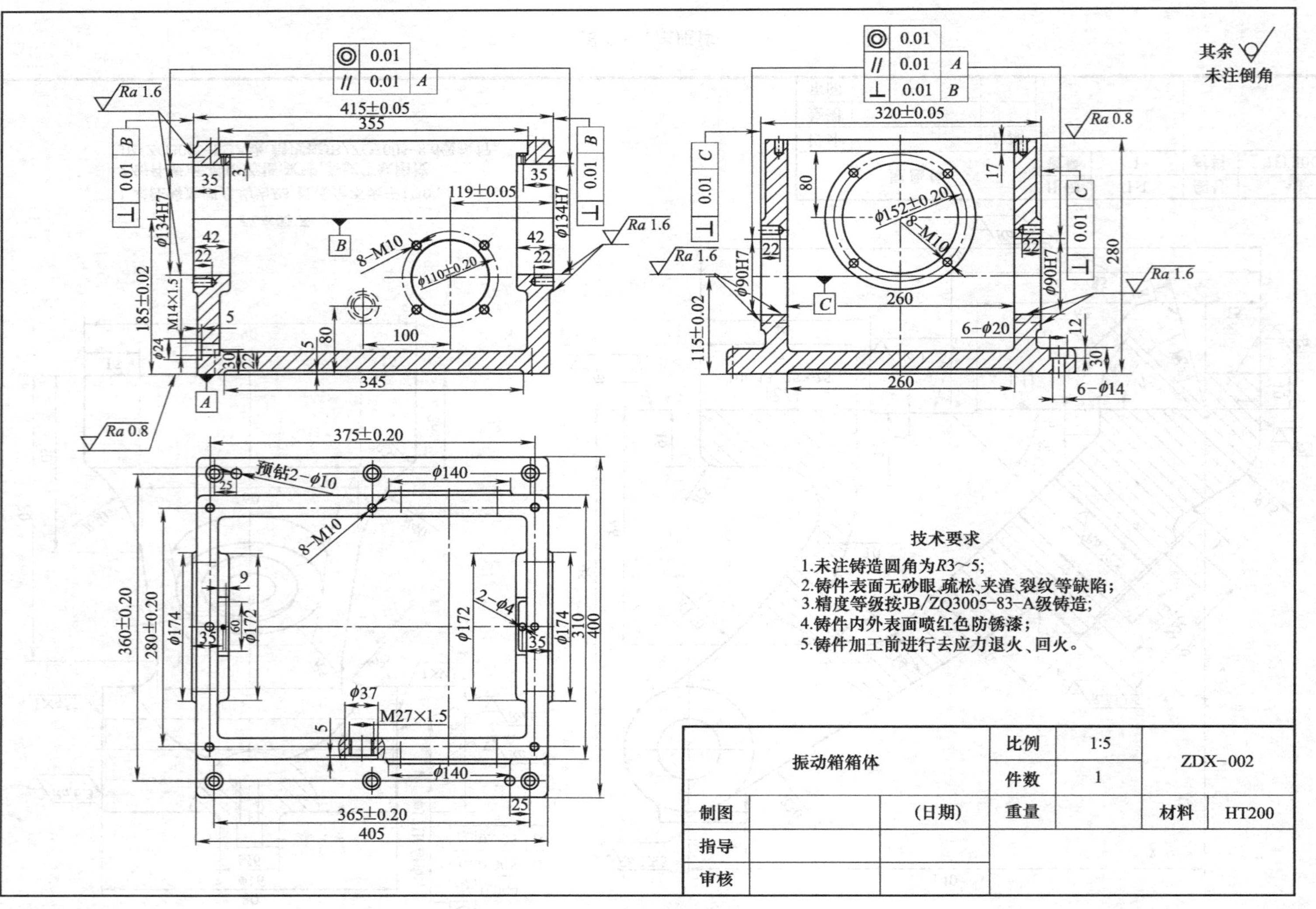
其余
未注倒角
技术要求
1.未注铸造圆角为R3～5;
2.铸件表面无砂眼,疏松,夹渣,裂纹等缺陷;
3.精度等级按JB/ZQ3005-83-A级铸造;
4.铸件内外表面喷红色防锈漆;
5.铸件加工前进行去应力退火、回火。
振动箱箱体
比例 1:5
件数 1
重量
材料 HT200
ZDX-002
制图
指导
审核
(日期)

图 6-7 振动箱箱体

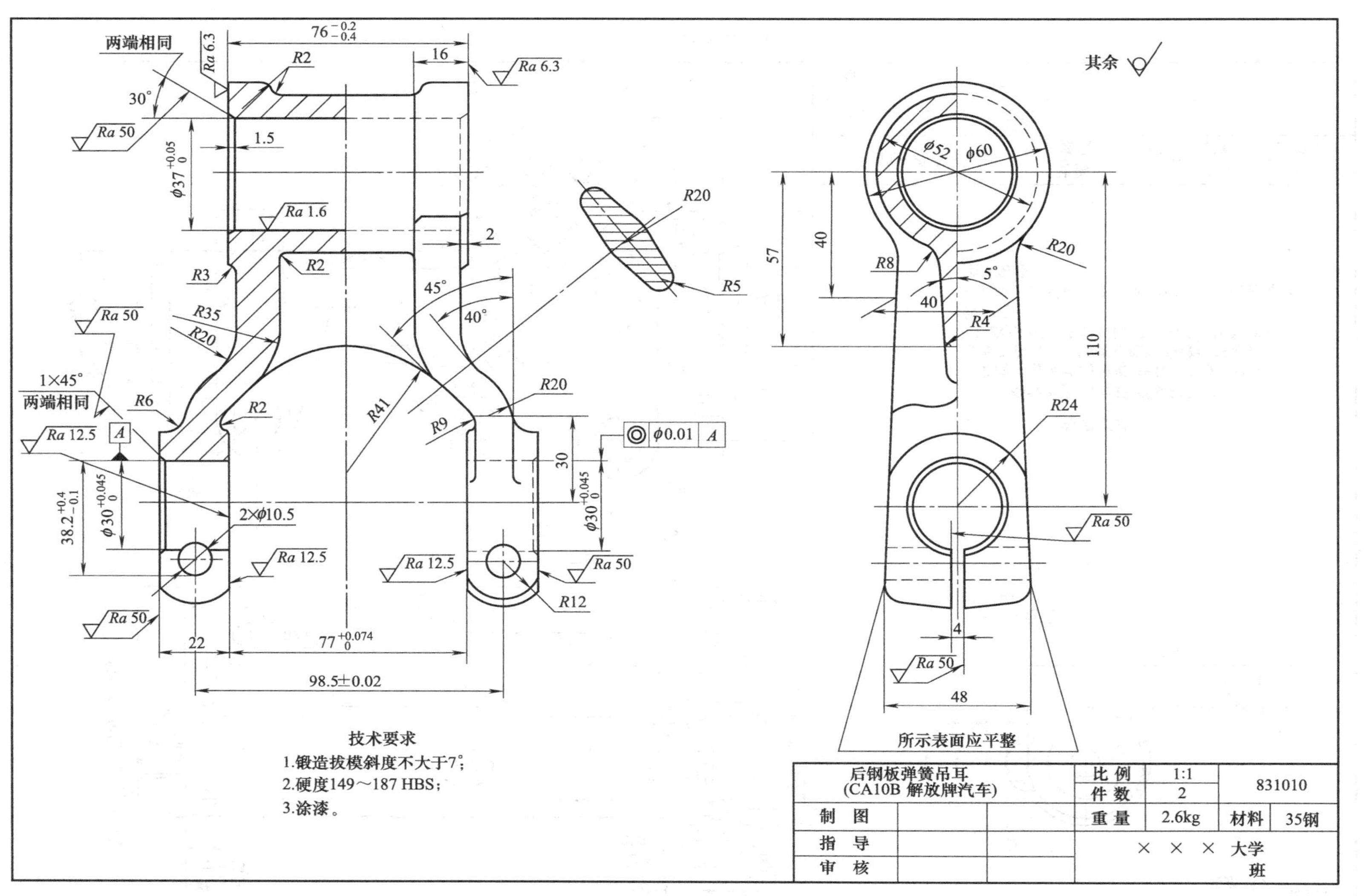

图 6-8　CA10B 汽车后钢板弹簧吊环

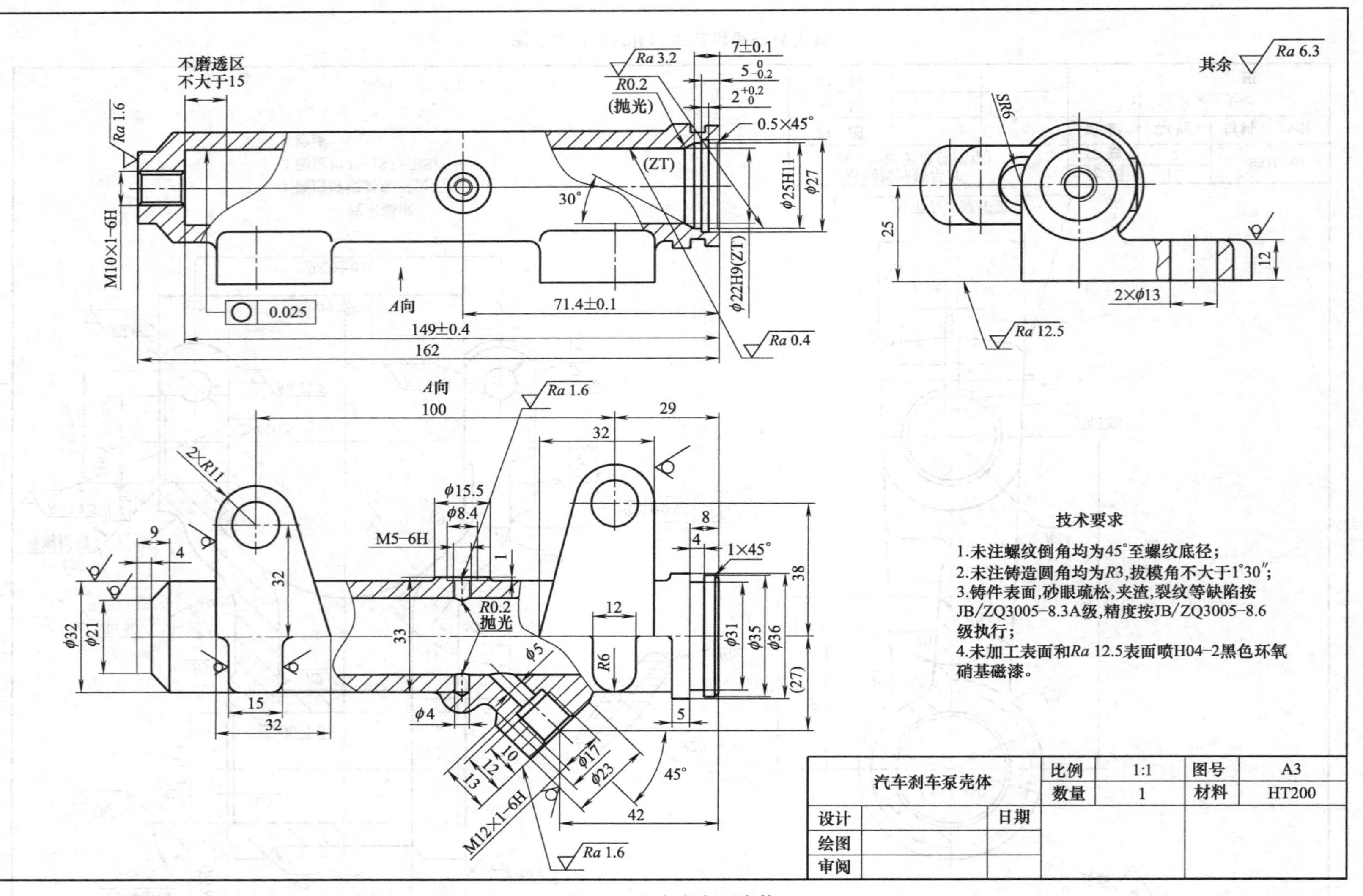
不磨透区
不大于15
Ra 1.6
M10×1-6H
0.025
A向
71.4±0.1
149±0.4
162
Ra 3.2
R0.2
(抛光)
7±0.1
5 0 -0.2
2 +0.2 0
0.5×45°
(ZT)
30°
φ25H11
φ27
φ22H9(ZT)
Ra 0.4
其余 Ra 6.3
SR6
25
12
2×φ13
Ra 12.5
A向
Ra 1.6
100
29
32
2×R11
φ15.5
φ8.4
M5-6H
9
4
1
32
R0.2
抛光
33
12
φ5
R6
8
4
1×45°
38
φ32
φ21
φ31
φ35
φ36
(27)
15
32
φ4
5
10
12
13
φ17
φ23
45°
42
M12×1-6H
Ra 1.6
技术要求
1.未注螺纹倒角均为45°至螺纹底径;
2.未注铸造圆角均为R3,拔模角不大于1°30″;
3.铸件表面,砂眼疏松,夹渣,裂纹等缺陷按JB/ZQ3005-8.3A级,精度按JB/ZQ3005-8.6级执行;
4.未加工表面和Ra 12.5表面喷H04-2黑色环氧硝基磁漆。
汽车刹车泵壳体
比例
1:1
图号
A3
数量
1
材料
HT200
设计
日期
绘图
审阅

图 6-9 汽车刹车泵壳体

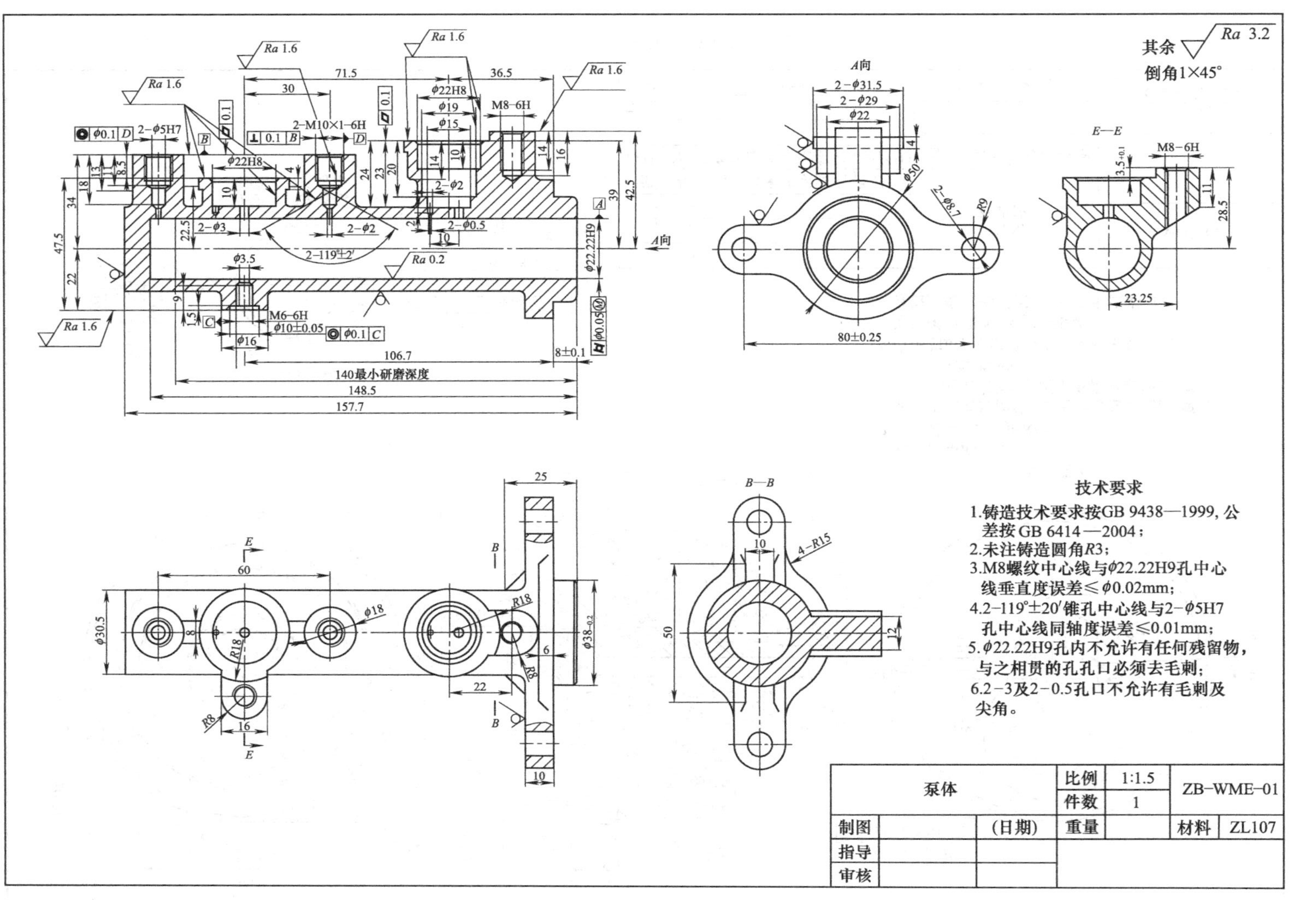

图 6-10　汽车刹车泵壳体

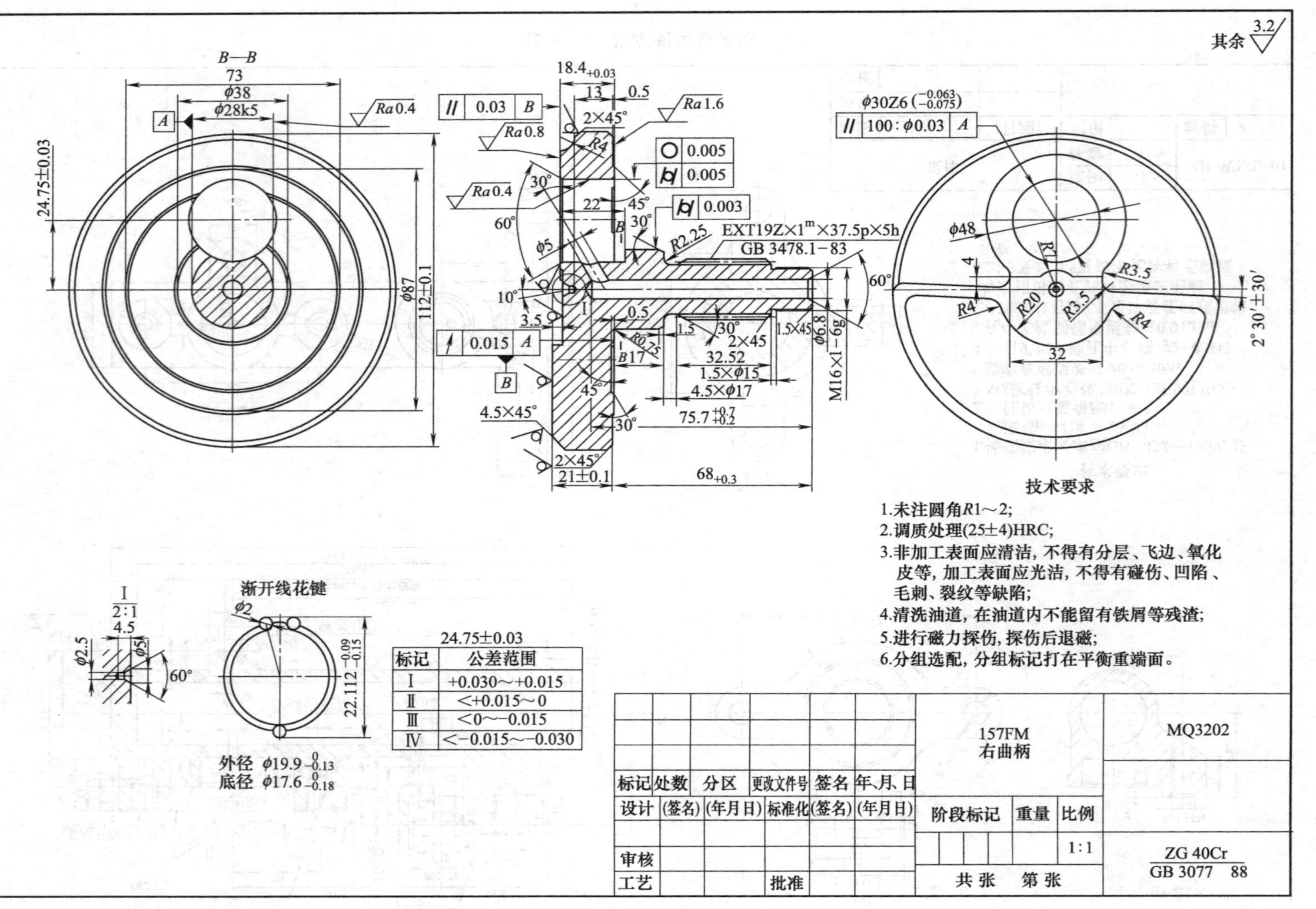

24.75±0.03

标记	公差范围
I	+0.030～+0.015
II	<+0.015～0
III	<0～-0.015
IV	<-0.015～-0.030

图 6-11 摩托车右曲柄

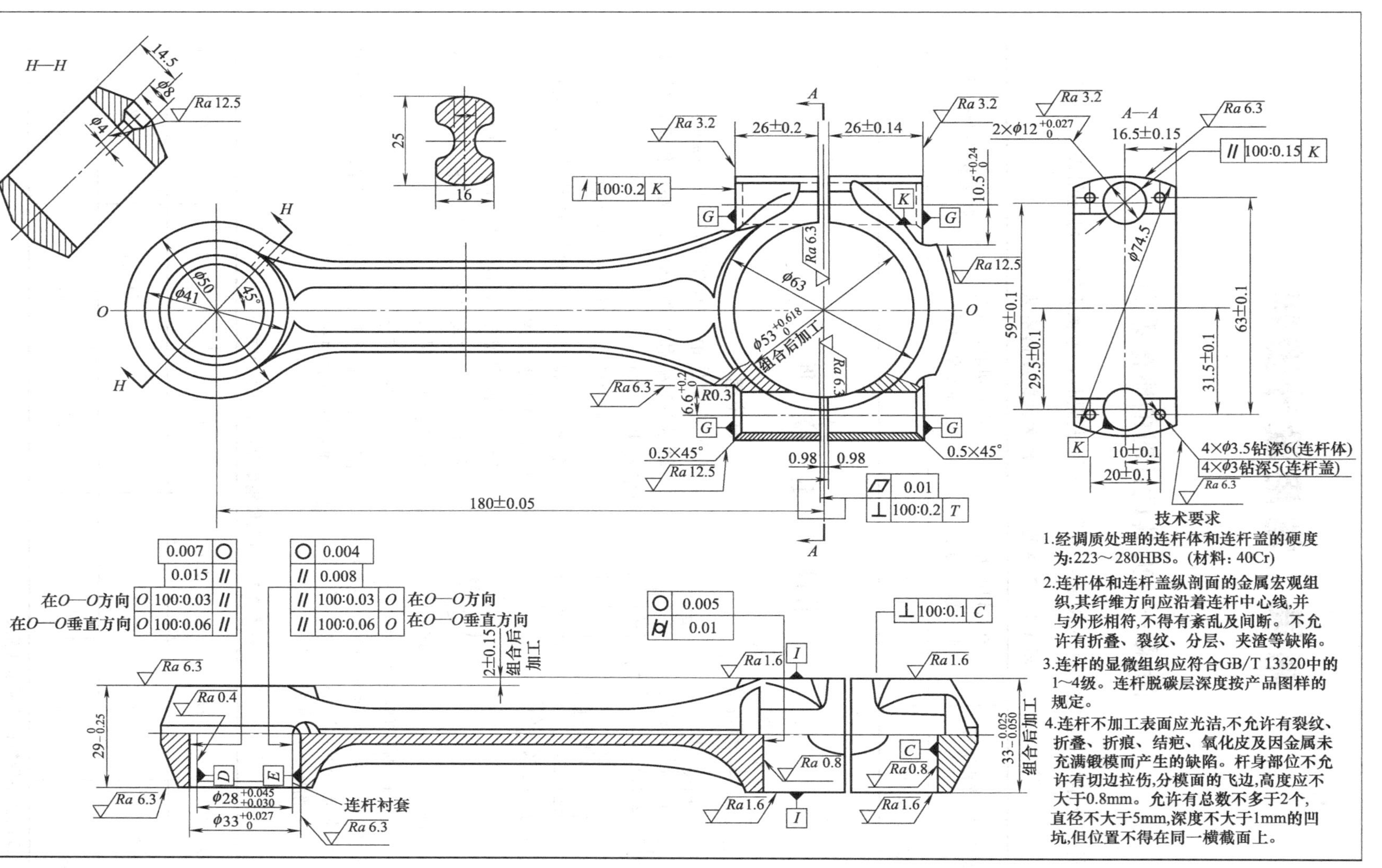

H—H
A—A
连杆衬套
组合后加工
在O—O方向
在O—O垂直方向
4×φ3.5钻深6(连杆体)
4×φ3钻深5(连杆盖)
180±0.05
技术要求
1.经调质处理的连杆体和连杆盖的硬度为:223～280HBS。(材料：40Cr)
2.连杆体和连杆盖纵剖面的金属宏观组织,其纤维方向应沿着连杆中心线,并与外形相符,不得有紊乱及间断。不允许有折叠、裂纹、分层、夹渣等缺陷。
3.连杆的显微组织应符合GB/T 13320中的1～4级。连杆脱碳层深度按产品图样的规定。
4.连杆不加工表面应光洁,不允许有裂纹、折叠、折痕、结疤、氧化皮及因金属未充满锻模而产生的缺陷。杆身部位不允许有切边拉伤,分模面的飞边,高度应不大于0.8mm。允许有总数不多于2个,直径不大于5mm,深度不大于1mm的凹坑,但位置不得在同一横截面上。

图 6-12　连杆

附录　常用设计资料

附录一　夹具设计时的摩擦系数

工件与支承块及夹紧元件的接触表面为已加工表面时，摩擦系数 f 可按附表 1-1 选取。

附表 1-1　工件与夹具接触表面的摩擦系数

表面状况	光滑表面	有与切削力方向一致的沟槽	有与切削力方向垂直的沟槽	有交错的网状沟槽
摩擦系数 f	0.16～0.25	0.3	0.4	0.7～0.8

附录二　定　位　件

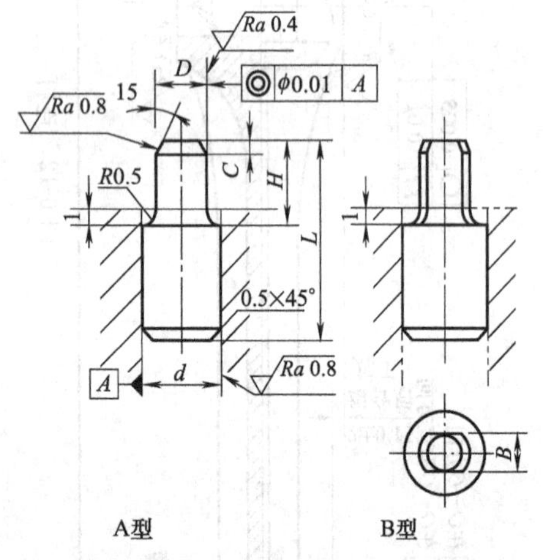

材料及热处理：材料 T8，淬火 55～60HRC

标记示例：D=2.5mm，公差带为 f7 的 A 型小定位销：

定位销 A2.5 f7　JB/T 8014.1—1999

附图 2-1　小定位销

1. 定位销

(1) 小定位销（JB/T 8014.1—1999）

附图 2-1 和附表 2-1 分别为小定位销的结构、规格及主要尺寸。

(2) 固定式定位销（JB/T 8014.2—1999）

附图 2-2 和附表 2-2 分别为固定式定位销的结构、规格及主要尺寸。

(3) 可换定位销（JB/T 8014.3—1999）

附图 2-3 和附表 2-3 分别为可换定位销的结构、规格及主要尺寸。

(4) 阶形定位销

附图 2-4 和附表 2-4 分别为阶形定位销的结构、规格及主要尺寸。

附表 2-1　小定位销的规格及主要尺寸

D	H	d r6	L	B	C
1～2	4	3	10	$D_{-0.3}^{0}$	0.2
>2～3	5	5	12	$D_{-0.6}^{0}$	0.4

注：D 的公差带按设计要求决定。

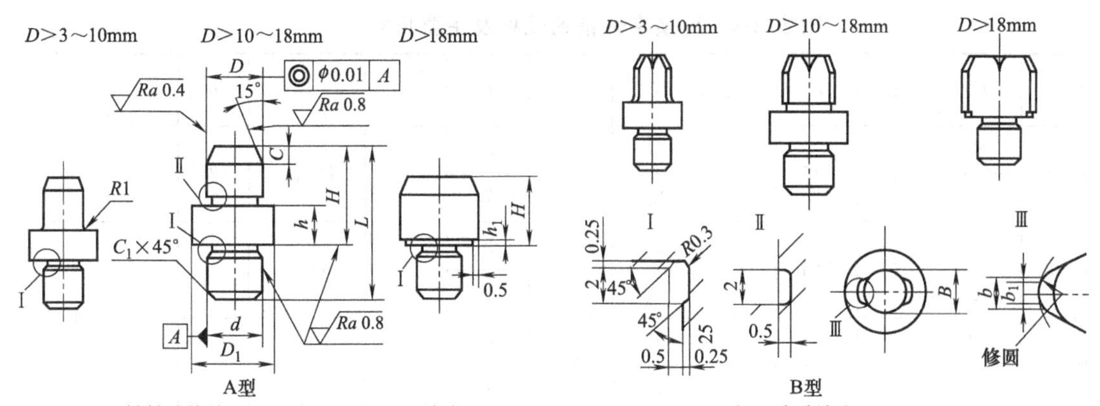

材料及热处理：D⩽18mm，T8，淬火 55～60HRC；D>18mm，20 钢，渗碳淬火 55～60HRC。

标记示例：D=15mm，公差带为 f7，H=26mm 的 A 型固定式定位销：定位销 A15 f7×26　JB/T 8014.2—1999

附图 2-2　固定式定位销

附表 2-2　固定式定位销的规格及主要尺寸　mm

D	H	d r6	D_1	L	h	h_1	B	b	b_1	C
>3～6	8	6	12	16	3		$D_{-0.5}^{\ 0}$	2	1	2
	14			22	7					
>6～8	10	8	14	20	3		$D_{-1}^{\ 0}$	3	2	3
	18			28	7					
>8～10	12	10	16	24	4		$D_{-2}^{\ 0}$	4	3	
	22			34	8					
>10～14	14	12	18	26	4					4
	24			36	9					
>14～18	16	15	22	30	5					
	26			40	10					
>18～20	12	12		26		1	$D_{-2}^{\ 0}$	4	3	5
	18			32						
	28			42						
>20～24	14	15		30		2	$D_{-3}^{\ 0}$	5		
	22			38						
	32			48						
>24～30	16			36			$D_{-4}^{\ 0}$			
	25			45						
	34			54						

注：D 的公差带按设计要求决定。

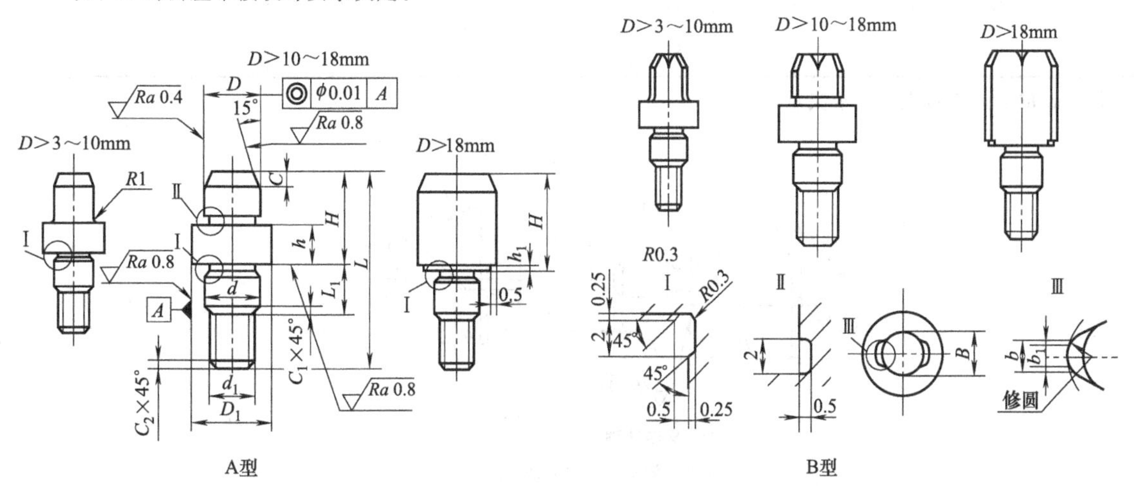

材料及热处理：D⩽18mm，材料 T8，淬火 55～60HRC；D>18mm，渗碳淬火 55～60HRC。

标记示例：D=16mm，公差带为 f7，H=26mm 的 A 型可换定位销：定位销 A16 f7×26 JB/T 8014.3—1999

附图 2-3　可换定位销

附表 2-3 可换定位销的规格及主要尺寸 mm

<table>
<tr><th>D</th><th>H</th><th>d h6</th><th>d1</th><th>D1</th><th>L</th><th>L1</th><th>h</th><th>h1</th><th>B</th><th>b</th><th>b1</th><th>C</th></tr>
<tr><td rowspan="2">>3～6</td><td>8</td><td rowspan="2">6</td><td rowspan="2">M5</td><td rowspan="2">12</td><td>26</td><td rowspan="4">8</td><td>3</td><td rowspan="10"></td><td rowspan="2">$D_{-0.5}^{0}$</td><td rowspan="2">2</td><td rowspan="2">1</td><td rowspan="2">2</td></tr>
<tr><td>14</td><td>32</td><td>7</td></tr>
<tr><td rowspan="2">>6～8</td><td>10</td><td rowspan="2">8</td><td rowspan="2">M6</td><td rowspan="2">14</td><td>28</td><td>3</td><td rowspan="2">D_{-1}^{0}</td><td rowspan="2">3</td><td rowspan="2">2</td><td rowspan="4">3</td></tr>
<tr><td>18</td><td>36</td><td>7</td></tr>
<tr><td rowspan="2">>8～10</td><td>12</td><td rowspan="2">10</td><td rowspan="2">M8</td><td rowspan="2">16</td><td>35</td><td rowspan="2">10</td><td>4</td><td rowspan="9">D_{-2}^{0}</td><td rowspan="9">4</td><td rowspan="15">3</td></tr>
<tr><td>22</td><td>45</td><td>8</td></tr>
<tr><td rowspan="2">>10～14</td><td>14</td><td rowspan="2">12</td><td rowspan="2">M10</td><td rowspan="2">18</td><td>40</td><td rowspan="2">12</td><td>4</td><td rowspan="4">4</td></tr>
<tr><td>24</td><td>50</td><td>9</td></tr>
<tr><td rowspan="2">>14～18</td><td>16</td><td rowspan="2">15</td><td rowspan="2">M12</td><td rowspan="2">22</td><td>46</td><td rowspan="2">14</td><td>5</td></tr>
<tr><td>26</td><td>56</td><td>10</td></tr>
<tr><td rowspan="3">>18～20</td><td>12</td><td rowspan="3">12</td><td rowspan="3">M10</td><td></td><td>40</td><td rowspan="3">12</td><td rowspan="12"></td><td rowspan="3">1</td><td rowspan="9">5</td></tr>
<tr><td>18</td><td></td><td>46</td></tr>
<tr><td>28</td><td></td><td>55</td></tr>
<tr><td rowspan="3">>20～24</td><td>14</td><td rowspan="6">15</td><td rowspan="6">M12</td><td></td><td>45</td><td rowspan="3">14</td><td rowspan="6">2</td><td rowspan="3">D_{-3}^{0}</td><td rowspan="6">5</td></tr>
<tr><td>22</td><td></td><td>53</td></tr>
<tr><td>32</td><td></td><td>63</td></tr>
<tr><td rowspan="3">>24～30</td><td>16</td><td></td><td>50</td><td rowspan="3">16</td><td rowspan="3">D_{-4}^{0}</td></tr>
<tr><td>25</td><td></td><td>60</td></tr>
<tr><td>34</td><td></td><td>68</td></tr>
<tr><td rowspan="3">>30～40</td><td>18</td><td rowspan="3">18</td><td rowspan="3">M16</td><td></td><td>60</td><td rowspan="3">20</td><td rowspan="3">3</td><td rowspan="3">D_{-5}^{0}</td><td rowspan="3">6</td><td rowspan="3">4</td><td rowspan="3">6</td></tr>
<tr><td>30</td><td></td><td>72</td></tr>
<tr><td>38</td><td></td><td>80</td></tr>
</table>

注：D 的公差带按设计要求决定。

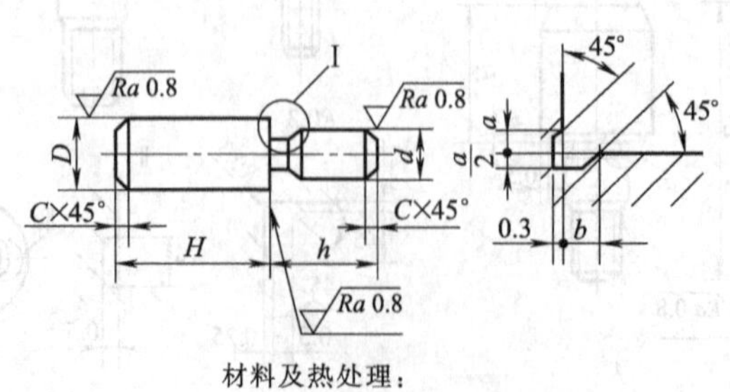

材料及热处理：

45 钢，淬火 38～43HRC。

附图 2-4 阶形定位销

附表 2-4　阶形定位销的规格及主要尺寸　mm

D	8	10	12	16	20	24	D	8	10	12	16	20	24
d n6	6	8		12	16	20	d n6	6	8		12	16	20
h	8	10	12	18	25	30	h	8	10	12	18	25	30
H							H						
10							30						
12							35						
15							40						
18							45						
20							50						
25													

(5) 定位心轴

附图 2-5 和附表 2-5 分别为定位心轴的结构、规格及主要尺寸。

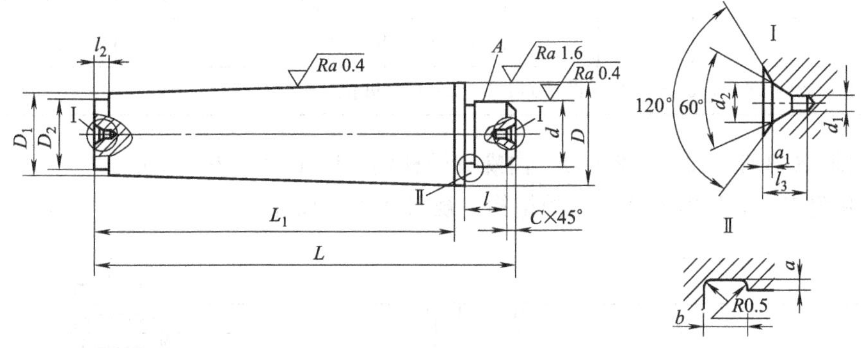

(1) 材料及热处理：

d≤35mm，材料 T8A，55～60HRC

d>35mm，45 钢，43～48HRC

(2) 表面 A 对锥面中心线的径向跳动不大于 0.005mm

(3) 表面发蓝或其他防锈处理

附图 2-5　定位心轴

附表 2-5　定位心轴的规格及主要尺寸　mm

<table>
<tr><th colspan="2">锥度</th><th>d h6</th><th rowspan="2">D</th><th rowspan="2">D_1</th><th rowspan="2">D_2</th><th rowspan="2">L</th><th rowspan="2">l</th><th rowspan="2">L_1</th><th rowspan="2">l_2</th><th rowspan="2">d_1</th><th rowspan="2">d_2</th><th rowspan="2">a_1</th><th rowspan="2">l_3</th><th rowspan="2">C</th><th rowspan="2">b</th><th rowspan="2">a</th></tr>
<tr><th>公制</th><th>莫氏</th><th>基本尺寸</th></tr>
<tr><td></td><td>2</td><td>12</td><td>17.980</td><td>14.583</td><td>14</td><td>81</td><td>10</td><td>68</td><td rowspan="2">4</td><td>2</td><td>5</td><td rowspan="3">0.8</td><td>5.8</td><td>1</td><td rowspan="3">2</td><td rowspan="3">0.5</td></tr>
<tr><td></td><td>3</td><td rowspan="2">20</td><td>24.051</td><td>19.784</td><td>19</td><td>104</td><td rowspan="2">15</td><td>85</td><td rowspan="2">2.5</td><td rowspan="2">6</td><td rowspan="2">6.8</td><td rowspan="2">1.5</td></tr>
<tr><td></td><td>4</td><td>31.542</td><td>25.933</td><td>25</td><td>127</td><td>108</td><td>5</td></tr>
<tr><td></td><td>5</td><td>35</td><td>44.731</td><td>37.573</td><td>35</td><td>160</td><td>20</td><td>136</td><td>6</td><td rowspan="2">3</td><td rowspan="2">7.5</td><td rowspan="2">1</td><td rowspan="2">8.5</td><td rowspan="2">2</td><td>3</td><td rowspan="4">1</td></tr>
<tr><td></td><td>6</td><td>55</td><td>63.760</td><td>53.905</td><td>50</td><td>228</td><td>35</td><td>189</td><td>7</td><td rowspan="3">4</td></tr>
<tr><td>80</td><td></td><td>70</td><td>80.400</td><td>70.200</td><td>65</td><td>252</td><td>45</td><td>204</td><td>8</td><td>4</td><td>10</td><td>1.2</td><td>11.2</td><td>2.5</td></tr>
<tr><td>100</td><td></td><td>85</td><td>100.500</td><td>88.400</td><td>85</td><td>305</td><td>60</td><td>242</td><td>10</td><td>5</td><td>12.5</td><td>1.5</td><td>14</td><td>3</td></tr>
</table>

(6) 圆锥销 (GB/T 117—2000)、内螺纹圆锥销 (GB/T 118—2000)

附图 2-6 和附表 2-6 分别为圆锥销的结构、规格及主要尺寸。

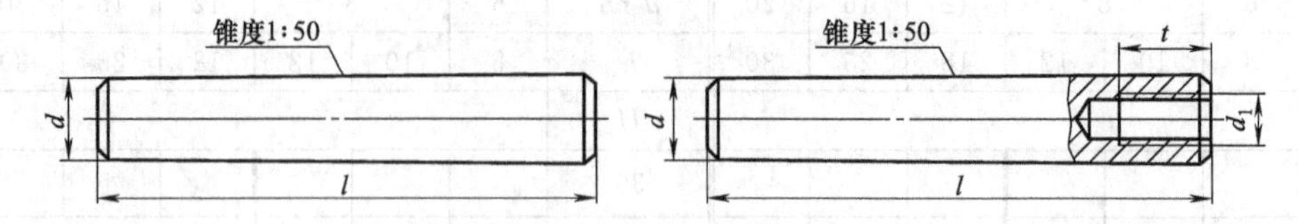

标记示例：d=6mm，公称长度 l=30mm，材料 35 钢，热处理硬度 28～38HRC，
表面氧化处理 A 型圆锥销或内螺纹圆锥销：销 GB/T 117 或 GB/T 118 6×30

附图 2-6 圆锥销

附表 2-6 圆锥销的规格及主要尺寸 mm

d h10		2	3	4	5	6	8	10	12	16	20
d_1	GB 118	—	—	—	—	M4	M5	M6	M8	M10	M12
t	GB 118	—	—	—	—	6	8	10	12	16	18
l	GB 117	10～35	12～45	14～45	18～60	22～90	22～120	26～160	32～180	40～200	45～200
	GB 118	—	—	—	—	16～60	18～80	22～100	26～120	32～160	40～200
l 系列		10～32(2 进位),35～100(5 进位),100～200(20 进位)									

(7) 圆柱销 (GB/T 119.2—2000)、内螺纹圆柱销 GB/T 120.2—2000)

附图 2-7 和附表 2-7 分别为圆柱销的结构、规格及主要尺寸。

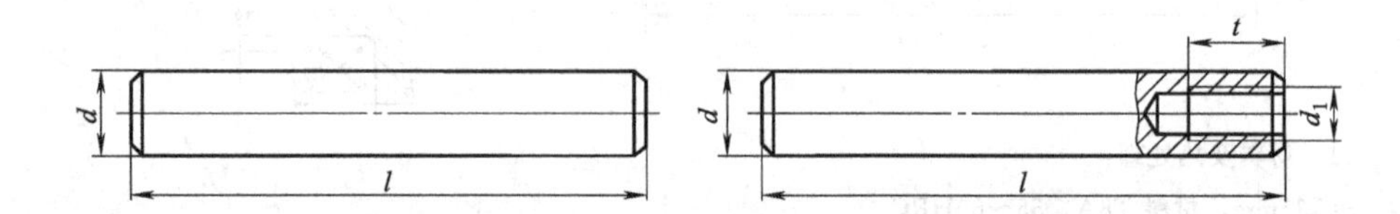

标记示例：d=6mm，公差 m6，公称长度 l=30mm，材料为钢，
普通淬火 (A 型)，表面氧化处理的圆柱销或内螺纹圆柱销：
销 GB/T 119.2 或 GB/T 120.2 6×30-A

附图 2-7 圆柱销

附表 2-7 圆柱销的规格及主要尺寸 mm

d m6/h8		2	3	4	5	6	8	10	12	16	20
d_1	GB 120	—	—	—	—	M4	M5	M6	M6	M8	M10
t	GB 120	—	—	—	—	6	8	10	12	16	18
l	GB 119	6～20	8～30	8～40	10～50	12～60	14～80	18～95	22～140	26～180	35～200
	GB 120	—	—	—	—	16～60	18～80	22～100	26～120	32～160	40～200
l 系列		16～32(2 进位),35～100(5 进位),100～200(20 进位)									

(8) 销轴 (GB/T 882－2000)

附图 2-8 和附表 2-8 分别为销轴的结构、规格及主要尺寸。

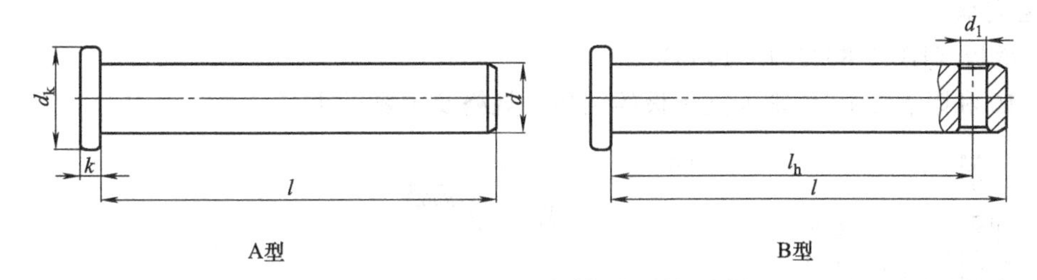

标记示例：d=10mm，公称长度 l=50mm，材料 35 钢，热处理硬度 28～38HRC，表面氧化处理 A 型销轴：销轴 GB/T 882　10×50

附图 2-8　销轴

附表 2-8　销轴的规格及主要尺寸　　mm

d h11	3	4	5	6	8	10	12	14	16	18	20	22	25
d_k	5	6	8	10	12	14	16	18	20	22	25	28	32
k	1.5		2		2.5		3		3.5		4		5
d_1	1.6		2		3.2		4			5			6.3
l	6～22	6～30	8～40	12～60	12～80	14～120	20～120	20～120	20～140	24～140	24～160	24～160	40～180
l_h	l—2	l—3			l—4		l—5				l—6		
l 系列	6～32(2 进位),35～100(5 进位),100～180(20 进位)												

(9) 开口销 (GB/T 91—2000)

附图 2-9 和附表 2-9 分别为开口销的结构、规格及主要尺寸。

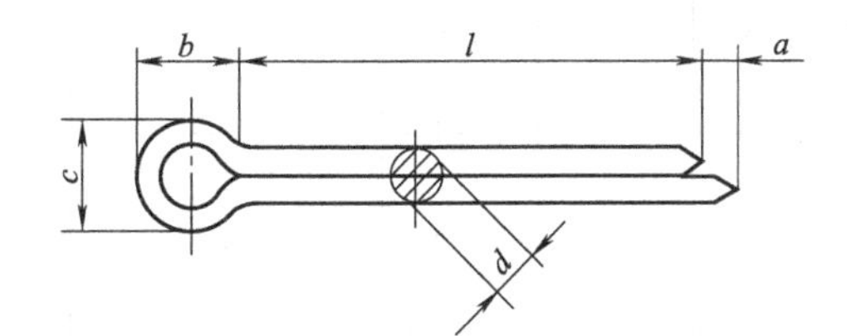

标记示例：

公称规格 5mm，公称长度 l=50mm，材料 Q215或Q235，不经表面氧化处理的开口销：

销5×50 GB/T 91

附图 2-9　开口销

附表 2-9　开口销的规格及主要尺寸　　mm

公称规格	1	1.2	1.6	2	2.5	3.2	4	5	6.3	8	10
d max	0.9	1.0	1.4	1.8	2.3	2.9	3.7	4.6	5.9	7.5	9.5
a max	1.6	2.5	2.5	2.5	2.5	3.2	4	4	4	4	6.3
b	3	3	3.2	4	5	6.4	8	10	12.6	16	20
c max	1.8	2	2.8	3.6	4.6	5.8	7.4	9.2	11.8	15	19
l	6～20	8～25	8～32	10～40	12～50	14～63	18～80	22～100	32～125	40～160	45～200
l 系列	6～22(2 进位),25,28～40(4 进位),45,50,56,63,71,80～100(10 进位),112,125,140～200(20 进位)										

2. 固定支承

(1) 支承板 (JB/T 8029.1—1999)

附图 2-10 和附表 2-10 分别为支承板的结构、规格及主要尺寸。

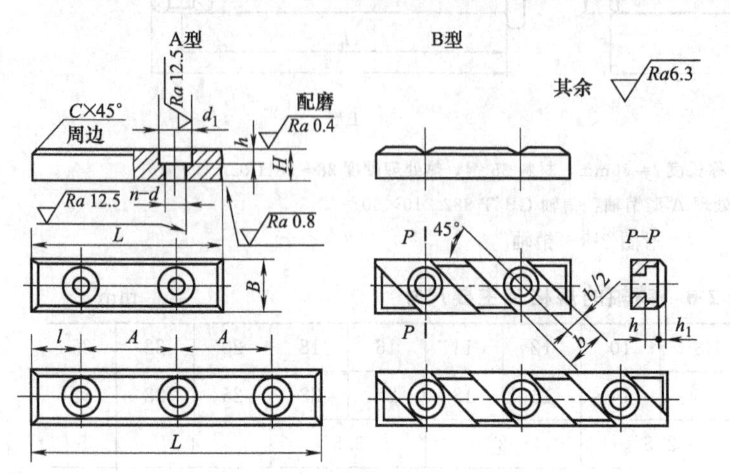

附图 2-10 支承板

附表 2-10 支承板的规格及主要尺寸 mm

H	L	B	b	l	A	d	d_1	h	h_1	C	孔数 n
6	30	12		7.5	15	4.5	8.5	3		0.5	2
	45										3
8	40	14		10	20	5.5	10	3.5			2
	60										3
10	60	16	14	15	30	6.6	12	4.5	1.5	1	2
	90										3
12	80	20	17	20	40	9	15	6			2
	120										3
16	100	25			60						2
	160										3
20	120	32	20	30		11	18	7	2.5	1.5	2
	180										3
25	140	40			80						2
	220										3

(2) 支承钉 (JB/T 8029.2—1999)

附图 2-11 和附表 2-11 分别为支承钉的结构、规格及主要尺寸。

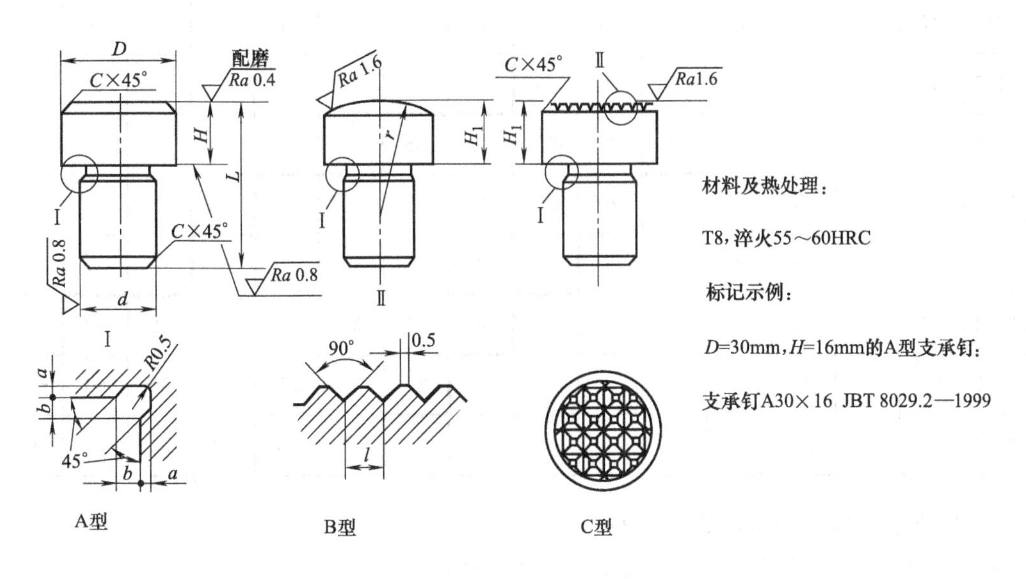

附图 2-11　支承钉

附表 2-11　支承钉的规格及主要尺寸　mm

D	H	H_1 h11	L	d r6	r	D	H	H_1 h11	L	d r6	r
6	3	3	8	4	6	20	10	10	25	12	20
	6	6	11				20	20	35		
8	4	4	12	6	8	25	12	12	32	16	25
	8	8	16				25	25	45		
12	6	6	16	8	12	30	16	16	42	20	32
	12	12	22				30	30	55		
16	8	8	20	10	16	40	20	20	50	24	40
	16	16	28				40	40	70		

3. 调节支承

(1) 六角头支承 (JB/T 8026.1—1999)

附图 2-12 和附表 2-12 分别为六角头支承的结构、规格及主要尺寸。

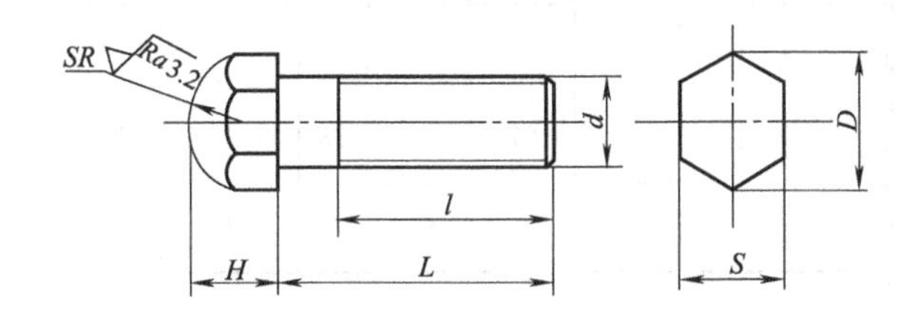

材料及热处理：45钢，L≤50mm，全部40～50HRC；

L>50mm，头部40～50HRC

标记示例：d=M20，L=70mm的六角头支承：

支承M20×70 JB/T 8026.1—1999

附图 2-12　六角头支承

附表 2-12　六角头支承的规格及主要尺寸　　mm

d	D	H	SR	S	L	20	25	30	35	40	45	50	60	70	80	90
M6	11.5	8	5	10	l	15	20	25								
M8	13.8	10		12		15	20	25	30	35						
M10	16.2	12		14			20	25	30	35	35	40				
M12	19.6	14		17				25	30	35	35	40	45			
M16	25.4	16		22					30	35	35	40	45	50	60	
M20	31.2	20	12	27						30	35	35	40	50	60	60
M24	36.9	24		32							30	35	40	50	55	60

（2）顶压支承（JB/T 8026.2—1999）

附图 2-13 和附表 2-13 分别为顶压支承的结构、规格及主要尺寸。

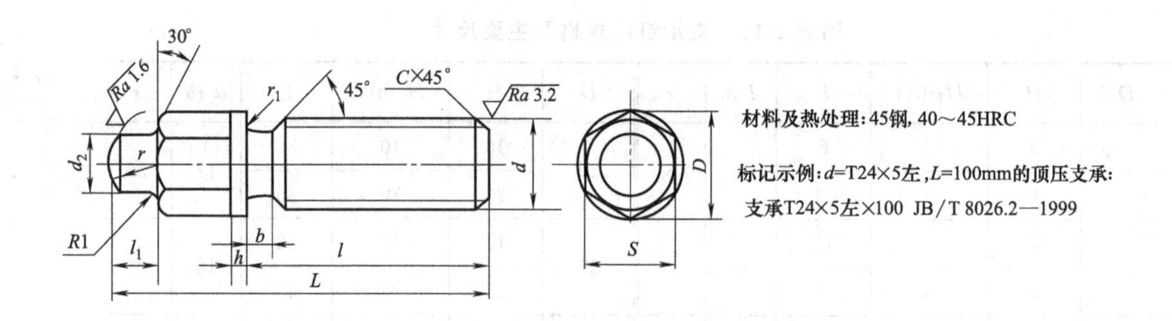

附图 2-13　顶压支承

附表 2-13　顶压支承的规格及主要尺寸　　mm

d	D	L	S	l	l_1	d_2	h	r	d	D	L	S	l	l_1	d_2	h	r
T16×4左	16.2	55	14	30	8	10	3	10	T24×5左	25.4	85	22	50	12	16	4	16
		65		40							100		65				
		80		55							120		85				
T20×4左	19.6	70	17	40	10	12		12	T30×6左	31.5	100	27	65	15	20	5	20
		85		55							120		75				
		100		70							140		95				

（3）圆柱头调节支承（JB/T 8026.3—1999）

附图 2-14 和附表 2-14 分别为圆柱头调节支承的结构、规格及主要尺寸。

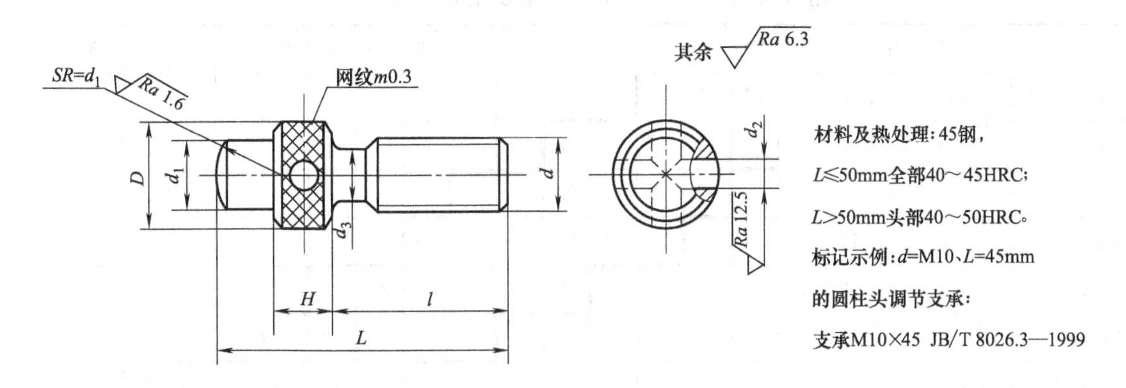

附图 2-14　圆柱头调节支承

附表 2-14　圆柱头调节支承的规格及主要尺寸　mm

d	D(滚花前)	d_1	d_2	d_3	H	L	25	30	35	40	45	50	60	70	80	90	100	110	120
M5	10	5		3.7			15	20	25	30	35								
M6	12	6	3	4.4	6			20	25	30	35	40							
M8	14	8		6					25	30	35	40	50						
M10	16	10	4	7.7	8	l				25	30	35	45	55					
M12	18	12	5	9.4	10							30	40	50	60				
M16	22	16	6	13	12									45	55	65	75		
M20	28	20	8	16.4	14										50	60	70	80	90

(4) 调节支承（JB/T 8026.4—1999）

附图 2-15 和附表 2-15 分别为调节支承的结构、规格及主要尺寸。

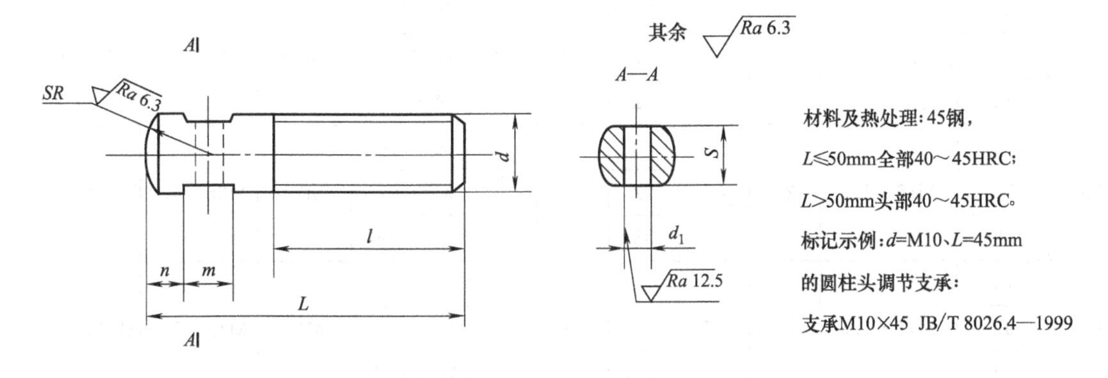

附图 2-15　调节支承

附表 2-15　调节支承的规格及主要尺寸　　　　mm

d	n	m	S	d_1	SR	L	20	25	30	35	40	45	50	60	70	80	100	120	140	160	180
M5	2	4	3.2	2	5		10	12	16												
M6	3		4	2.5	6		10	12	16	18	18										
M8		5	5.5	3	8			12	16	18	20	25	30								
M10	4	8	8	3.5	10				14	16	20	25	30	30							
M12	5		10	4	12	l					18	20	25	30	35	35					
M16	6	10	13	5	16								25	30	40	50	50				
M20	8	12	16		20										35	45	50	50	80	80	
M24	10	14	18		24											40	60	60	90	90	90
M30	12	16	27		30												50	70	100	100	100

(5) 螺纹调节支承

附图 2-16 和附表 2-16 分别为螺纹调节支承的结构、规格及主要尺寸。

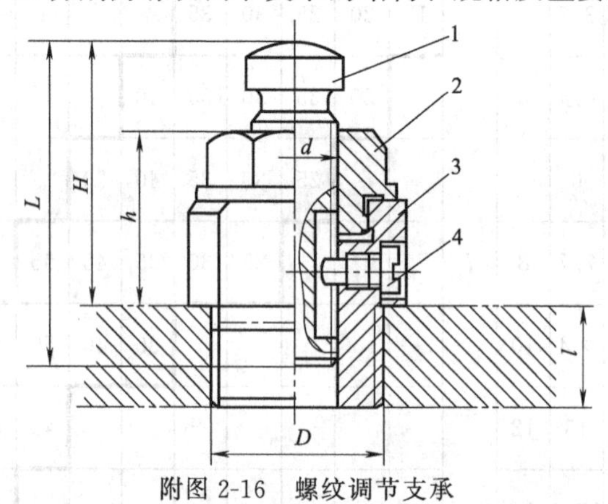

附图 2-16　螺纹调节支承

附表 2-16　螺纹调节支承的规格及主要尺寸　　　　mm

主要尺寸							件号	1	2	3	4
d	L	D	l	H min	H max	h	名称	支承	螺母	壳体	螺钉
							数量	1	1	1	1
M16	55	M30×1.5	17	40	52	30	尺寸	M16×55	M16	M30×1.5	M6×10
	65				62			M16×65			
	75				72			M16×75			
M20	65	M36×1.5	22	47	62	35		M20×65	M20	M36×1.5	M6×12
	75				72			M20×75			
	90				88			M20×90			
M24	75	M42×1.5	25	55	75	41		M24×75	M24	M42×1.5	M6×15
	90				88			M24×70			
	110				108			M24×110			

4. V 形块

(1) V 形块 (JB/T 8018.1—1999)

附图 2-17 和附表 2-17 分别为 V 形块的结构、规格及主要尺寸。

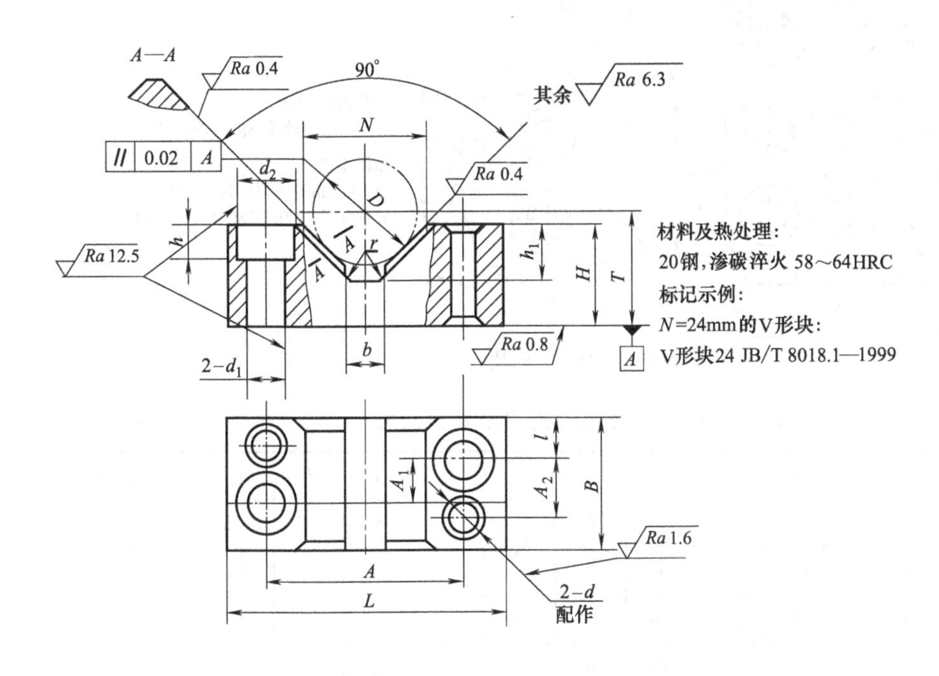

附图 2-17　V 形块

附表 2-17　V 形块的规格及主要尺寸　mm

<table>
<tr><th>N</th><th>D</th><th>L</th><th>B</th><th>H</th><th>A</th><th>A_1</th><th>A_2</th><th>b</th><th>l</th><th>d H7</th><th>d_1</th><th>d_2</th><th>h</th><th>h_1</th></tr>
<tr><td>9</td><td>5～10</td><td>32</td><td>16</td><td>10</td><td>20</td><td>5</td><td>7</td><td>2</td><td>5.5</td><td rowspan="2">4</td><td>4.5</td><td>8.5</td><td>4</td><td>5</td></tr>
<tr><td>14</td><td>>10～15</td><td>38</td><td>20</td><td>12</td><td>26</td><td>6</td><td>9</td><td>4</td><td>7</td><td>5.5</td><td>10</td><td>5</td><td>7</td></tr>
<tr><td>18</td><td>>15～20</td><td>46</td><td rowspan="2">25</td><td>16</td><td>32</td><td rowspan="2">9</td><td rowspan="2">12</td><td>6</td><td rowspan="2">8</td><td rowspan="2">5</td><td rowspan="2">6.6</td><td rowspan="2">12</td><td rowspan="2">6</td><td>9</td></tr>
<tr><td>24</td><td>>20～25</td><td>55</td><td>20</td><td>40</td><td>8</td><td>11</td></tr>
<tr><td>32</td><td>>25～35</td><td>70</td><td>32</td><td>25</td><td>50</td><td>12</td><td>15</td><td>12</td><td>10</td><td>6</td><td>9</td><td>15</td><td>8</td><td>14</td></tr>
<tr><td>42</td><td>>35～45</td><td>85</td><td rowspan="2">40</td><td>32</td><td>64</td><td rowspan="2">16</td><td rowspan="2">19</td><td>16</td><td rowspan="2">12</td><td rowspan="2">8</td><td rowspan="2">11</td><td rowspan="2">18</td><td rowspan="2">10</td><td>18</td></tr>
<tr><td>55</td><td>>45～60</td><td>100</td><td>35</td><td>76</td><td>20</td><td>22</td></tr>
<tr><td>70</td><td>>60～80</td><td>125</td><td rowspan="2">50</td><td>42</td><td>96</td><td rowspan="2">20</td><td rowspan="2">25</td><td>30</td><td rowspan="2">15</td><td rowspan="2">10</td><td rowspan="2">14</td><td rowspan="2">22</td><td rowspan="2">12</td><td>25</td></tr>
<tr><td>85</td><td>>80～100</td><td>140</td><td>50</td><td>110</td><td>40</td><td>30</td></tr>
</table>

注：尺寸 T 按公式计算：$T=H+0.707D-0.5N$。

(2) 固定 V 形块 (JB/T 8018.2—1999)

附图 2-18 和附表 2-18 分别为固定 V 形块的结构、规格及主要尺寸。

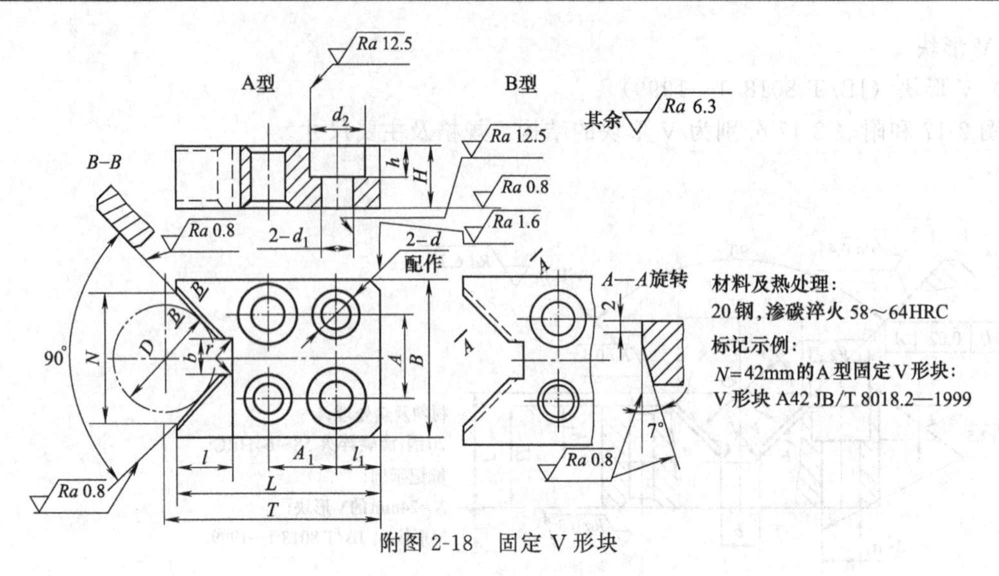

附图 2-18　固定 V 形块

附表 2-18　固定 V 形块的规格及主要尺寸　　　　mm

N	D	B	H	L	l	l_1	A	A_1	d H7	d_1	d_2	h	b
9	5～10	22	10	32	5	6	10	13	4	4.5	8.5	4	2
14	＞10～15	24	12	35	7	7		14	5	5.5	10	5	4
18	＞15～20	28	14	40	10	8	12			6.6	12	6	6
24	＞20～25	34	16	45	12	8	15	15	6				8
32	＞25～35	42		55	16	12	20	18	8	9	15	8	10
42	＞35～45	52	20	68	20	14	26	22	10	11	18	10	12
55	＞45～60	65		80	25	15	35	28					16
70	＞60～80	80	25	90	32	18	45	35	12	14	22	12	20

注：尺寸 T 按公式计算：$T=L+0.707D-0.5N$。

（3）活动 V 形块（JB/T 8018.4—1999）

附图 2-19 和附表 2-19 分别为活动 V 形块的结构、规格及主要尺寸。

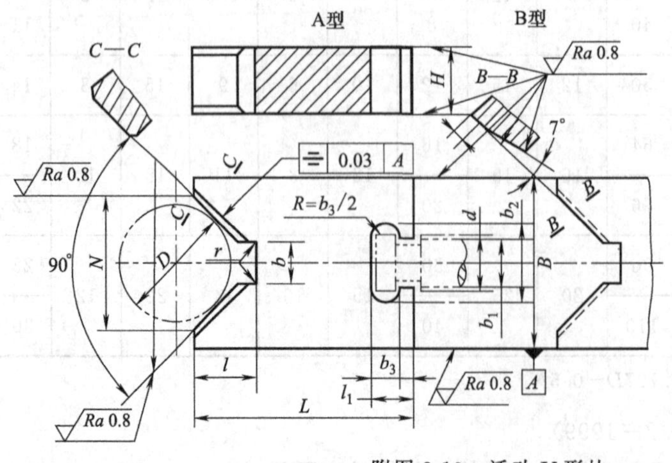

附图 2-19　活动 V 形块

附表 2-19 活动 V 形块的规格及主要尺寸 mm

N	D	B f7	H f9	L	l	l_1	b	b_1	b_2	b_3	r	相配件 d
9	5～10	18	10	32	5	22	2	5	10	4	0.5	M6
14	>10～15	20	12	35	7		4	6.5	12	5		M8
18	>15～20	25	14	40	10	26	6	8	15	6		M10
24	>20～25	34	16	45	12	28	8	10	18	8	1	M12
32	>25～35	42		55	16	32	10	13	24	10		M16
42	>35～45	52	20	70	20	40	12				1.5	
55	>45～60	65		85	25	46	16	17	28	11		M20
70	>60～80	80	25	105	32	60	20					

附录三 导 向 件

1. 钻套

钻套可分为固定钻套、可换钻套及快换钻套三种。后两种钻套应与固定衬套配合使用。

(1) 固定钻套（JB/T 8045.1—1999）

附图 3-1 和附表 3-1 分别为固定钻套的结构、规格及主要尺寸。

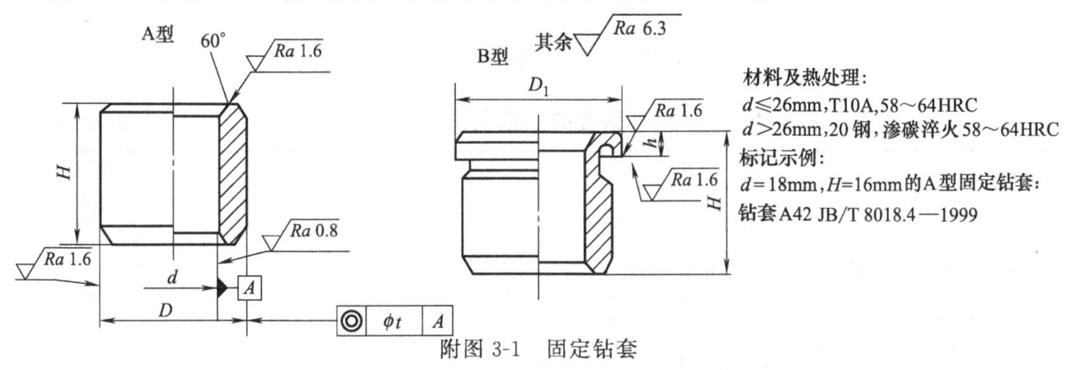

附图 3-1 固定钻套

附表 3-1 固定钻套的规格及主要尺寸 mm

d F7	D n6	D_1	H			h	t	d F7	D n6	D_1	H			h	t
>1.8～2.6	5	8	6	9		2	0.008	>10～12	18	22	12	20	25	4	0.008
>2.6～3	6	9	8	12	16	2.5		>12～15	22	26	16	28	36		
>3～3.3								>15～18	26	30					0.012
>3.3～4	7	10						>18～22	30	34	20	36	45	5	
>4～5	8	11						>22～26	35	39					
>5～6	10	13	10	16	20	3		>26～30	42	46	25	45	56		
>6～8	12	15						>30～35	48	52					
>8～10	15	18	12	20	25			>35～42	55	59	30	56	67		

（2）可换钻套（GB/T 8045.2—1999）

附图 3-2 和附表 3-2 分别为可换钻套的结构、规格及主要尺寸。

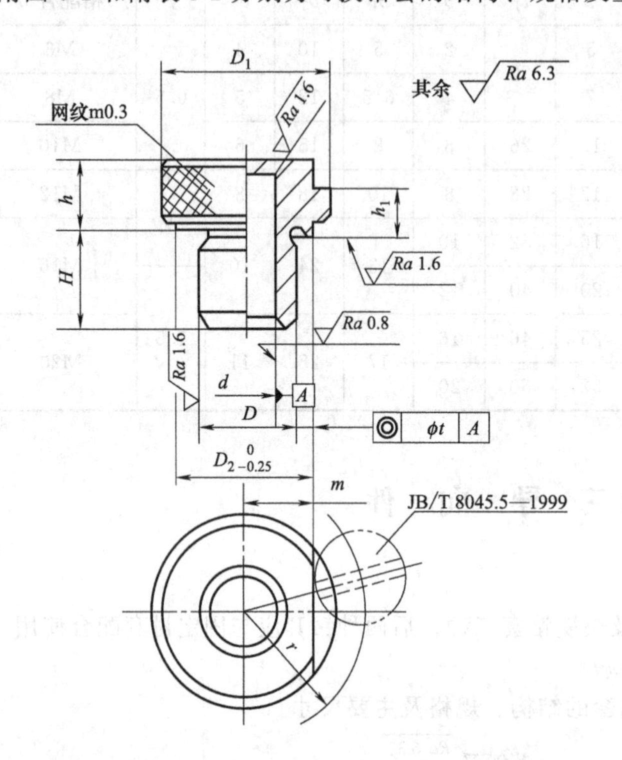

材料：d≤26mm T10A

d>26mm，20

热处理：T10A 58～64HRC

20渗碳深度0.8～1.2mm

58～64HRC

标记示例：

d=12mm，公差带为F7，

D=18mm，公差带为K6，

H=16mm的可换钻套：

钻套　127F7×18K6×16

JB/T 8045.2—1999

附图 3-2　可换钻套

附表 3-2　可换钻套的规格及主要尺寸　　　　mm

d F7	D m6/k6	D_1	D_2	H			h	h_1	r	m	t	配用螺钉
>0～3	8	15		10	16	12	8	3	11.5	4.2	0.008	M5
>3～4												
>4～6	10	18	15	12	20	25			13	5.5		
>6～8	12	22	18				10	4	16	7		M6
>8～10	15	26	22	16	28	36			18	9		
>10～12	18	30	26						20	11		
>12～15	22	34	30	20	36	45	12	5.5	23.5	12		M8
>15～18	26	39	35						26	14.5	0.012	
>18～22	30	46	42	25	45	58			29.5	18		
>22～26	35	52	46						32.5	21		
>26～30	42	59	53	30	56	67			36	24.5		
>30～35	48	66	60				16	7	41	29		M10

注：当作铰（扩）套时，d 的公差带推荐：铰 H7 孔时，取 F7；铰 H9 孔时，取 E7。铰（扩）其他精度孔时，公差带由设计决定。

(3) 快换钻套(GB/T 8045.3—1999)

附图 3-3 和附表 3-3 分别为快换钻套的结构、规格及主要尺寸。

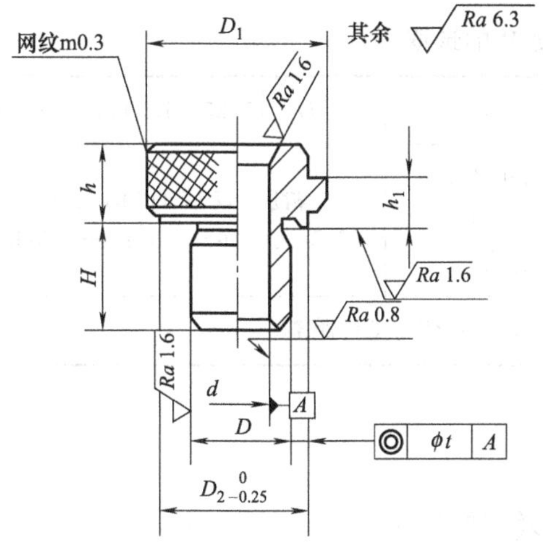

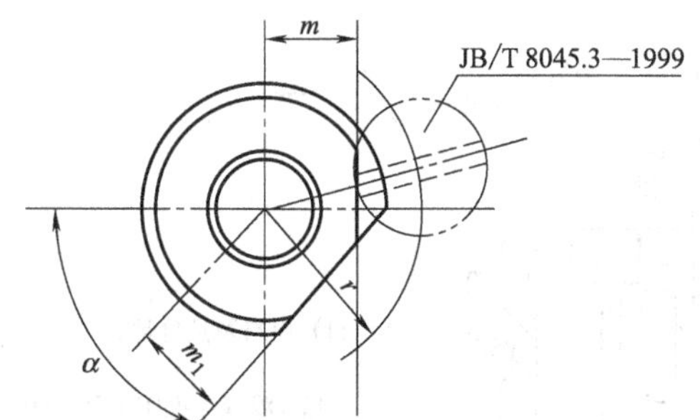

材料:$d \leqslant 26$mm,T10A

$d > 26$mm,20

热处理:T10A 58～64HRC

20渗碳深度0.8～1.2mm

58～64HRC

标记示例:

d=12mm,公差带为F7

D=18mm,公差带为K6

H=16mm的快换钻套:

钻套 127F7×18K6×16 JB/T8045.3—1999

附图 3-3 快换钻套

附表 3-3 快换钻套的规格及主要尺寸 mm

<table>
<tr><th>d F7</th><th>D m6/k6</th><th>D1</th><th>D2</th><th colspan="3">H</th><th>h</th><th>h1</th><th>r</th><th>m</th><th>m1</th><th>t</th><th>配用螺钉</th></tr>
<tr><td>＞0～3</td><td rowspan="2">8</td><td rowspan="2">15</td><td rowspan="2"></td><td rowspan="2">10</td><td rowspan="2">16</td><td rowspan="2">12</td><td rowspan="3">8</td><td rowspan="3">3</td><td rowspan="2">11.5</td><td rowspan="2">4.2</td><td rowspan="2">4.2</td><td rowspan="7">0.008</td><td rowspan="3">M5</td></tr>
<tr><td>＞3～4</td></tr>
<tr><td>＞4～6</td><td>10</td><td>18</td><td>15</td><td rowspan="2">12</td><td rowspan="2">20</td><td rowspan="2">25</td><td>13</td><td>5.5</td><td>5.5</td></tr>
<tr><td>＞6～8</td><td>12</td><td>22</td><td>18</td><td rowspan="3">10</td><td rowspan="3">4</td><td>16</td><td>7</td><td>7</td><td rowspan="3">M6</td></tr>
<tr><td>＞8～10</td><td>15</td><td>26</td><td>22</td><td rowspan="2">16</td><td rowspan="2">28</td><td rowspan="2">36</td><td>18</td><td>9</td><td>9</td></tr>
<tr><td>＞10～12</td><td>18</td><td>30</td><td>26</td><td>20</td><td>11</td><td>11</td></tr>
<tr><td>＞12～15</td><td>22</td><td>34</td><td>30</td><td rowspan="2">20</td><td rowspan="2">36</td><td rowspan="2">45</td><td rowspan="5">12</td><td rowspan="5">5.5</td><td>23.5</td><td>12</td><td>12</td><td rowspan="5">M8</td></tr>
<tr><td>＞15～18</td><td>26</td><td>39</td><td>35</td><td>26</td><td>14.5</td><td>14.5</td><td rowspan="5">0.012</td></tr>
<tr><td>＞18～22</td><td>30</td><td>46</td><td>42</td><td rowspan="2">25</td><td rowspan="2">45</td><td rowspan="2">58</td><td>29.5</td><td>18</td><td>18</td></tr>
<tr><td>＞22～26</td><td>35</td><td>52</td><td>46</td><td>32.5</td><td>21</td><td>21</td></tr>
<tr><td>＞26～30</td><td>42</td><td>59</td><td>53</td><td rowspan="2">30</td><td rowspan="2">56</td><td rowspan="2">67</td><td>36</td><td>24.5</td><td>25</td></tr>
<tr><td>＞30～35</td><td>48</td><td>66</td><td>60</td><td>16</td><td>7</td><td>41</td><td>27</td><td>28</td><td>M10</td></tr>
</table>

注:当作铰(扩)套时,d 的公差带推荐:铰 H7 孔时,取 F7;铰 H9 孔时,取 E7。铰(扩)其他精度孔时,公差带由设计决定。

(4) 钻套高度 H

附表 3-4 为钻套高度 H 的选取。

附表 3-4 钻套高度 H 的选取

H	$H=(2.5\sim2)d$	$H=(2.5\sim3.5)d$	$H=(1.25\sim1.5)(h+L)$
用途	一般螺钉孔、销钉孔或孔距公差 $\delta_L>\pm0.1\sim\pm0.15$mm 的孔	精度 H6 或 H7 的孔径 $d>\phi12$mm 或 $\delta_L>\pm0.1\sim\pm0.15$mm 的孔	精度 H7 或 H8 的孔或 $\delta_L>\pm0.06\sim\pm0.10$mm 的孔
δ_L—孔距公差，d—孔径，L—孔深，h—钻套与工件距离			

2. 镗套（JB/T 8046.1—1999）

(1) 镗套

附图 3-4 和附表 3-5 分别为镗套的结构、规格及主要尺寸。

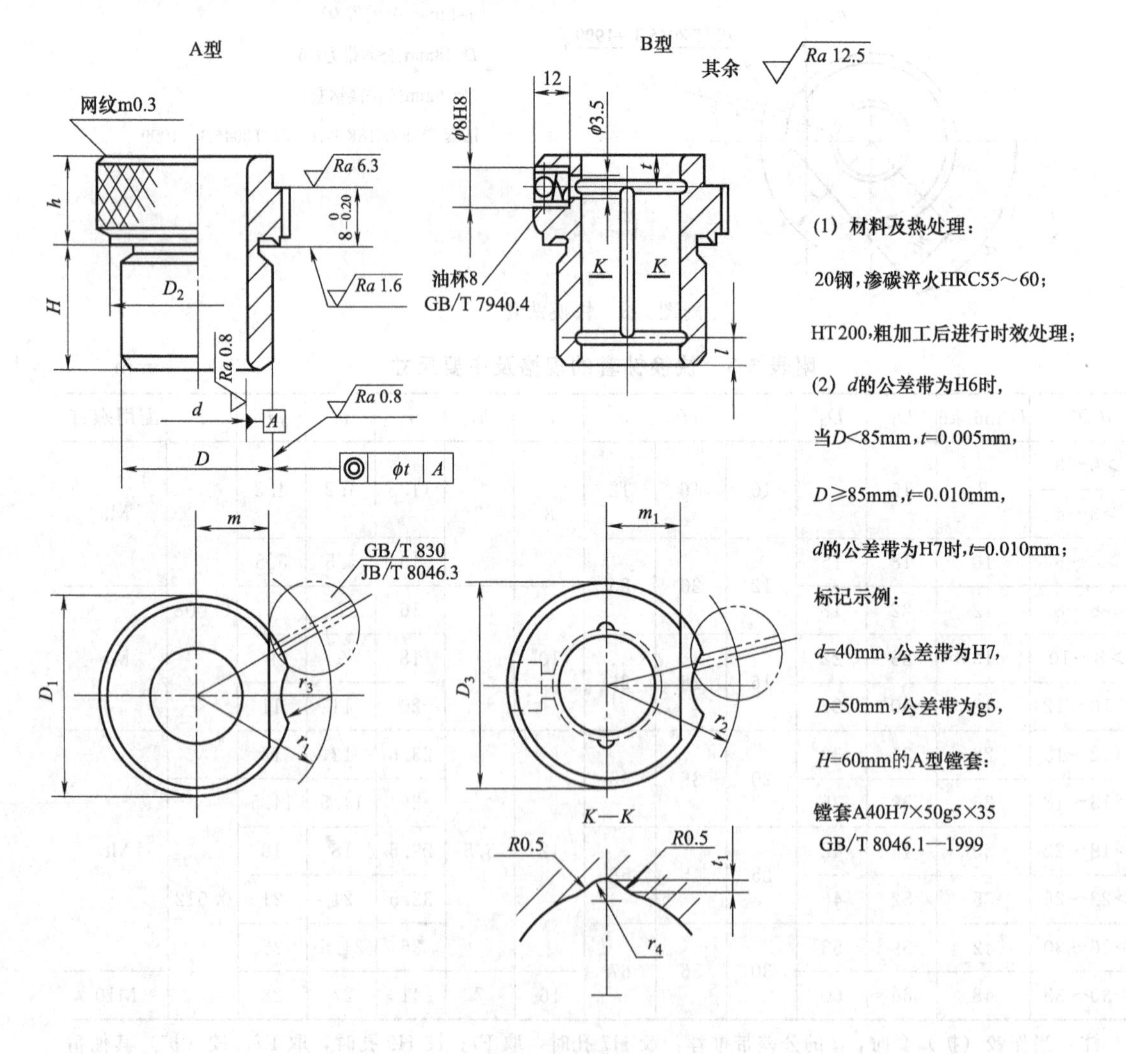

附图 3-4 镗套

附表 3-5　镗套的规格及主要尺寸　mm

<table>
<tr><td>d
H6/H7</td><td>20</td><td>22</td><td>25</td><td>28</td><td>32</td><td>35</td><td>40</td><td>45</td><td>50</td><td>55</td><td>60</td><td>70</td><td>80</td><td>90</td><td>100</td></tr>
<tr><td>D
g5/g6</td><td>25</td><td>28</td><td>32</td><td>35</td><td>40</td><td>45</td><td>50</td><td>55</td><td>60</td><td>65</td><td>75</td><td>85</td><td>100</td><td>110</td><td>120</td></tr>
<tr><td rowspan="3">H</td><td colspan="2">20</td><td colspan="2">25</td><td colspan="4">35</td><td colspan="3">45</td><td colspan="2">60</td><td colspan="2">80</td></tr>
<tr><td colspan="2">25</td><td colspan="2">35</td><td colspan="4">45</td><td colspan="3">60</td><td colspan="2">80</td><td colspan="2">100</td></tr>
<tr><td colspan="2">35</td><td colspan="2">45</td><td colspan="2">55</td><td colspan="2">60</td><td colspan="3">80</td><td colspan="2">100</td><td colspan="2">125</td></tr>
<tr><td>l</td><td colspan="3">—</td><td colspan="3">6</td><td colspan="9">8</td></tr>
<tr><td>D_1 滚花前</td><td>34</td><td>38</td><td>42</td><td>46</td><td>52</td><td>56</td><td>62</td><td>70</td><td>75</td><td>80</td><td>90</td><td>105</td><td>120</td><td>130</td><td>140</td></tr>
<tr><td>D_2</td><td>32</td><td>36</td><td>40</td><td>44</td><td>50</td><td>54</td><td>60</td><td>65</td><td>70</td><td>75</td><td>85</td><td>100</td><td>115</td><td>125</td><td>135</td></tr>
<tr><td>D_3 滚花前</td><td colspan="3">—</td><td>56</td><td>60</td><td>65</td><td>70</td><td>75</td><td>80</td><td>85</td><td>90</td><td>105</td><td>120</td><td>130</td><td>140</td></tr>
<tr><td>h</td><td colspan="6">15</td><td colspan="9">18</td></tr>
<tr><td>m</td><td>13</td><td>15</td><td>17</td><td>18</td><td>21</td><td>23</td><td>26</td><td>30</td><td>32</td><td>35</td><td rowspan="2">40</td><td rowspan="2">47</td><td rowspan="2">54</td><td rowspan="2">58</td><td rowspan="2">65</td></tr>
<tr><td>m_1</td><td colspan="3">—</td><td>23</td><td>25</td><td>28</td><td>30</td><td>33</td><td>35</td><td>35</td></tr>
<tr><td>r_1</td><td>22.5</td><td>24.5</td><td>26.5</td><td>30</td><td>33</td><td>35</td><td>38</td><td>43.5</td><td>46</td><td>48.5</td><td rowspan="2">53.5</td><td rowspan="2">61</td><td rowspan="2">68.5</td><td rowspan="2">75.5</td><td rowspan="2">81</td></tr>
<tr><td>r_2</td><td colspan="3">—</td><td>35</td><td>37</td><td>39.5</td><td>42</td><td>46</td><td>48.5</td><td>51</td></tr>
<tr><td>r_3</td><td colspan="3">9</td><td colspan="4">11</td><td colspan="6">12.5</td><td colspan="2">16</td></tr>
<tr><td>r_4</td><td colspan="3">—</td><td colspan="8">2</td><td colspan="4">2.5</td></tr>
<tr><td>t_1</td><td colspan="3">—</td><td colspan="8">1.5</td><td colspan="4">2</td></tr>
<tr><td>配用螺钉</td><td colspan="3">M8×8
GB/T 830</td><td colspan="4">M10×8
GB/T 830</td><td colspan="6">M12×8
JB/T 8046.3</td><td colspan="2">M16×8
JB/T 8046.3</td></tr>
</table>

注：1. d 或 D 的公差带，d 与镗杆外径或 D 与衬套内径的配合间隙也可由设计确定。

2. 当 d 的公差带为 H7 时，d 孔表面的粗糙度为 $Ra0.8$。

（2）回转镗套

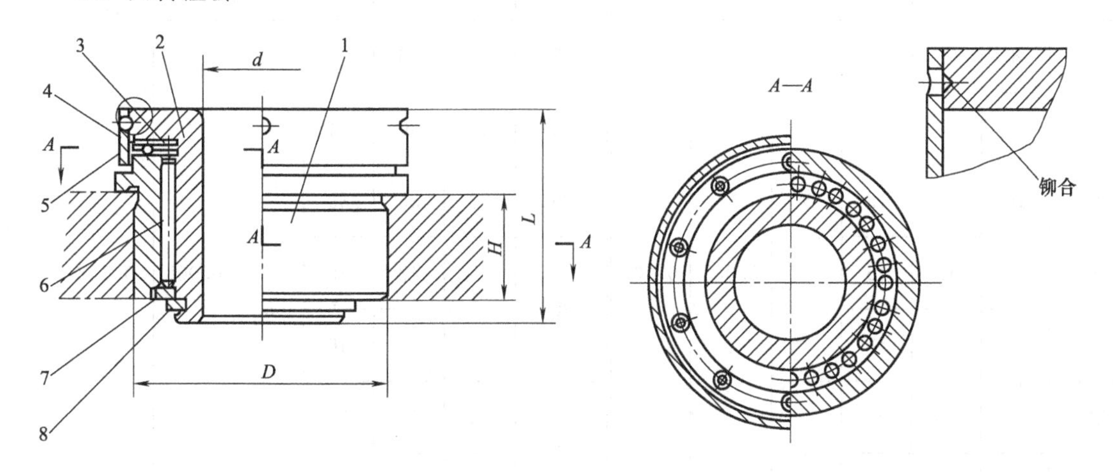

附图 3-5　回转镗套

1—衬套；2—导套；3—隔离环；4—钢球；5—环；6—滚针；7—挡环；8—卡环

技术要求：① D 对 d 的径向跳动不大于 0.015mm；

② 滚针的装配径向间隙不大于 0.015mm，轴向间隙不大于 0.2～0.5mm。

附图 3-5 和附表 3-6 分别为回转镗套的结构、规格及主要尺寸。

附表 3-6　回转镗套的规格及主要尺寸　　mm

d H7	10	12	16	20	25	32	40	50	60	75
D r6	30	35	40	45	50	58	65	75	85	104
L	28		31.5	35.5	46		50	55	65	80
H	12		15	18	25		30	35	45	55

3. 衬套

(1) 定位衬套（JB/T 8013.1—1999）

附图 3-6 和附表 3-7 分别为定位衬套的结构、规格及主要尺寸。

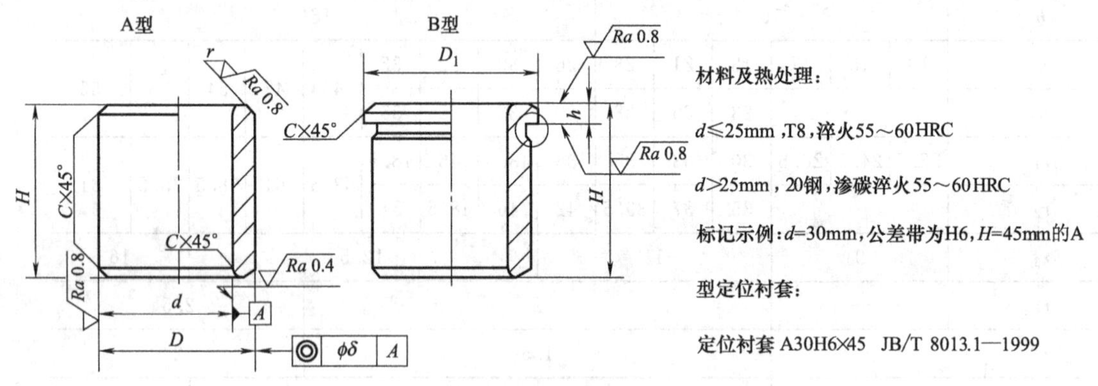

附图 3-6　定位衬套

附表 3-7　定位衬套的规格及主要尺寸　　mm

d H6/H7	H	D n6	D_1	h	δ 用于H6	δ 用于H7	d H6/H7	H	D n6	D_1	h	δ 用于H6	δ 用于H7
3	8	8	11	3	0.005	0.008	18	16	26	30	4	0.008	0.012
4	10						22	20	30	34	5		
6		10	13				26	20	35	39			
8		12	15				30	25	42	46			
10	12	15	18					45	42	46			
12		18	22	4			35	25	48	52			
15	16	22	26					45	48	52			

(2) 钻套用衬套 (JB/T 8045.4—1999)

附图 3-7 和附表 3-8 分别为钻套用衬套的结构、规格及主要尺寸。

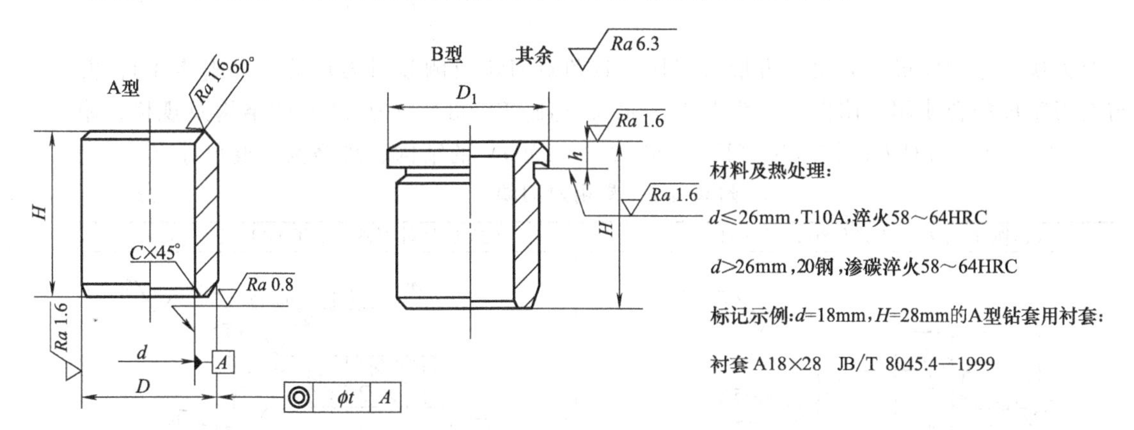

附图 3-7 钻套用衬套

附表 3-8 钻套用衬套的规格及主要尺寸 mm

<table>
<tr><th>d F7</th><th>D n6</th><th>D_1</th><th colspan="3">H</th><th>h</th><th>t</th><th>d F7</th><th>D n6</th><th>D_1</th><th colspan="3">H</th><th>h</th><th>t</th></tr>
<tr><td>8</td><td>12</td><td>15</td><td>10</td><td>16</td><td>—</td><td rowspan="2">3</td><td rowspan="4">0.008</td><td>22</td><td>30</td><td>34</td><td rowspan="2">20</td><td rowspan="2">36</td><td rowspan="2">45</td><td rowspan="4">5</td><td rowspan="4">0.012</td></tr>
<tr><td>10</td><td>15</td><td>18</td><td rowspan="2">12</td><td rowspan="2">20</td><td rowspan="2">36</td><td>26</td><td>35</td><td>39</td></tr>
<tr><td>12</td><td>18</td><td>22</td><td rowspan="3">4</td><td>30</td><td>42</td><td>46</td><td rowspan="2">25</td><td rowspan="2">45</td><td rowspan="2">56</td></tr>
<tr><td>15</td><td>22</td><td>26</td><td rowspan="2">16</td><td rowspan="2">28</td><td rowspan="2">36</td><td>35</td><td>48</td><td>52</td></tr>
<tr><td>18</td><td>26</td><td>30</td><td>0.012</td><td></td><td></td><td></td><td></td><td></td><td></td><td></td><td></td></tr>
</table>

(3) 镗套用衬套 (JB/T 8046.2—1999)

附图 3-8 和附表 3-9 分别为镗套用衬套的结构、规格及主要尺寸。

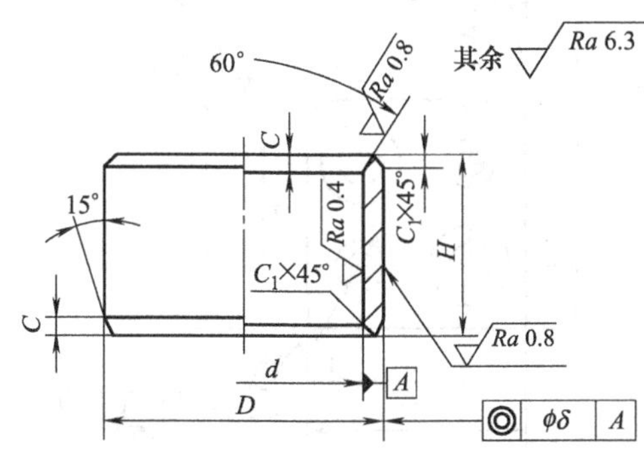

(1) 材料及热处理:20钢,渗碳淬火58～64HRC;

(2) d的公差带为H6时,当$D<52$mm,$\delta=0.005$mm;

当$D\geqslant52$mm,$\delta=0.010$mm;

d的公差带为H7时,$\delta=0.010$mm。

标记示例:d=60mm,公差带为H6,H=45mm的镗套用衬套:

衬套 60H6×45 JB/T 8046.2—1999

附图 3-8 镗套用衬套

附表 3-9 镗套用衬套的规格及主要尺寸 mm

<table>
<tr><td>d H6/H7</td><td>25</td><td>28</td><td>32</td><td>35</td><td>40</td><td>45</td><td>50</td><td>55</td><td>60</td><td>65</td><td>75</td><td>85</td><td>100</td><td>110</td><td>120</td><td>145</td><td>185</td></tr>
<tr><td>D n6</td><td>30</td><td>34</td><td>38</td><td>42</td><td>48</td><td>52</td><td>58</td><td>65</td><td>70</td><td>75</td><td>85</td><td>100</td><td>115</td><td>125</td><td>135</td><td>160</td><td>210</td></tr>
<tr><td rowspan="3">H</td><td colspan="2">20</td><td colspan="2">25</td><td colspan="4">35</td><td colspan="3">45</td><td colspan="2">60</td><td colspan="2">80</td><td>100</td><td>125</td></tr>
<tr><td colspan="2">25</td><td colspan="2">35</td><td colspan="4">45</td><td colspan="3">60</td><td colspan="2">80</td><td colspan="2">100</td><td>125</td><td>160</td></tr>
<tr><td colspan="2">35</td><td colspan="2">45</td><td colspan="2">55</td><td colspan="2">60</td><td colspan="3">80</td><td colspan="2">100</td><td colspan="2">125</td><td>160</td><td>200</td></tr>
</table>

附录四 对 刀 件

对刀块可分为圆形对刀块、方形对刀块、直角对刀块及侧装对刀块等，如附表 4-1。并应与对刀塞尺配合使用。附图 4-1 为对刀平塞尺（JB/T 8032.1—1999）的结构及规格；附图 4-2 和附表 4-2 为对刀圆柱塞尺（JB/T 8032.2—1999）的结构、规格及主要尺寸。

附表 4-1 常用对刀块 mm

(1)圆形对刀块 JB/T 8031.1—1999

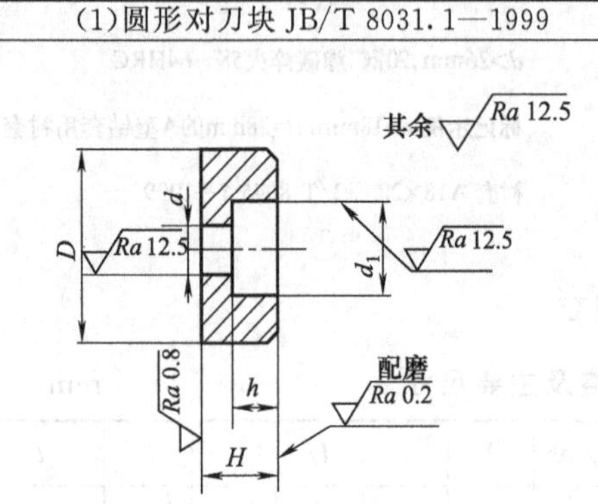

材料及热处理：20 钢，渗碳淬火 58～64HRC。

标记示例：D=25 的圆形对刀块：

对刀块 25JB/T 8031.1—1999

D	H	h	d	d_1
16	10	6	5.5	10
25		7	6.6	12

(2)方形对刀块 JB/T 8031.2—1999

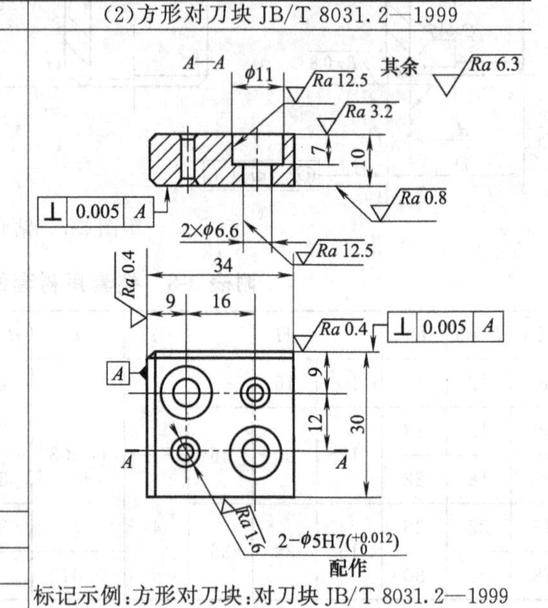

标记示例：方形对刀块：对刀块 JB/T 8031.2—1999

(3)直角对刀块 JB/T 8031.3—1999

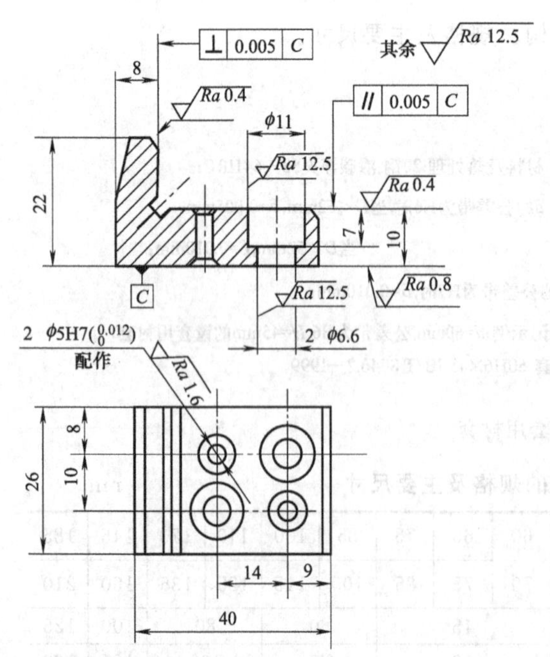

标记示例：直角对刀块：对刀块 25 JB/T 8031.3—1999

(4)侧装对刀块 JB/T 8031.4—1999

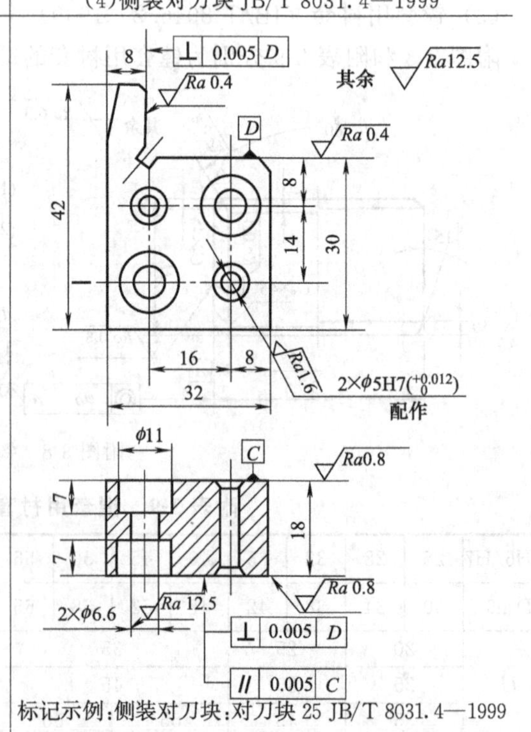

标记示例：侧装对刀块：对刀块 25 JB/T 8031.4—1999

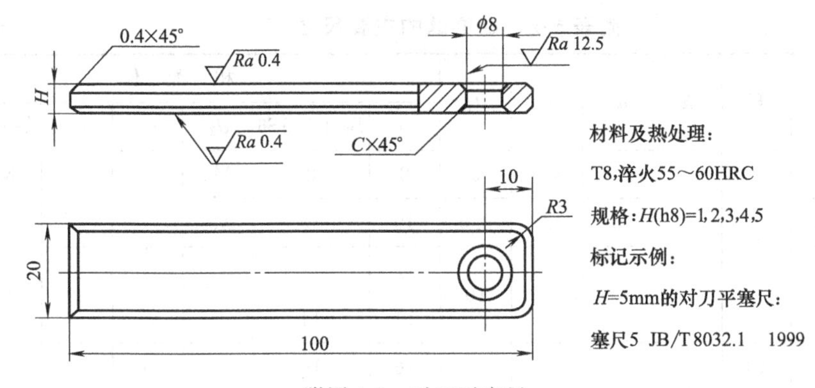

附图 4-1 对刀平塞尺

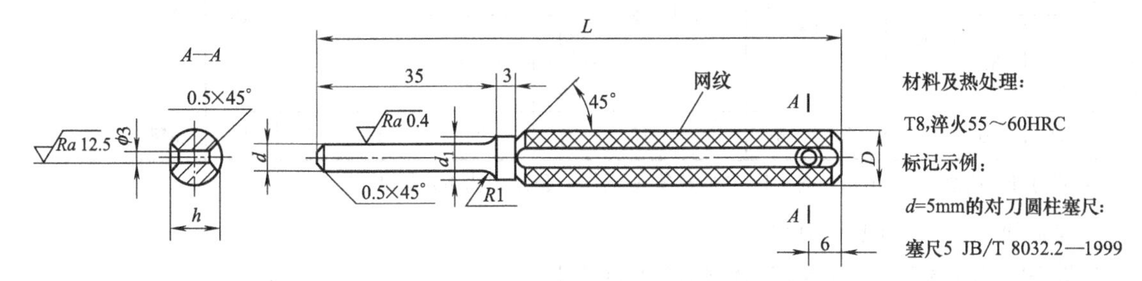

附图 4-2 对刀圆柱塞尺

附表 4-2 对刀圆柱塞尺的规格及主要尺寸 mm

d h8	D	L	d_1	h	d h8	D	L	d_1	h
3	7	90	5	6	5	10	100	8	9

附录五 键

1. 定位键（JB/T 8016—1999）

附图 5-1 和附表 5-1 分别为定位键的形状和尺寸。

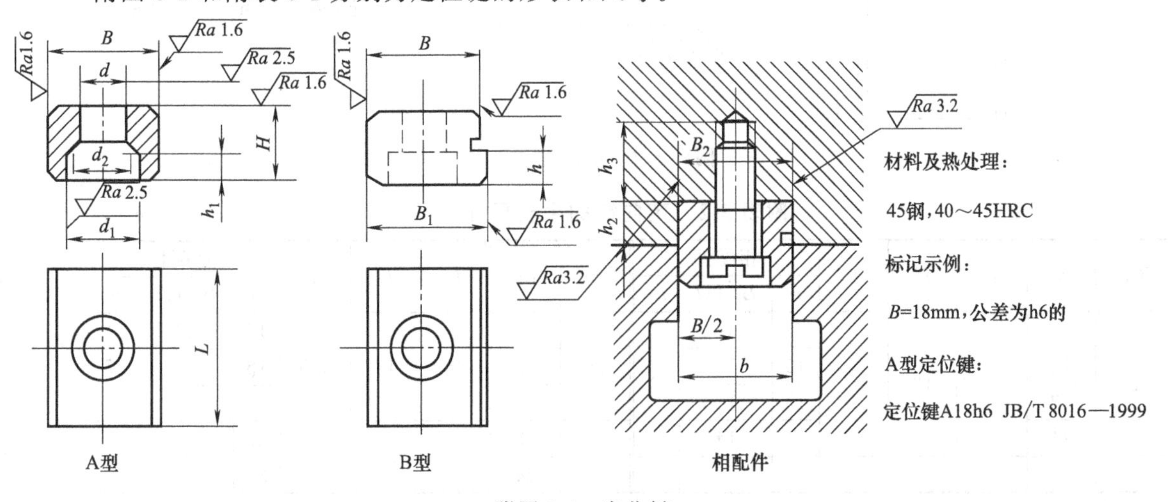

附图 5-1 定位键

附表 5-1　定位键的主要尺寸　　　mm

B h6/h8	B_1	L	H	h	h_1	d	d_1	相配件					
								b	B_2 H7/JS6	d_2	h_2	h_3	螺钉 GB 65
8	8	14	8	3	2.4	3.4	6	8	8	M3	4	8	M3×10
10	10	16			3	4.5	8.5	10	10	M4			M4×10
12	12	20			3.5	5.5	10	12	12	M5		10	M5×12
14	14							14	14				
16	16	25	10	4	4.5	6.6	12	16	16	M6	5	13	M6×16
18	18		12	5				18	18		6		
20	20	32						20	20				
22	22							22	22				
24	24	40	14	6	6	9	15	24	24	M8	7	15	M8×20

注：尺寸 B_1 留磨量 0.5mm，按机床 T 形槽宽度配作，公差带为 h6 或 h8。

2. 定向键（JB/T 8017—1999）

附图 5-2 和附表 5-2 分别为定向键的形状和尺寸。

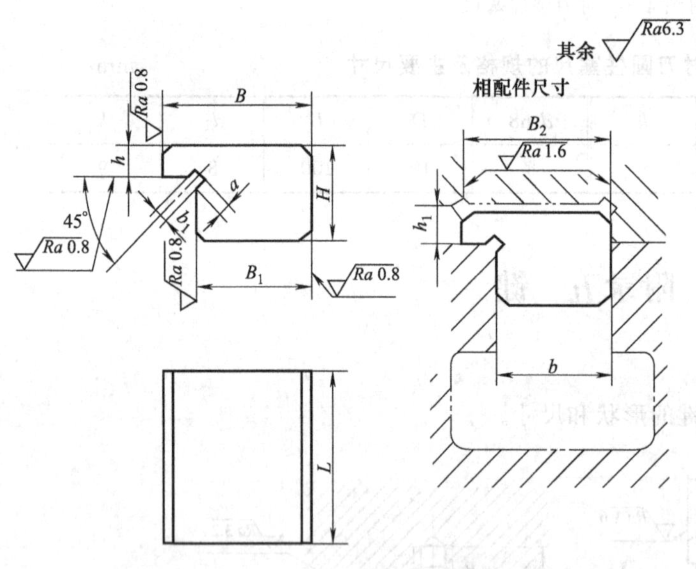

材料及热处理：

45钢，40～45HRC

标记示例：

B=36mm，公差为h6的定向键：

定向键 36h6 JB/T 8017-1999

附图 5-2　定向键

附表 5-2　定向键的主要尺寸　　　mm

B h6	B_1	L	H	h	相配件			B h6	B_1	L	H	h	相配件		
					b	B_2 H7	h_1						b	B_2 H7	h_1
18	8	20	12	4	8	8	6	24	16	25	18	5.5	16	16	7
	10				10	10			18				18	18	
	12				12	12			20				20	20	
	14				14	14		28	22	40	22	7	22	22	9
									24				24	24	

注：尺寸 B_1 留磨量 0.5mm，按机床 T 形槽宽度配作，公差带为 h6 或 h8。

3. 普通平键（GB/T 1095—2003）、（GB/T 1096—2003）

附图 5-3 和附表 5-3 分别为普通平键的规格及主要尺寸。

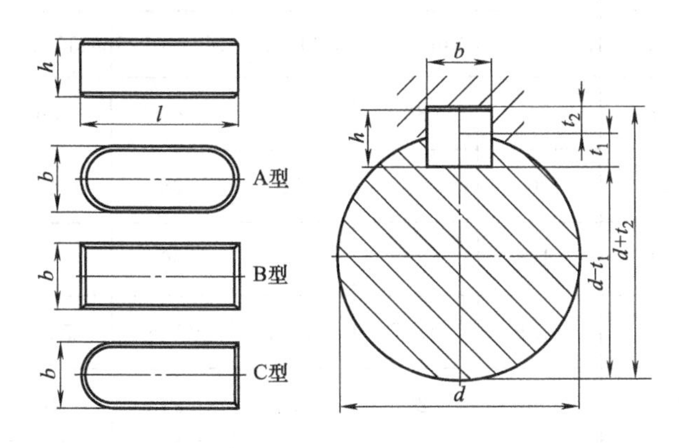

标记示例：

宽度 b=16mm，h=10mm，L=100mm，

普通A型平键：

键16×10×100　GB/T 1096

附图 5-3　普通平键

附表 5-3　普通平键的规格及主要尺寸　mm

轴的直径 d			6～8	8～10	10～12	12～17	17～22	22～30	30～38	38～44	44～50	50～58	58～65	65～75
键尺寸 $b\times h$			2×2	3×3	4×4	5×5	6×6	8×7	10×8	12×8	14×9	16×10	18×11	20×12
键槽	宽度 b		2	3	4	5	6	8	10	12	14	16	18	20
	深度	轴 t_1	$1.2^{+0.1}$	$1.8^{+0.1}$	$2.5^{+0.1}$	$3.0^{+0.1}$	$3.5^{+0.1}$	$4.0^{+0.2}$	$5.0^{+0.2}$	$5.0^{+0.2}$	$5.5^{+0.2}$	$6.0^{+0.2}$	$7.0^{+0.2}$	$7.5^{+0.2}$
		毂 t_2	$1.0^{+0.1}$	$1.4^{+0.1}$	$1.8^{+0.1}$	$2.3^{+0.1}$	$2.8^{+0.1}$	$3.3^{+0.2}$	$3.3^{+0.2}$	$3.3^{+0.2}$	$3.8^{+0.2}$	$4.3^{+0.2}$	$4.4^{+0.2}$	$4.9^{+0.2}$
L 系列			6～22(2 进位)，25，28～40(4 进位)，40～50(5 进位)，56，63，70，70～110(10 进位)，125，140～200(20 进位)											

注：正常连接：轴 N9，毂 JS9；紧密连接：轴 P9，毂 P9；松连接：轴 H9，毂 D9。

附录六　夹　紧　件

1. 螺母

(1) 带肩六角螺母（JB/T 8004.1—1999）

附图 6-1 和附表 6-1 分别为带肩六角螺母的规格及主要尺寸。

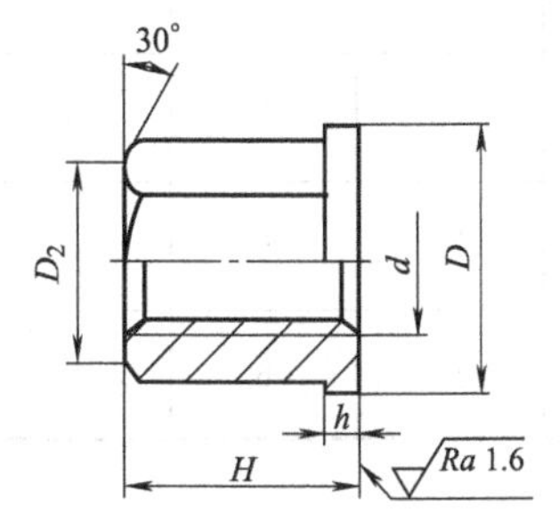

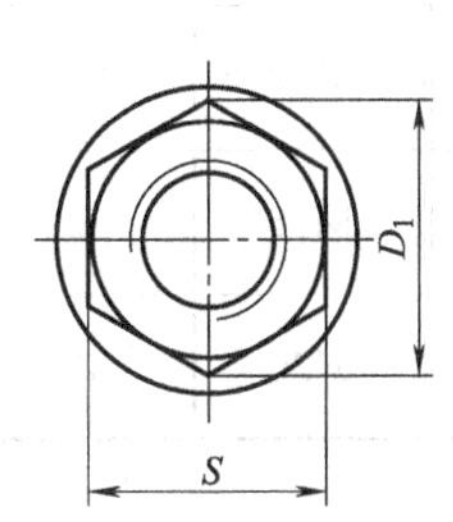

标记示例：

d=M16 的带肩六角螺母：

螺母　M16　JB/T 8004.1

d=M16×1.5 的带肩六角螺母：

螺母　M16×1.5　JB/T 8004.1—1999

附图 6-1　带肩六角螺母

附表 6-1　带肩六角螺母的规格及主要尺寸　mm

d										
d	普通螺纹	M5	M6	M8	M10	M12	M16	M20	M24	M30
	细牙螺纹			M8×1	M10×1	M12×1.25	M6×1.5	M20×1.5	M24×1.5	M30×1.5
D		10	12.5	17	21	24	30	37	44	56
H		8	10	12	16	20	25	32	38	48
S		8	10	14	17	19	24	30	36	46
D_1		9.2	11.5	16.2	19.6	21.9	27.7	34.6	41.6	53.1
D_2		7.5	9.5	13.5	16.5	18	23	29	34	44
h		2	2	2	3	3	4	5	5	6

（2）调节螺母（JB/T 8004.4—1999）

附图 6-2 和附表 6-2 分别为调节螺母的规格及主要尺寸。

标记示例：

d=M6 的调节螺母：

螺母　M6　JB/T 8004.4—1999

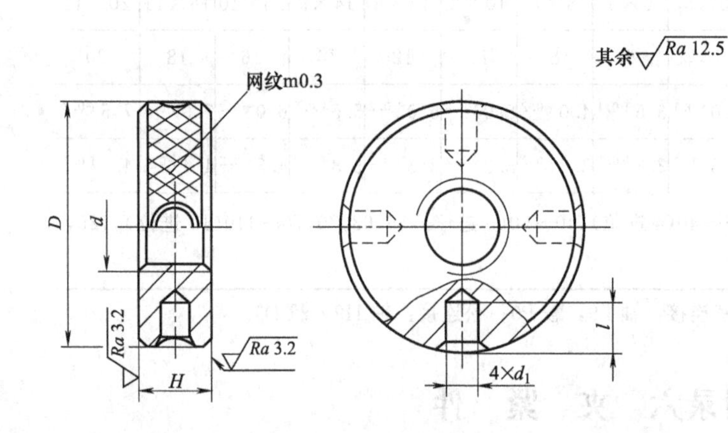

附图 6-2　调节螺母

附表 6-2　调节螺母的规格及主要尺寸　mm

d	D	H	d_1	l	d	D	H	d_1	l
M6	20	6	3	4.5	M12	35	10	5	7
M8	24	7	3.5	5	M16	40	12	6	8
M10	30	8	4	6	M20	50	14	6	10

（3）带孔滚花螺母（JB/T 8004.5—1999）

附图 6-3 和附表 6-3 分别为带孔滚花螺母的规格及主要尺寸。

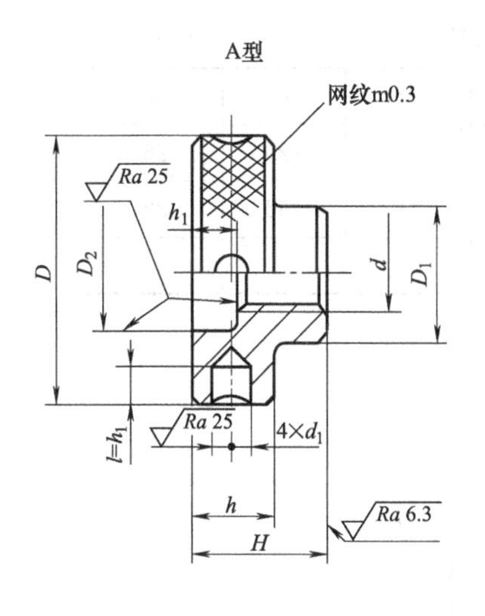

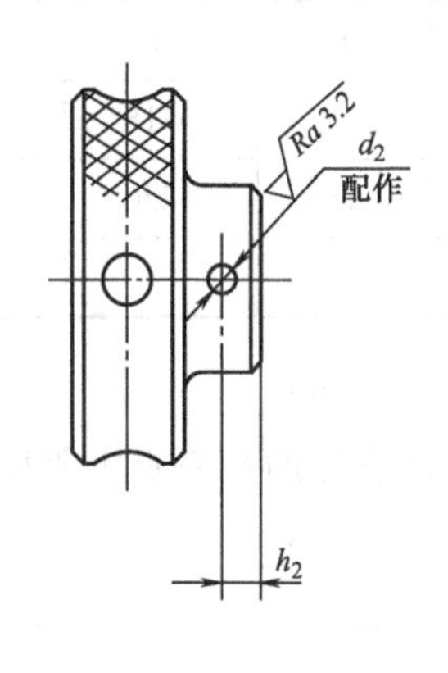

标记示例：

d=M6 的 A 型带孔滚花螺母：

螺母 AM6 JB/T 8004.5—1999

附图 6-3 带孔滚花螺母

附表 6-3 带孔滚花螺母的规格及主要尺寸 mm

d	D	D_1	D_2	H	h	d_1	d_2 H7	h_1	h_2	d	D	D_1	D_2	H	h	d_1	d_2 H7	h_1	h_2
M6	25	12	8	14	8	—	2	4	3	M12	40	20	18	20	12	6	5	7	4
M8	30	16	10	16	10	5	3	5	3	M16	50	25	20	25	15	8	6	8	5
M10	35	20	14	20	12	5	4	5	4	M20	60	30	25	30	15	8	6	10	7

(4) 手柄螺母（JB/T 8004.8—1999）

附图 6-4 和附表 6-4 分别为手柄螺母的规格及主要尺寸。

(5) 回转手柄螺母（JB/T 8004.9—1999）

附图 6-5 和附表 6-5 分别为回转手柄螺母的规格及主要尺寸。

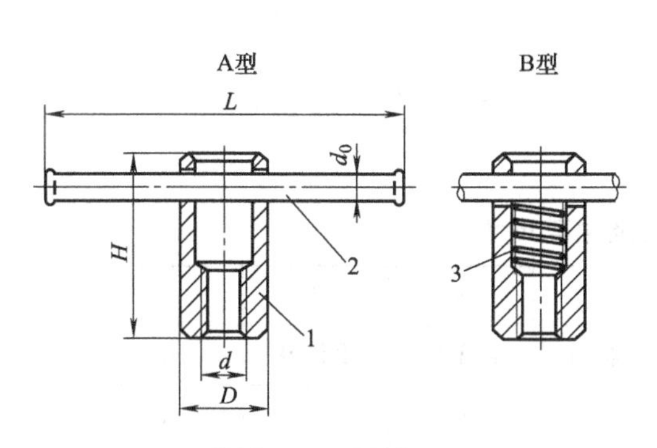

附图 6-4 手柄螺母

1—螺母；2—手柄；3—弹簧

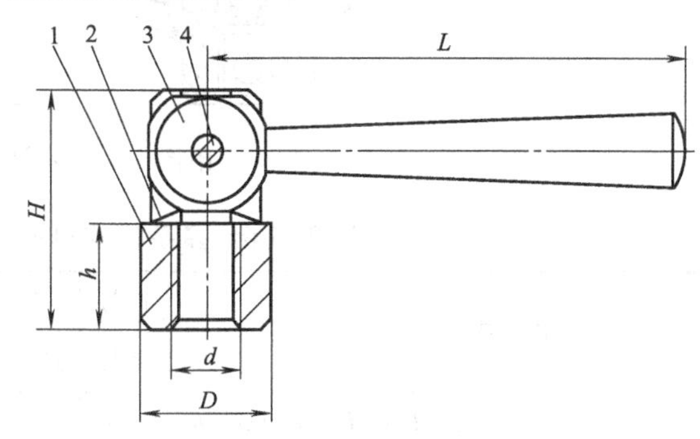

附图 6-5 回转手柄螺母

1—螺母；2—弹簧片；3—手柄；4—销

标记示例：d=M10，H=45 的 A 型手柄螺母：手柄螺母 AM10×45 JB/T 8004.8—1999

附表 6-4 手柄螺母的规格及主要尺寸 mm

d	D	H		L	d_0	d	D	H		L	d_0
M6	15	28	50	50	5	M12	25	50	100	100	10
M8	18	32	60	60	6	M16	32	60	110	120	12
M10	22	45	80	80	8	M20	36	70	120	200	16

附表 6-5　回转手柄螺母的规格及主要尺寸　　mm

d	*D*	*H*	*L*	*h*	*d*	*D*	*H*	*L*	*h*
M8	18	30	65	14	M16	32	58	120	26
M10	22	36	80	16	M20	40	72	160	32
M12	25	45	100	20					

(6) 多手柄螺母（JB/T 8004.10—1999）

附图 6-6 和附表 6-6 分别为多手柄螺母的规格及主要尺寸。

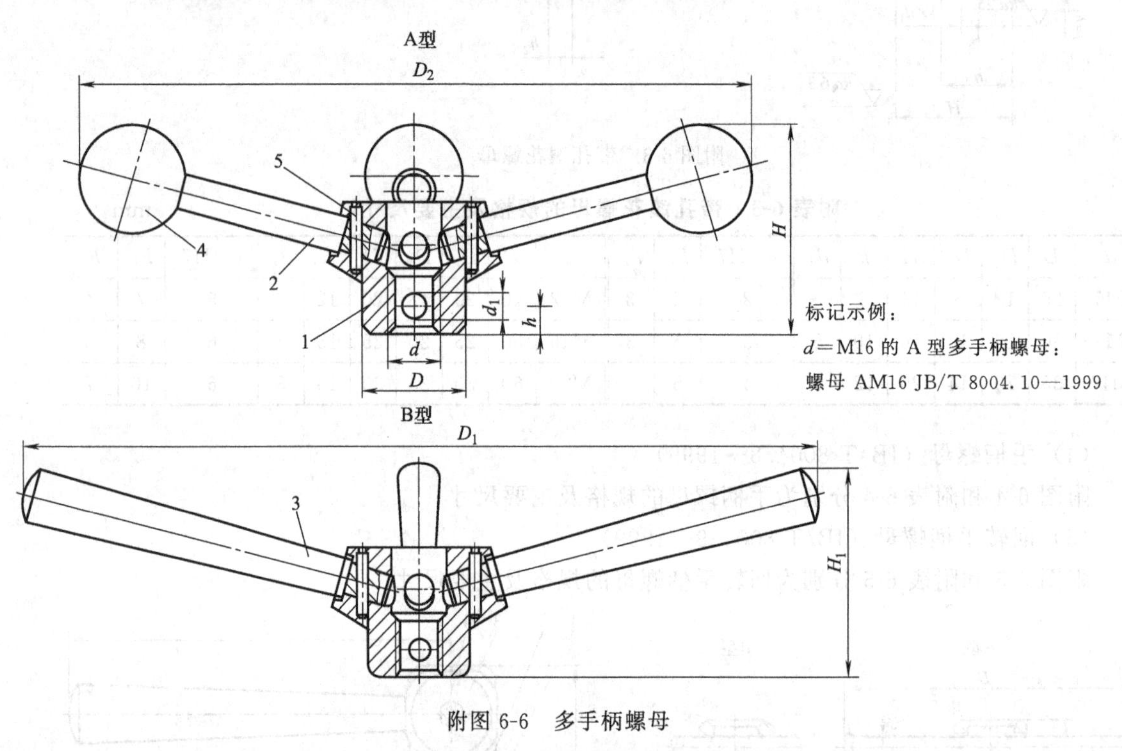

附图 6-6　多手柄螺母

附表 6-6　多手柄螺母的规格及主要尺寸　　mm

主要尺寸								件号	1	2	3	4	5
								名称	螺母	手柄杆	直手柄	手柄球	销
d	*D*	D_1	D_2	*H*	H_1	d_1 H7	*h*	数量	1	4	4	4	4
M12	25	234	196	59	59	4	6	规格	M12	10×50×12	10×100×12	M10×32	3n6×22
M16	32	241	204	63	65	6	8		M16				
M20	38	298	255	80	80	6	10		M20	12×65×16	12×125×16	M12×40	4n6×25
M24	45	308	265	85	85	8	12		M24				
M30	52	385	350	105	104	8	16		M30	16×100×20	16×160×20	M16×45	5n6×30

(7) 蝶形螺母（GB/T 62.2—2004 方翼）

附图 6-7 和附表 6-7 分别是两翼为长方形蝶形螺母的规格及主要尺寸。

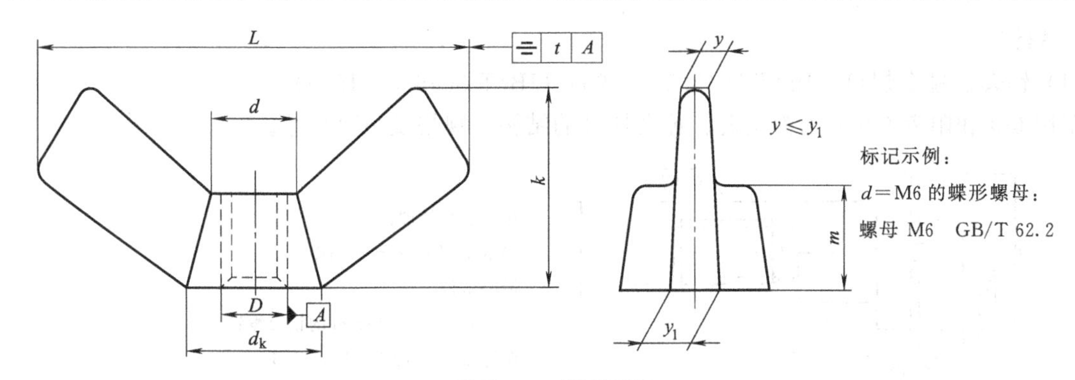

附图 6-7　蝶形螺母

附表 6-7　蝶形螺母的规格及主要尺寸　　mm

D	d_k	d	L		k		m	y	y_1	t
M6	10	7	27	±1.5	13	±1.5	4.5	4	5	0.5
M8	13	10	31	±2	16		6	4.5	5.5	0.6
M10	16	12	36		18		7.5	5.5	6.5	0.7
M12	20	16	48		23		9	7	8	1
M16	27	22	68		35	±2	12	8	9	1.2
M20	27	22	68		35		12	8	9	1.5

（8）六角螺母（GB/T 6170—2000）、六角薄螺母（GB/T 6172.1—2000）、六角厚螺母（GB/T 56—2000）

附图 6-8 和附表 6-8 分别为六角螺母的规格及主要尺寸。

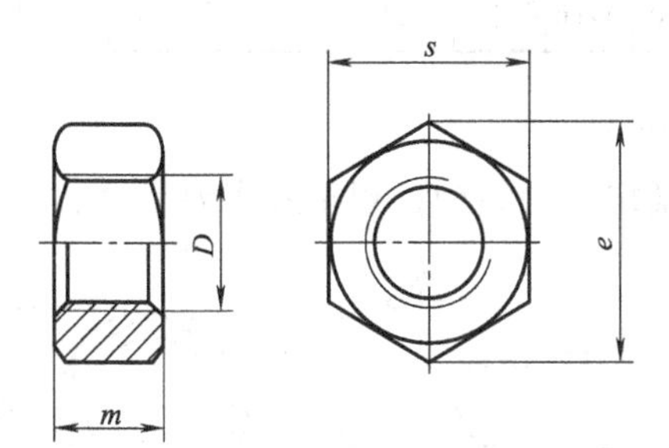

标记示例：
D=M6 的六角螺母：
螺母　M6　GB/T 6170

附图 6-8　六角螺母

附表 6-8　六角螺母的规格及主要尺寸　　mm

螺纹规格 D		M3	M4	M5	M6	M8	M10	M12	M16	M20	M24	M30
e	GB/T 6170	6.01	7.66	8.79	11.05	14.38	17.77	20.03	26.75	32.95	39.55	50.85
	GB/T 6172.1	6.01	7.66	8.79	11.05	14.38	17.77	20.03	26.75	32.95	39.55	50.85
	GB/T 56	—	—	—	—	—	—	—	26.17	32.95	39.55	50.85
s	GB/T 6170	5.5	7	8	10	13	16	18	24	30	36	46
	GB/T 6172.1	5.5	7	8	10	13	16	18	24	30	36	46
	GB/T 56	—	—	—	—	—	—	—	24	30	36	46
m	GB/T 6170	2.4	3.2	4.7	5.2	6.8	8.4	10.8	14.8	18	21.5	25.6
	GB/T 6172.1	1.8	2.2	2.7	3.2	4	5	6	8	10	12	15
	GB/T 56	—	—	—	—	—	—	—	25	32	38	48

2. 螺钉

(1) 钻套、镗套螺钉（JB/T 8045.5—1999）（JB/T 8046.3—1999）

附图 6-9 和附表 6-9 分别为钻套、镗套螺钉的结构、规格及主要尺寸。

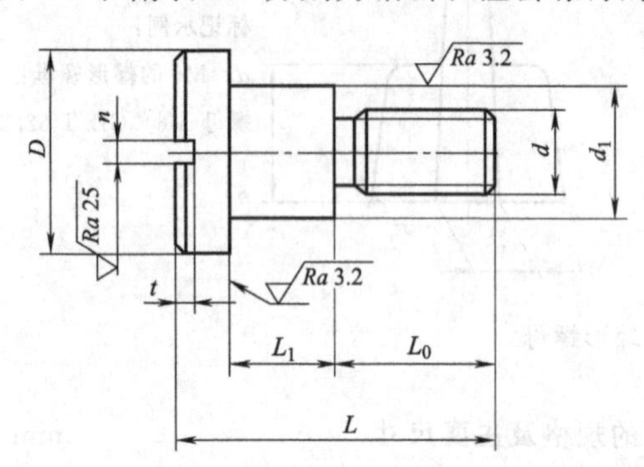

材料及热处理：

45 钢，淬火 35～40HRC

标记示例：

d=M10，L_1=13mm 的钻套螺钉：

螺钉 M10×13 JB/T 8045.5—1999

d=M12 的镗套螺钉：

螺钉 M12×8　JB/T 8046.3—1999

附图 6-9　钻套、镗套螺钉

附表 6-9　钻套、镗套螺钉的规格及主要尺寸　mm

d	L_1	d_1 d11	D	L	L_0	n	t	钻套内径	d	L_1	d_1 d11	D	L	L_0	n	t	钻套内径
M5	3	7.5	13	15	9	1.2	1.7	＞0～6	M8	5.5	13	20	22	11.5	2	2.5	＞12～30
	6			18						10.5			27				
M6	4	9.5	16	18	10	1.5	2	＞6～12	M10	7	15	24	32	18.5	2.5	3	＞30～85
	8			22						13			38				
d	L_1	d_1 d11	D	L	L_0	n	t	镗套内径	d	L_1	d_1 d11	D	L	L_0	n	t	镗套内径
M12	$8^{+0.2}_{0}$	16	24	30	15	3	3.5	＞45～80	M16	$8^{+0.2}_{0}$	20	28	37	20	3.5	4	＞80～160

(2) 六角头压紧螺钉（JB/T 8006.2—1999）

附图 6-10 和附表 6-10 分别为六角头压紧螺钉的结构、规格及主要尺寸。

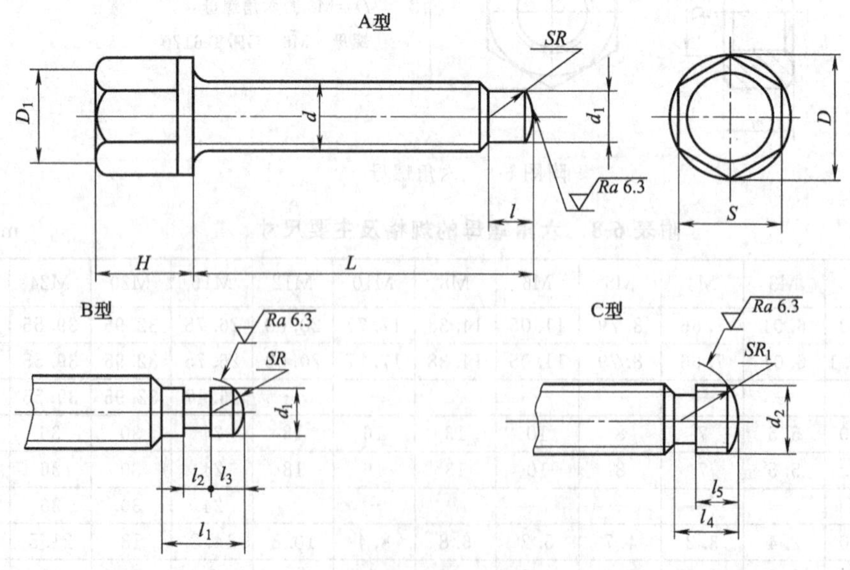

标记示例：d=M16，L=60mm 的 A 型六角头压紧螺钉：螺钉　AM16×60　JB/T 8006.2—1999

附图 6-10　六角头压紧螺钉

附表 6-10　六角头压紧螺钉的规格及主要尺寸　mm

d	D	D_1	H	S	d_1	d_2	l	l_1	l_2	l_3	l_4	l_5	SR_1	SR	L						
M8	12.7	11.5	10	11	6	M8	5	8.5	2.5	2.6	9	4	8	6	25	30	35	40	50		
M10	14.2	13.5	12	13	7	M10	6	10	2.5	3.2	11	5	10	7	30	35	40	50	60		
M12	17.6	16.5	16	16	9	M12	7	13	2.5	4.8	13.5	6.5	12	9	35	40	50	60	70	80	90
M16	23.4	21	18	21	12	M16	8	15	3.4	6.3	15	8	16	12	40	50	60	70	80	90	100
M20	31.2	26	24	27	16	M20	10	18	5	7.5	17	9	20	16	50	60	70	80	90	100	110
M24	37.3	31	30	34	18	M24	12	20	5	8.5	20	11	25	18	60	70	80	90	100	110	120

(3) 活动手柄压紧螺钉（JB/T 8006.4—1999）

附图 6-11 和附表 6-11 分别为活动手柄压紧螺钉的结构、规格及主要尺寸。

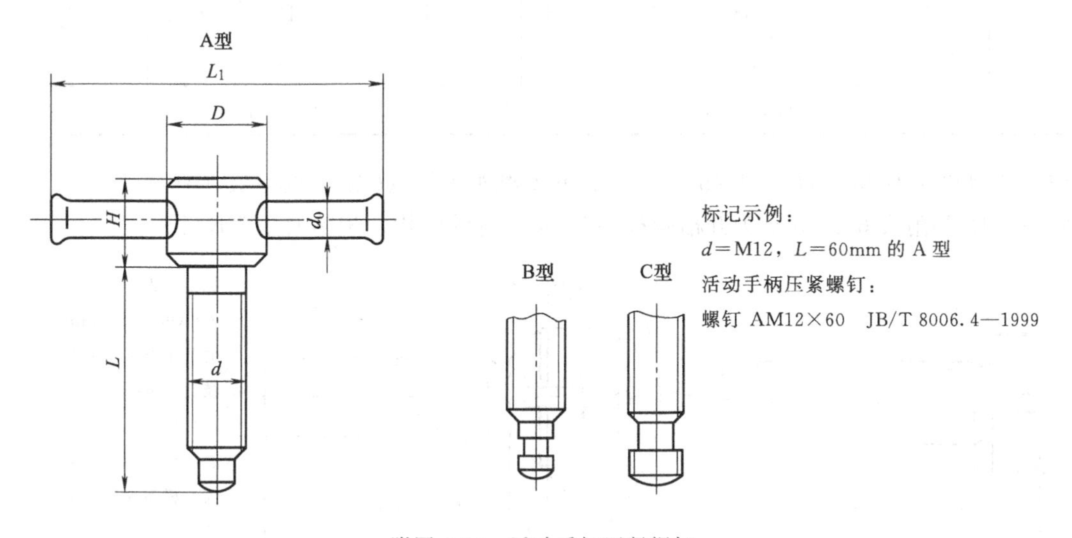

附图 6-11　活动手柄压紧螺钉

附表 6-11　活动手柄压紧螺钉的规格及主要尺寸　mm

d	d_0	D	H	L_1	L												
M6	5	12	10	50	30	35	40	50									
M8	6	15	12	60	30	35	40	50	60								
M10	8	18	14	80		35	40	50	60	70	80						
M12	10	20	16	100			40	50	60	70	80	90	100	120			
M16	12	24	20	120				50	60	70	80	90	100	120	140	160	
M20	16	30	25	160					60	70	80	90	100	120	140	160	
M24				200						70	80	90	100	120	140	160	180

(4) 内六角圆柱头螺钉（GB/T 70.1—2008）

附图 6-12 和附表 6-12 分别为内六角圆柱头螺钉的结构、规格及主要尺寸。

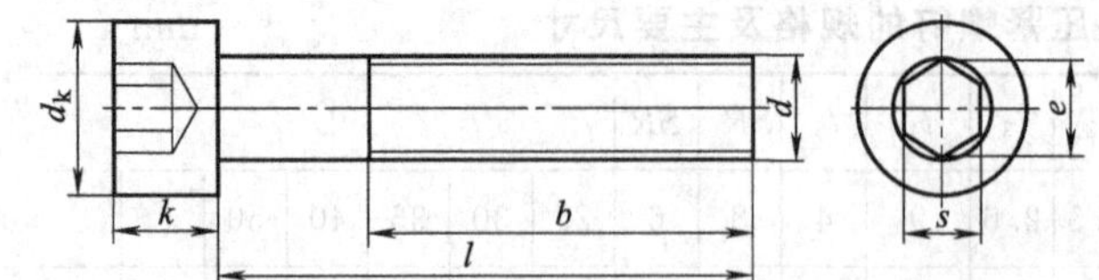

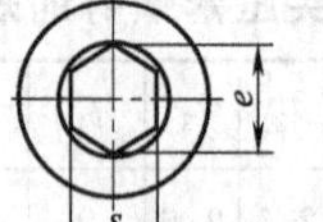

标记示例：

d=M6，l=16mm 的内六角圆柱头螺钉：

螺钉 M6×16 GB/T 70.1

附图 6-12 内六角圆柱头螺钉

附表 6-12 内六角圆柱头螺钉的规格及主要尺寸 mm

螺纹规格 d	M3	M4	M5	M6	M8	M10	M12	M16	M20	M24
b	18	20	22	24	28	32	36	44	52	60
d_k	5.5	7	8.5	10	13	16	18	24	30	36
k	3	4	5	6	8	10	12	16	20	24
l	5～30	6～40	8～50	10～60	12～80	16～100	20～120	25～160	30～200	40～200
e	2.87	3.44	4.58	5.72	7.78	9.15	11.43	16	19.44	21.73
s	2.5	3	4	5	6	8	10	14	17	19
l 系列	5,6～16(2 进位),20～65(5 进位),70～160(10 进位),180～300(20 进位)									

（5）开槽圆柱头螺钉（GB/T 65—2000）、开槽沉头螺钉（GB/T 68—2000）

附图 6-13 和附表 6-13 分别为开槽圆柱头/沉头螺钉的结构、规格及主要尺寸。

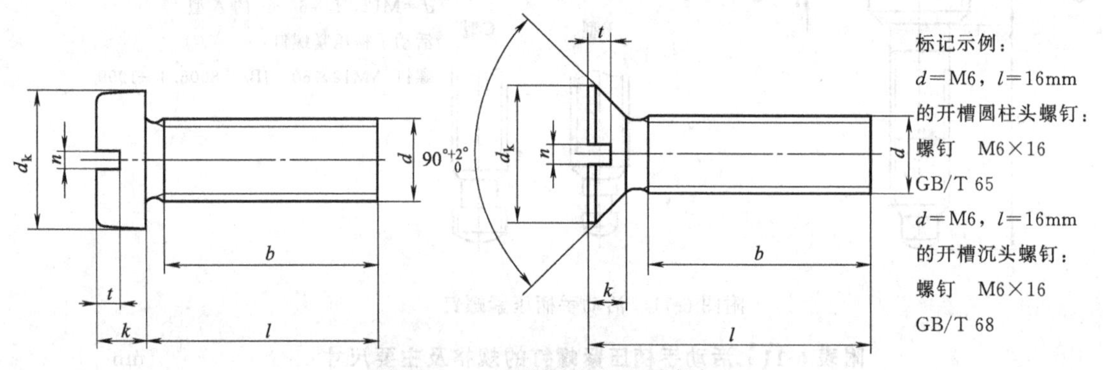

附图 6-13 开槽圆柱头/沉头螺钉

附表 6-13 开槽圆柱头/沉头螺钉的规格及主要尺寸 mm

螺纹规格 d	b min	n	GB/T 65—2000				GB/T 68—2000			
			d_k	k	t	l	d_k	k	t	l
M3	25	0.8	5.5	2	0.85	4～30	5.5	1.65	0.6	5～30
M4	38	1.2	7	2.6	1.1	5～40	8.4	2.7	1	6～40
M5	38	1.2	8.5	3.3	1.3	6～50	9.3	2.7	1.1	8～50
M6	38	1.6	10	3.9	1.6	8～60	11.3	3.3	1.2	8～60
M8	38	2	13	5	2	10～80	15.8	4.65	1.8	10～80
M10	38	2.5	16	6	2.4	12～80	18.3	5	2	12～80
l 系列	4,5,6～12(2 进位),16,20,25～50(5 进位),60～80(10 进位)									

(6) 开槽锥端紧定螺钉（GB/T 71—1985）、开槽平端紧定螺钉（GB/T 73—1985）、开槽长圆柱端紧定螺钉（GB/T 75—1985）

附图 6-14 和附表 6-14 分别为紧定螺钉的结构、规格及主要尺寸。

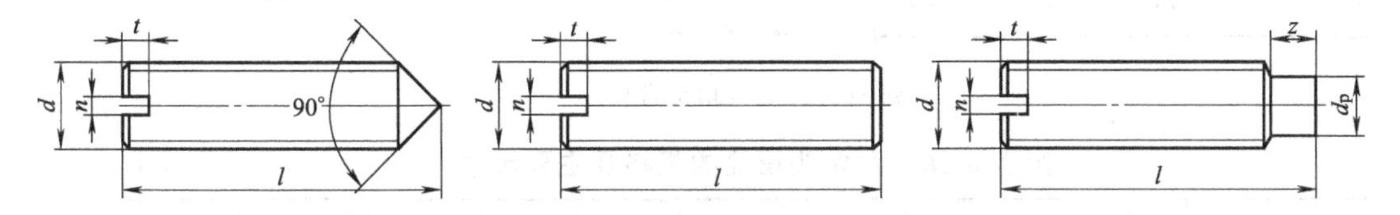

标记示例：d=M6，l=16mm 的开槽锥端紧定螺钉：螺钉　M6×16　GB/T 71

附图 6-14　紧定螺钉

附表 6-14　紧定螺钉的规格及主要尺寸　　mm

螺纹规格 d	n	t	GB/T 71		GB/T 73		GB/T 75		
			d_p	l	d_p	l	d_p	z	l
M3	0.4	1.05	0.3	4～16	2	3～16	2	1.75	5～16
M4	0.6	1.42	0.4	6～20	2.5	4～20	2.5	2.25	6～20
M5	0.8	1.63	0.5	8～25	3.5	5～25	3.5	2.75	8～25
M6	1	2	1.5	8～30	4	6～30	4	3.25	8～30
M8	1.2	2.5	2	10～40	5.5	8～40	5.5	4.3	10～40
M10	1.6	3	2.5	12～50	7	10～50	7	5.3	12～50
M12	2	3.6	3	14～60	8.5	12～60	8.5	6.3	14～60
l 系列		4,5,6,8,10,12,16,20,25～60(5 进位)							

3. 螺栓

(1) 活节螺栓（GB/T 798—1988）

附图 6-15 和附表 6-15 分别为活节螺栓的结构、规格及主要尺寸。

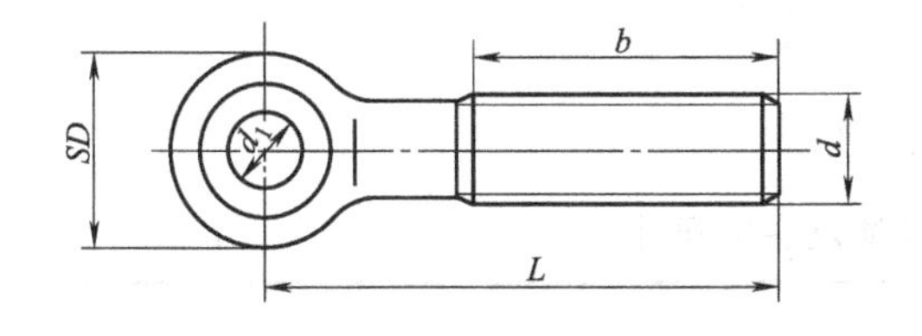

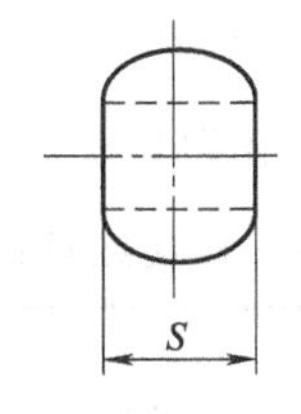

标记示例：
d=M10，L=100mm 的活节螺栓：
螺栓 M10×100　GB/T 798

附图 6-15　活节螺栓

附表 6-15　活节螺栓的规格及主要尺寸　　mm

d	d_1	S	b	SD	L	d	d_1	S	b	SD	L
M5	4	6	16	10	25～45	M12	10	14	30	20	50～130
M6	5	8	18	12	30～55	M16	12	18	38	28	60～160
M8	6	10	22	14	35～70	M20	16	22	52	34	70～180
M10	8	12	26	18	40～110	M24	20	26	60	42	90～260

(2) 六角头螺栓（GB/T 5782—2000）、六角头螺栓全螺纹（GB/T 5783—2000）

附图 6-16 和附表 6-16 分别为六角头螺栓的结构、规格及主要尺寸。

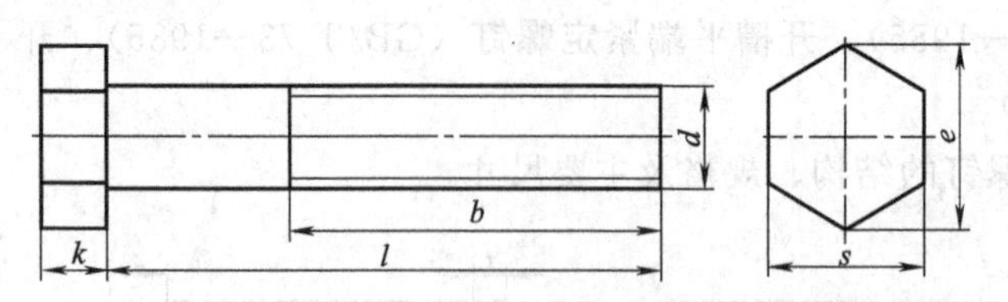

标记示例：

d=M10，L=100mm 的六角头螺栓：

螺栓 M10×100 GB/T 5782

附图 6-16 六角头螺栓

附表 6-16 六角头螺栓的规格及主要尺寸 mm

d		M3	M4	M5	M6	M8	M10	M12	M16	M20	M24
s		5.5	7	8	10	13	16	18	24	30	36
k		2	2.8	3.5	4	5.3	6.4	7.5	10	12.5	15
e		6.01	7.66	8.79	11.05	14.38	17.77	20.03	26.75	33.53	39.98
b（参考）	l≤125	12	14	16	18	22	26	30	38	46	54
	125<l≤200	18	20	22	24	28	32	36	44	525	60
	l>200	31	33	35	37	41	45	49	57	65	73
l		6～30	8～40	10～50	12～60	16～80	20～100	25～120	30～150	40～150	50～150
l 系列		6～12(2 进位),16,20,25～70(5 进位),80～150(10 进位)									

（3）双头螺栓（JB/T 8007.4—1999）

附图 6-17 和附表 6-17 分别为双头螺栓的结构、规格及主要尺寸。

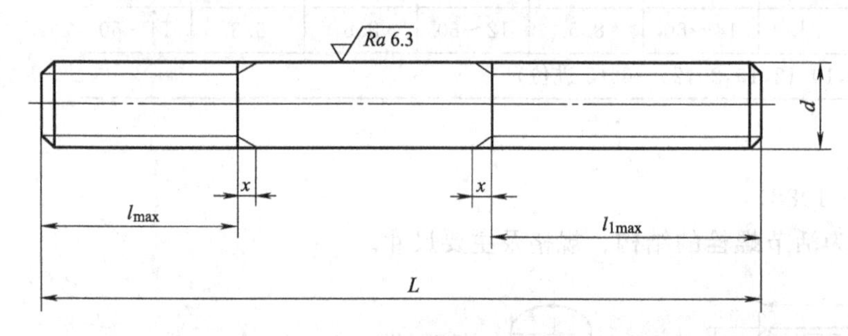

标记示例：

d=M8，L=69mm 的双头螺栓：

螺钉 M8×69 JB/T 8007.4—1999

附图 6-17 双头螺栓

附表 6-17 双头螺栓的规格及主要尺寸 mm

d	x	l_{max}	l_{1max}	L																			
M6	1.5	22	25	67	72	77	82	87	92	102													
M8	1.8	24	30	69	74	79	84	89	94	104	109	114											
M10	2.2	25	35	70	75	80	85	90	95	100	105	110	115	120	125	135	145	155	165				
M12	2.6	30	40	75	80	85	90	95	100	105	110	115	120	125	130	140	150	160	170	180	190		
M16	3.0	40	50	90	95	100	105	110	115	120	125	130	140	150	160	170	180	190	200	210	240		
M20	3.7	45	60	105	110	115	120	125	130	135	140	145	150	155	165	175	185	195	205	215	225	245	265
M24	4.5	55	80			125	130	135	140	145	150	155	165	175	185	195	205	215	225	235	255	275	305
M30	5.0	65	95					145	150	155	160	165	175	185	195	205	215	225	235	245	265	285	315

4. 垫圈

（1）转动垫圈（JB/T 8008.4—1999）

附图 6-18 和附表 6-18 分别为转动垫圈的结构、规格及主要尺寸。

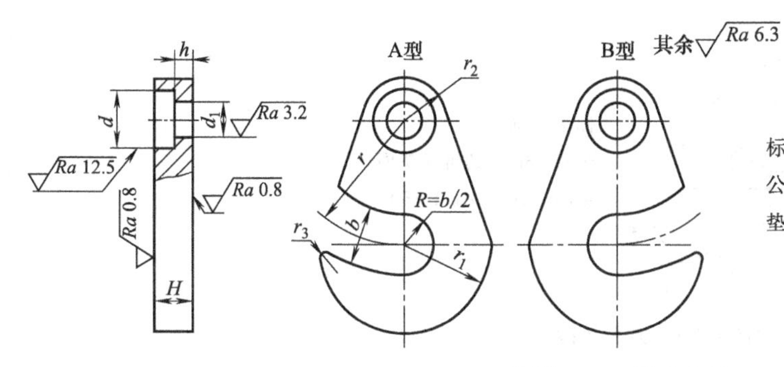

标记示例：

公称尺寸 8mm，r=22mm 的 A 型转动垫圈：

垫圈　A8×22　JB/T 8008.4—1999

附图 6-18　转动垫圈

附表 6-18　转动垫圈的规格及主要尺寸　　mm

主要尺寸	螺纹直径											
	8		10		12		16		20		24	
r	22	30	26	35	32	45	38	50	45	60	50	70
r_1	16	22	20	26	25	32	28	36	32	42	38	50
H	8		10				12		14		16	
d	14		18				22					
d_1	8		10				12					
h	4						5		6		8	
b	10		12		14		18		22		26	
r_2	10		13				15					
r_3	1.5				2				3			

（2）球面垫圈（GB/T 849—1988）

附图 6-19 和附表 6-19 分别为球面垫圈的结构、规格及主要尺寸。

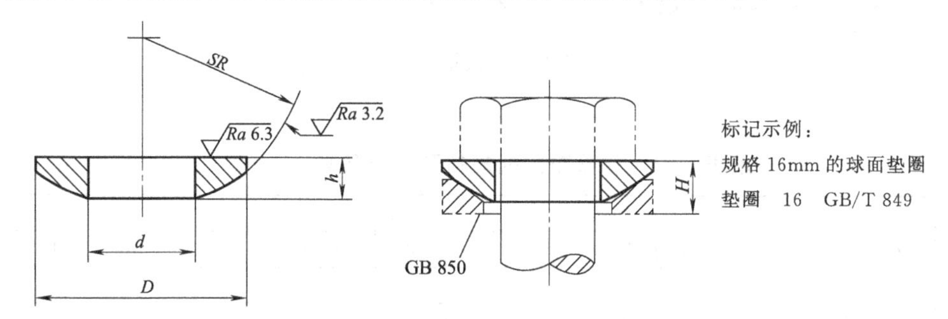

附图 6-19　球面垫圈

附表 6-19　球面垫圈的规格及主要尺寸　　mm

规格	6	8	10	12	16	20	24	30
d	6.5	8.5	10.6	13	17	21	25	31
D	12.2	16.8	20.5	24.5	29.5	36.5	43.5	55.5
h	2.8	3.8	3.8	4.8	5.8	6.5	9.5	9.5
SR	10	12	16	20	25	32	36	40
H	4	5	6	7	8	10	13	16

（3）锥面垫圈（GB/T 850—1988）

附图 6-20 和附表 6-20 分别为锥面垫圈的结构、规格及主要尺寸。

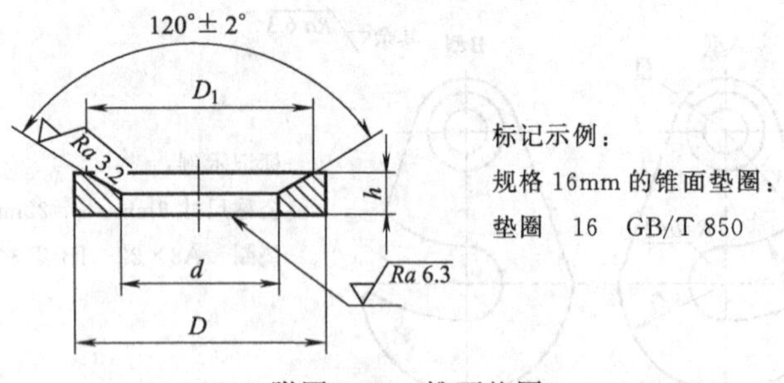

附图 6-20 锥面垫圈

附表 6-20 锥面垫圈的规格及主要尺寸 mm

规格	6	8	10	12	16	20	24	30
d	8	10	12.5	16	20	25	30	36
D	12.3	17	21	24	30	37	44	56
h	2.5	3	4	4.5	5	6.5	6.5	9
D_1	12	16	18	23.5	29	34	38.5	45.5

(4) 快换垫圈（JB/T 8008.5—1999）

附图 6-21 和附表 6-21 分别为快换垫圈的结构、规格及主要尺寸。

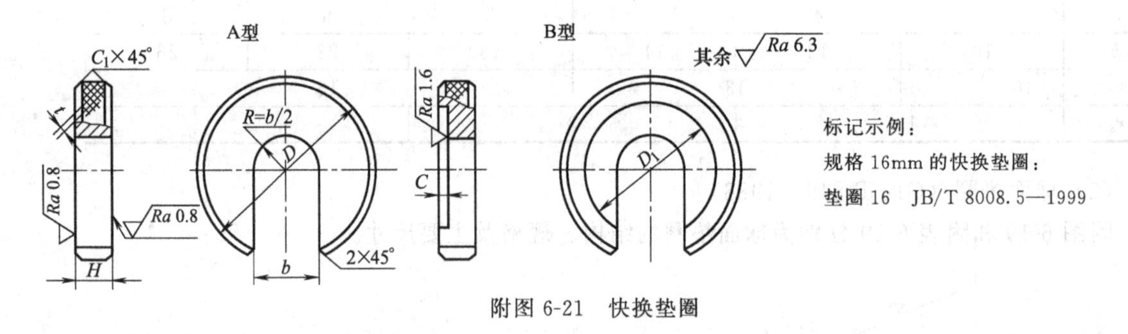

附图 6-21 快换垫圈

附表 6-21 快换垫圈的规格及主要尺寸 mm

杆径	b	D_1	C	D 20	25	30	35	40	50	60	70	80	90	100
				H										
6	7	15	0.8	5	5	6	6							
8	9	19	1		6	6	7	7	7					
10	11	23	1			7	7	8	8	8				
12	13	26	1.5				8	8	8	10	10	10		
16	17	32	1.5					10	10	10	10	12	12	12
20	21	42	2						10	10	10	12	12	12
24	25	50	2							12	12	12	12	14
30	31	60	2								14	14	14	14
36	37	72	2.5										16	16

(5) 平垫圈（GB/T 95—2002）

附图 6-22 和附表 6-22 分别为平垫圈的结构、规格及主要尺寸。

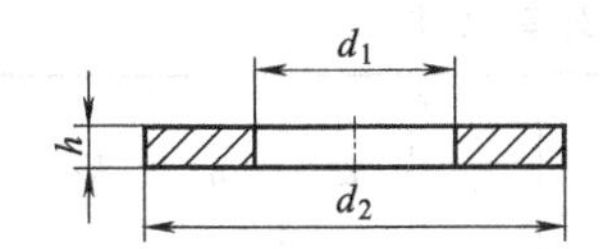

标记示例：规格 16mm 的平垫圈：

垫圈 16　GB/T 95

附图 6-22　平垫圈

附表 6-22　平垫圈的规格及主要尺寸　mm

规格	3	4	5	6	8	10	12	16	20	24	30
d_1	3.4	4.5	5.5	6.6	9	11	13.5	17.5	22	26	33
d_2	7	9	10	12	16	20	24	30	37	44	56
h	0.5	0.8	1	1.6	1.6	2	2.5	3	3	4	4

(6) 弹簧垫圈 (GB/T 93—1987)

附图 6-23 和附表 6-23 分别为弹簧垫圈的结构、规格及主要尺寸。

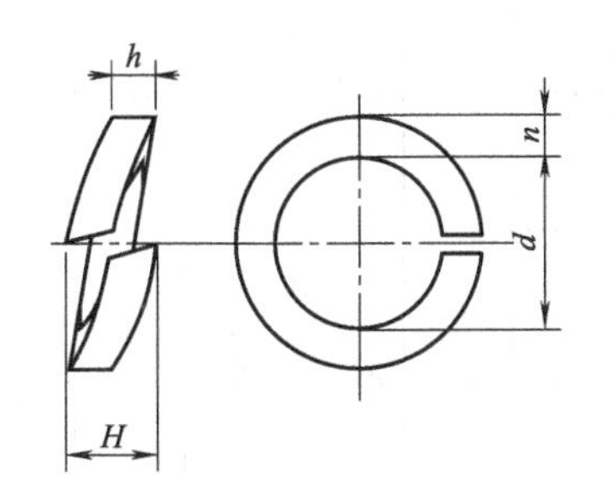

标记示例：规格 16mm 的弹簧垫圈：

垫圈 16　GB/T 93

附图 6-23　弹簧垫圈

附表 6-23　弹簧垫圈的规格及主要尺寸　mm

规格	3	4	5	6	8	10	12	16	20	24	30
d	3.1	4.1	5.1	6.1	8.1	10.2	12.2	16.2	20.2	24.5	30.5
$h(n)$	0.8	1.1	1.3	1.6	2.1	2.6	3.1	4.1	5	6	7.5
H	2	2.75	3.25	4	5.25	6.5	7.75	10.25	12.5	15	18.75

5. 压板

(1) 移动压板 (JB/T 8010.1—1999)

附图 6-24 和附表 6-24 分别为移动压板的结构、规格及主要尺寸。

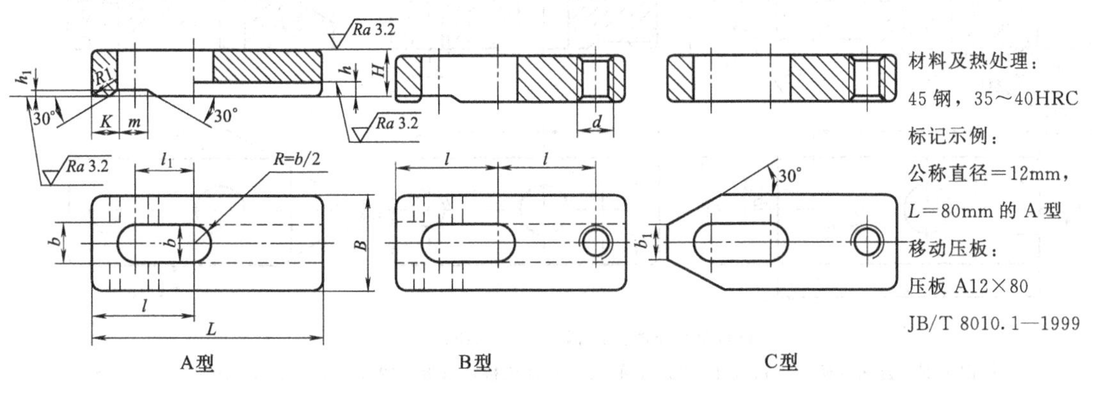

附图 6-24　移动压板

附表 6-24　移动压板的规格及主要尺寸　　　　mm

公称直径（螺纹直径）	L A型	L B型	L C型	B	H	l	l_1	b	b_1	d	h	h_1	K	m
6	40	—	40	18	6	17	9							4
	45		—	20	8	19	11	6.6	7	M6	2.5	1	5	6
	50			22	12	22	14							8
8	45	—	—	20	8	18	8							4
	50			22	10	22	12	9	9	M8	3	1	6	6
	60			25	14	27	17							10
10	60	—	—	25	10	27	14							6
	70			28	12	30	17	11	10	M10	4	1.5	8	8
	80			30	16	36	23							12
12	70	—	—	32	14	30	15							6
	80			32	16	35	20							10
	100			36	18	45	30	14	12	M12	5	1.5	10	12
	120			36	22	55	43							25
16	80	—	—	36	18	35	15							6
	100			40	22	44	24							12
	120			45	25	54	36	18	16	M16	6	2	12	18
	160			45	30	74	54							35
20	100	—	—	45	22	42	18							10
	120			50	25	52	30							15
	160			50	30	72	48	22	20	M20	7	2	15	25
	200			55	35	92	68							40

（2）转动压板（JB/T 8010.2—1999）

附图 6-25 和附表 6-25 分别为转动压板的结构、规格及主要尺寸。

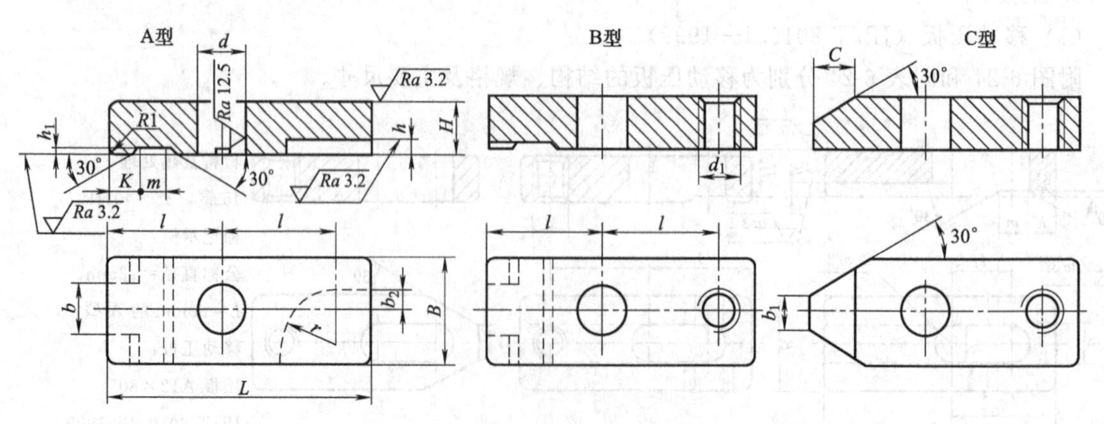

材料及热处理：45 钢，35～40HRC

标记示例：公称直径＝12mm，L＝80mm 的 A 型转动压板：压板 A12×80 GB 2176—1991

附图 6-25　转动压板

附表 6-25　转动压板的规格及主要尺寸　mm

<table>
<tr><th rowspan="2">公称直径
(螺纹直径)</th><th colspan="3">L</th><th rowspan="2">B</th><th rowspan="2">H</th><th rowspan="2">l</th><th rowspan="2">d</th><th rowspan="2">d_1</th><th rowspan="2">b</th><th rowspan="2">b_1</th><th rowspan="2">b_2</th><th rowspan="2">h</th><th rowspan="2">h_1</th><th rowspan="2">K</th><th rowspan="2">m</th><th rowspan="2">r</th><th rowspan="2">C</th></tr>
<tr><th>A 型</th><th>B 型</th><th>C 型</th></tr>
<tr><td rowspan="3">6</td><td>40</td><td>—</td><td>40</td><td>18</td><td>6</td><td>17</td><td rowspan="3">6.6</td><td rowspan="3">M6</td><td rowspan="3">8</td><td rowspan="3">6</td><td rowspan="3">3</td><td rowspan="3">2.5</td><td rowspan="3">1</td><td rowspan="3">5</td><td>4</td><td rowspan="3">8</td><td>2</td></tr>
<tr><td colspan="2">45</td><td>—</td><td>20</td><td>8</td><td>19</td><td>6</td><td>—</td></tr>
<tr><td colspan="3">50</td><td>22</td><td>12</td><td>22</td><td>8</td><td>10</td></tr>
<tr><td rowspan="3">8</td><td>45</td><td>—</td><td>—</td><td>20</td><td>8</td><td>18</td><td rowspan="3">9</td><td rowspan="3">M8</td><td rowspan="3">9</td><td rowspan="3">8</td><td rowspan="3">4</td><td rowspan="3">3</td><td rowspan="3">1</td><td rowspan="3">6</td><td>4</td><td rowspan="3">10</td><td>—</td></tr>
<tr><td colspan="3">50</td><td>22</td><td>10</td><td>22</td><td>6</td><td>7</td></tr>
<tr><td colspan="3">60</td><td>25</td><td>14</td><td>27</td><td>10</td><td>14</td></tr>
<tr><td rowspan="3">10</td><td>60</td><td>—</td><td>—</td><td>25</td><td>10</td><td>27</td><td rowspan="3">11</td><td rowspan="3">M10</td><td rowspan="3">11</td><td rowspan="3">10</td><td rowspan="3">5</td><td rowspan="3">4</td><td rowspan="3">1.5</td><td rowspan="3">8</td><td>6</td><td rowspan="3">12.5</td><td>—</td></tr>
<tr><td colspan="3">70</td><td>28</td><td>12</td><td>30</td><td>8</td><td>10</td></tr>
<tr><td colspan="3">80</td><td>30</td><td>16</td><td>36</td><td>12</td><td>14</td></tr>
<tr><td rowspan="4">12</td><td>70</td><td>—</td><td>—</td><td>32</td><td>14</td><td>30</td><td rowspan="4">14</td><td rowspan="4">M12</td><td rowspan="4">14</td><td rowspan="4">12</td><td rowspan="4">6</td><td rowspan="4">5</td><td rowspan="4">1.5</td><td rowspan="4">10</td><td>6</td><td rowspan="4">16</td><td>—</td></tr>
<tr><td colspan="3">80</td><td>32</td><td>16</td><td>35</td><td>8</td><td>14</td></tr>
<tr><td colspan="3">100</td><td>36</td><td>18</td><td>45</td><td>15</td><td>17</td></tr>
<tr><td colspan="3">120</td><td>36</td><td>22</td><td>55</td><td>25</td><td>21</td></tr>
<tr><td rowspan="4">16</td><td>80</td><td>—</td><td>—</td><td>36</td><td>18</td><td>35</td><td rowspan="4">18</td><td rowspan="4">M16</td><td rowspan="4">18</td><td rowspan="4">16</td><td rowspan="4">8</td><td rowspan="4">6</td><td rowspan="4">2</td><td rowspan="4">12</td><td>6</td><td rowspan="4">17.5</td><td>—</td></tr>
<tr><td colspan="3">100</td><td>40</td><td>22</td><td>44</td><td>12</td><td>14</td></tr>
<tr><td colspan="3">120</td><td>45</td><td>25</td><td>54</td><td>18</td><td>17</td></tr>
<tr><td colspan="3">160</td><td>45</td><td>30</td><td>74</td><td>35</td><td>21</td></tr>
<tr><td rowspan="4">20</td><td>100</td><td>—</td><td>—</td><td>45</td><td>22</td><td>42</td><td rowspan="4">22</td><td rowspan="4">M20</td><td rowspan="4">22</td><td rowspan="4">20</td><td rowspan="4">10</td><td rowspan="4">7</td><td rowspan="4">2</td><td rowspan="4">15</td><td>10</td><td rowspan="4">20</td><td>—</td></tr>
<tr><td colspan="3">120</td><td>50</td><td>25</td><td>52</td><td>15</td><td>12</td></tr>
<tr><td colspan="3">160</td><td>50</td><td>30</td><td>72</td><td>25</td><td>17</td></tr>
<tr><td colspan="3">200</td><td>55</td><td>35</td><td>92</td><td>40</td><td>26</td></tr>
</table>

（3）移动弯压板（JB/T 8010.3—1999）

附图 6-26 和附表 6-26 分别为移动弯压板的结构、规格及主要尺寸。

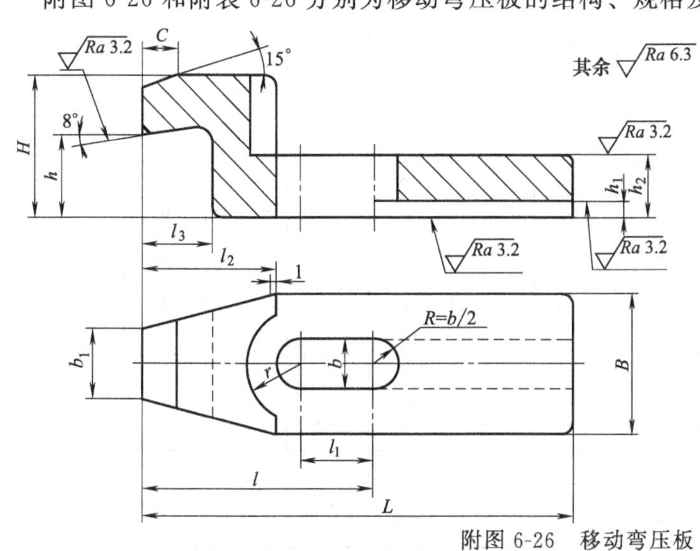

材料：45 钢

热处理：35～40HRC

标记示例：

公称直径＝12mm，

L＝120mm 的移动弯压板：

压板　12×120　JB/T 8010.3—1999

附图 6-26　移动弯压板

附表 6-26　移动弯压板的规格及主要尺寸　　mm

公称直径（螺纹直径）	L	B	H	h	h_1	h_2	C	l	l_1	l_2	l_3	b	b_1	r
6	60	20	20	12	3	10	4	32	12	18	8	6.6	10	8
8	80	25	25	15	3	12	6	40	12	22	12	9	12	10
10	100	32	32	20	3	16	8	52	16	30	16	11	15	13
12	120	40	40	23	5	18	10	65	20	38	20	14	20	15
16	160	45	50	30	5	23	12	80	25	45	25	18	22	18
20	200	55	60	36	6	30	16	100	30	56	30	22	25	22

（4）平压板（JB/T 8010.9—1999）

附图 6-27 和附表 6-27 分别为平压板的结构、规格及主要尺寸。

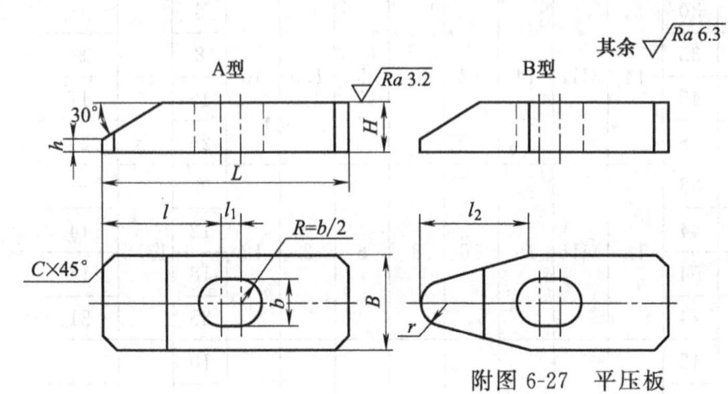

附图 6-27　平压板

表 6-27　平压板的规格及主要尺寸　　mm

<table>
<tr><th>公称直径（螺纹直径）</th><th>L</th><th>B</th><th>H</th><th>h</th><th>b</th><th>l</th><th>l₁</th><th>l₂</th><th>r</th><th>C</th></tr>
<tr><td rowspan="2">6</td><td>40</td><td>18</td><td>8</td><td rowspan="3">3</td><td rowspan="2">7</td><td>18</td><td rowspan="8">7</td><td>16</td><td rowspan="2">4</td><td rowspan="6">2</td></tr>
<tr><td>50</td><td>22</td><td>12</td><td>23</td><td>21</td></tr>
<tr><td rowspan="2">8</td><td>45</td><td>22</td><td>10</td><td rowspan="2">10</td><td>21</td><td>19</td><td rowspan="2">5</td></tr>
<tr><td>60</td><td>25</td><td>12</td><td rowspan="4">4</td><td>28</td><td>26</td></tr>
<tr><td rowspan="2">10</td><td>60</td><td>25</td><td>12</td><td rowspan="2">12</td><td>28</td><td>26</td><td rowspan="2">6</td></tr>
<tr><td>80</td><td>30</td><td>16</td><td>38</td><td>35</td></tr>
<tr><td rowspan="2">12</td><td>80</td><td>32</td><td>16</td><td rowspan="2">15</td><td>38</td><td>35</td><td rowspan="2">8</td><td rowspan="2">4</td></tr>
<tr><td>100</td><td>40</td><td>20</td><td>6</td><td>48</td><td>45</td></tr>
<tr><td rowspan="2">16</td><td>120</td><td rowspan="2">50</td><td rowspan="2">25</td><td rowspan="2">8</td><td rowspan="2">19</td><td>52</td><td>15</td><td>55</td><td rowspan="2">10</td><td rowspan="2">6</td></tr>
<tr><td>160</td><td>70</td><td>20</td><td>60</td></tr>
<tr><td rowspan="2">20</td><td>200</td><td>60</td><td>28</td><td rowspan="2">10</td><td rowspan="2">24</td><td>90</td><td rowspan="2">20</td><td>75</td><td rowspan="2">12</td><td rowspan="2">8</td></tr>
<tr><td>250</td><td>70</td><td>32</td><td>110</td><td>85</td></tr>
</table>

(5) 铰链压板 (JB/T 8010.14—1999)

附图 6-28 和附表 6-28 分别为铰链压板的结构、规格及主要尺寸。

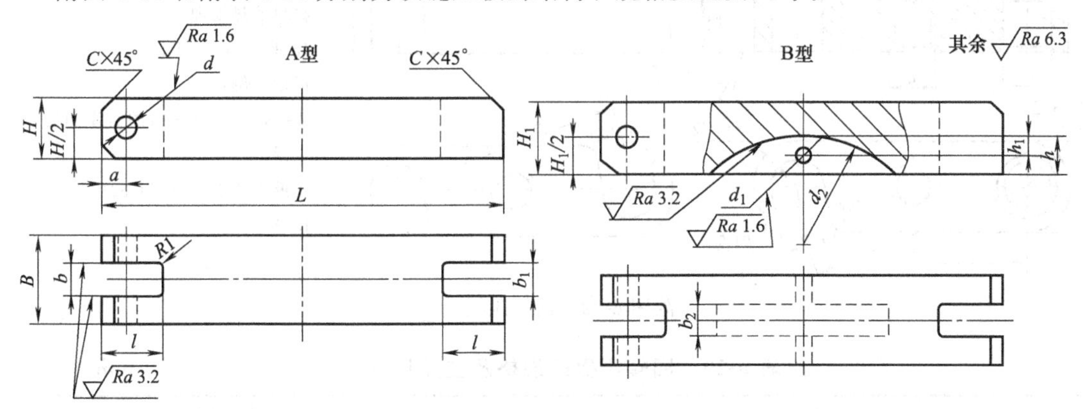

材料及热处理：45 钢，A 型调质 225～255HB；B 型 35～40HRC

标记示例：b=12mm，L=140mm 的 A 型铰链压板：压板 A12×140　JB/T 8010.14—1999

附图 6-28　铰链压板

附表 6-28　铰链压板的规格及主要尺寸　mm

<table>
<tr><th>b H7</th><th>L</th><th>B</th><th>H</th><th>H1</th><th>b1</th><th>b2</th><th>d H7</th><th>d1 H7</th><th>d2</th><th>a</th><th>l</th><th>h</th><th>h1</th><th>C</th></tr>
<tr><td rowspan="2">6</td><td>70</td><td rowspan="2">16</td><td rowspan="2"></td><td rowspan="2"></td><td rowspan="2">6</td><td rowspan="2"></td><td rowspan="2">4</td><td rowspan="2"></td><td rowspan="2"></td><td rowspan="2">5</td><td rowspan="2">12</td><td rowspan="2"></td><td rowspan="2"></td><td rowspan="2">2</td></tr>
<tr><td>90</td></tr>
<tr><td rowspan="2">8</td><td>100</td><td>18</td><td rowspan="2">15</td><td rowspan="4">20</td><td rowspan="2">8</td><td>10</td><td rowspan="2">5</td><td rowspan="4">3</td><td rowspan="4">63</td><td rowspan="2">6</td><td rowspan="2">15</td><td rowspan="4">10</td><td rowspan="4">6.2</td><td rowspan="4">3</td></tr>
<tr><td rowspan="2">120</td><td rowspan="3">24</td><td>14</td></tr>
<tr><td rowspan="2">10</td><td rowspan="2">18</td><td rowspan="2">10</td><td>10</td><td rowspan="2">6</td><td rowspan="2">7</td><td rowspan="2">18</td></tr>
<tr><td rowspan="2">140</td><td>14</td></tr>
<tr><td rowspan="3">12</td><td rowspan="6">32</td><td rowspan="3">22</td><td rowspan="3">26</td><td rowspan="3">12</td><td>10</td><td rowspan="3">8</td><td rowspan="3">4</td><td rowspan="3">80</td><td rowspan="3">9</td><td rowspan="3">22</td><td rowspan="3">14</td><td rowspan="3">7.5</td><td rowspan="3">4</td></tr>
<tr><td>160</td><td>14</td></tr>
<tr><td rowspan="2">180</td><td>18</td></tr>
<tr><td rowspan="3">14</td><td rowspan="3">26</td><td rowspan="3">32</td><td rowspan="3">14</td><td>10</td><td rowspan="3">10</td><td rowspan="3">5</td><td rowspan="3">100</td><td rowspan="3">10</td><td rowspan="3">25</td><td rowspan="3">18</td><td rowspan="3">9.5</td><td rowspan="3">6</td></tr>
<tr><td>200</td><td>14</td></tr>
<tr><td rowspan="2">220</td><td>18</td></tr>
<tr><td rowspan="3">18</td><td rowspan="3">40</td><td rowspan="3">32</td><td rowspan="3">38</td><td rowspan="3">18</td><td>14</td><td rowspan="3">12</td><td rowspan="3">6</td><td rowspan="3">125</td><td rowspan="3">14</td><td rowspan="3">32</td><td rowspan="3">22</td><td rowspan="3">10.5</td><td rowspan="3">8</td></tr>
<tr><td>250</td><td>16</td></tr>
<tr><td>280</td><td>20</td></tr>
<tr><td rowspan="3">22</td><td>250</td><td rowspan="3">50</td><td rowspan="3">40</td><td rowspan="3">45</td><td rowspan="3">22</td><td>14</td><td rowspan="3">16</td><td rowspan="3">8</td><td rowspan="3">160</td><td rowspan="3">18</td><td rowspan="3">40</td><td rowspan="3">26</td><td rowspan="3">12.5</td><td rowspan="3">10</td></tr>
<tr><td>280</td><td>16</td></tr>
<tr><td>300</td><td>20</td></tr>
</table>

(6) 回转压板 (JB/T 8010.15—1999)

附图 6-29 和附表 6-29 分别为回转压板的结构、规格及主要尺寸。

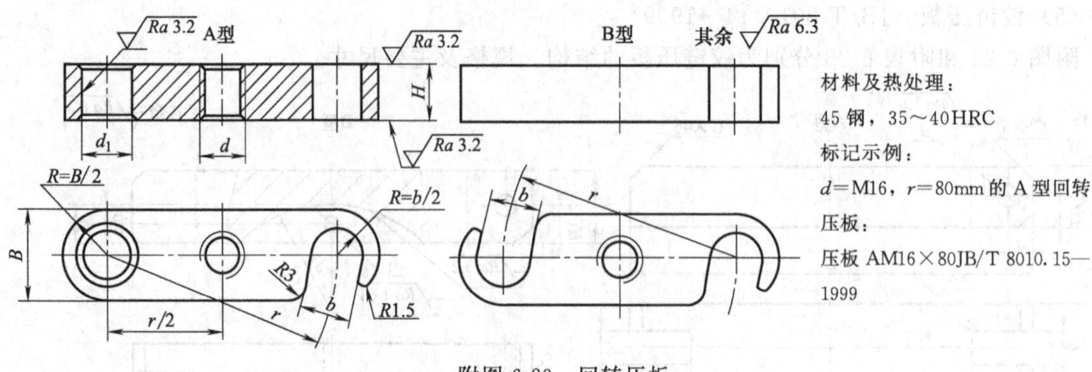

附图 6-29　回转压板

附表 6-29　回转压板的规格及主要尺寸　　mm

d	B	H	b	d_1	r									配用螺钉 GB/T 65
M5	14	6	5.5	6	20	25	30	40						M5×6
M6	18	8	6.6	8	30	35	40	45	50					M6×8
M8	20	10	9	10	40	45	50	55	60	65	70			M8×10
M10	22	12	11	12	50	55	60	65	70	75	80	85	90	M10×12
M12	25	16	14	14		60	65	70	75	80	85	90	100	M12×16
M16	32	20	18	18				80	85	90	100	110	120	M16×20

（7）双向压板（JB/T 8010.16—1999）

附图 6-30 和附表 6-30 分别为双向压板的结构、规格及主要尺寸。

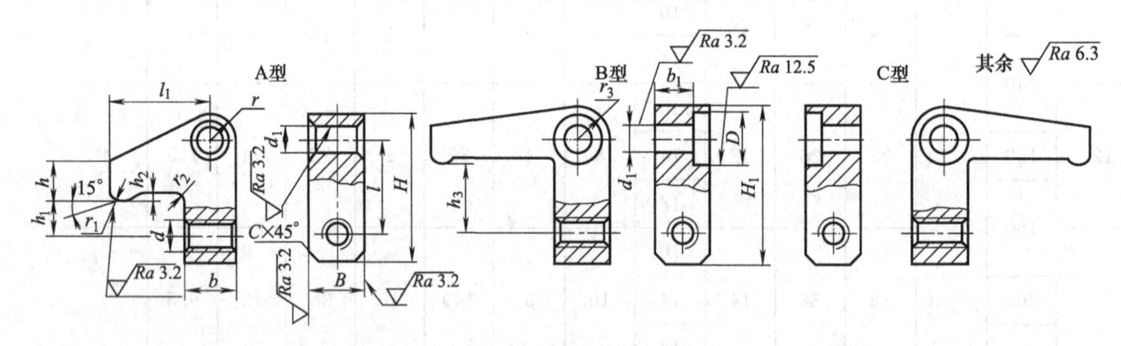

材料及热处理：45 钢，35～40HRC；标记示例：d=M12，l=48mm 的 A 型双向压板：压板 AM12×48　JB/T 8010.16—1999

附图 6-30　双向压板

附表 6-30　双向压板的规格及主要尺寸　　mm

d	l		l_1		B	H	H_1	d_1	D	b	b_1	h	h_1	h_2	h_3	r	r_1	r_2	r_3	C
	A 型	BC 型	A 型	BC 型																
	18	22	22	30		30	36								12					
M6	24	30	30	45	12	36	44	6	12	11	8	7	8	2	20	6	3	3	8	2
		40		60			54								30					

续表

d	l		l_1		B	H	H_1	d_1	D	b	b_1	h	h_1	h_2	h_3	r	r_1	r_2	r_3	C
	A型	BC型	A型	BC型																
	24	25	28	38		39	42								15					
M8	30	35	38	52	15	45	52	8	15	14	10	9	10		25	7.5	3	3	9.5	
		45		68			62								35					
	30	30	35	45		48	50								20					
M10	38	45	45	68	18	56	65	10	18	18	12	12	12	2	35	9			11	3
		60		90			80								50					
	38	40	42	60		60	64					15	15		28		4			
M12	48	55	52	82	22	70	79	12	22	22					42	11		4	13	
		70		105			94								57					
	48	45	52	68		74	74				16	18	20		32					
M16	60	60	65	90	26	86	89	16	28	28				3	47	13	5		16	4
		75		112			104								62					

6. 压块

(1) 光面压块 (JB/T 8009.1—1999)

附图 6-31 和附表 6-31 分别为光面压块的结构、规格及主要尺寸。

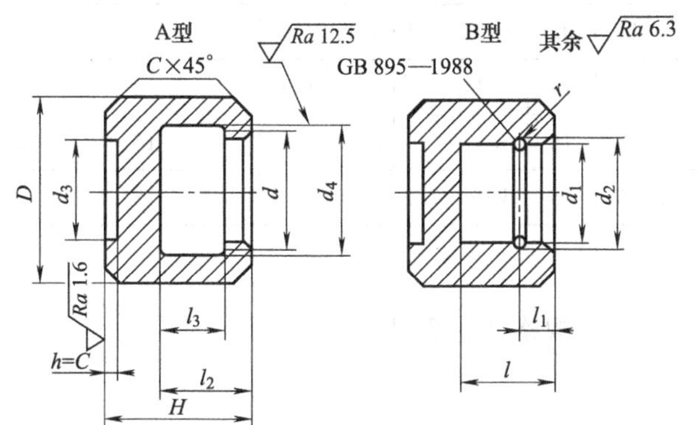

材料及热处理：

45 钢，35～40HRC

标记示例：

公称直径＝16 的 A 型光面压块：

压块 16 JB/T 8009.1—1999

附图 6-31 光面压块

附表 6-31 光面压块的规格及主要尺寸 mm

公称直径	D	H	d	d_1	d_2	d_3	d_4	l	l_1	l_2	l_3	r	挡圈 GB/T 895.1
6	12	9	M6	4.8	5.3	5	7	6	2.4	6	3.5		5
8	16	12	M8	6.3	6.9	8	10	7.5	3.1	8	5	0.4	6
10	18	15	M10	7.4	7.9	10	12	8.5	3.5	9	6		7
12	20	18	M12	9.5	10	12	14	10.5	4.2	11.5	7.5		9
16	25	20	M16	12.5	13.1	14	18	13	4.4	13	9	0.6	12
20	30	25	M20	16.5	17.5	16	22	16	5.4	15	10.5	1	16
24	36	28	M24	18.5	19.5	20	26	18	6.4	17.5	12.5		18

(2) 槽面压块 (JB/T 8009.2—1999)

附图 6-32 和附表 6-32 分别为槽面压块的结构、规格及主要尺寸。

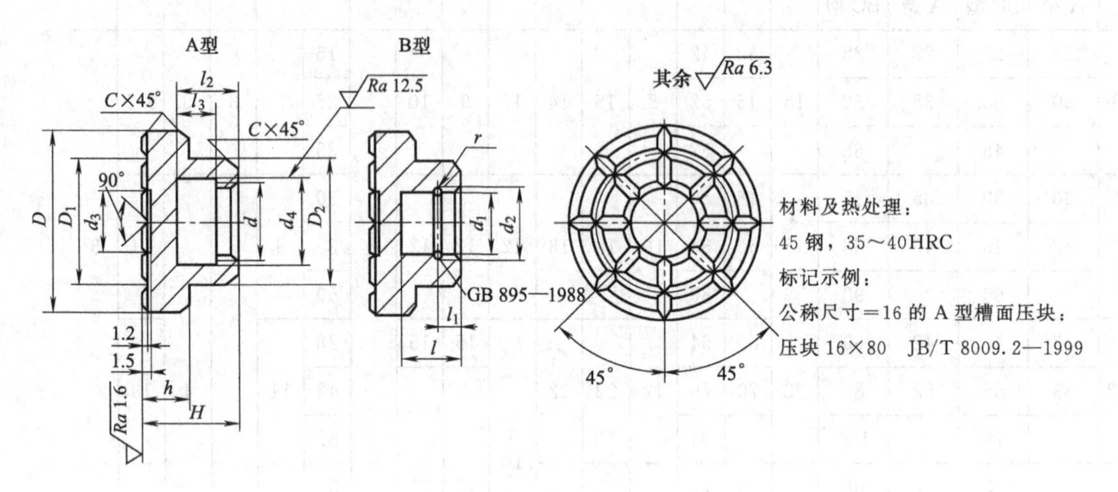

附图 6-32 槽面压块

附表 6-32 槽面压块的规格及主要尺寸 mm

公称直径	D	D_1	D_2	H	d	d_1	d_2	d_3	d_4	l	l_1	l_2	l_3	r	挡圈 GB/T 895.1
8	20	14	16	12	M8	6.3	6.9	8	10	7.5	3.1	8	5	0.4	6
10	25	18	18	15	M10	7.4	7.9	10	12	8.5	3.5	9	6		7
12	30	21	20	18	M12	9.5	10	12	14	10.5	4.2	11.5	7.5		9
16	35	25	25	20	M16	12.5	13.1	14	18	13	4.4	13	9	0.6	12
20	45	30	30	25	M20	16.5	17.5	16	22	16	5.4	15	10.5	1	16
24	55	38	36	28	M24	18.5	19.5	20	26	18	6.4	17.5	12.5		18

(3) 弧形压块 (JB/T 8009.4—1999)

附图 6-33 和附表 6-33 分别为弧形压块的结构、规格及主要尺寸。

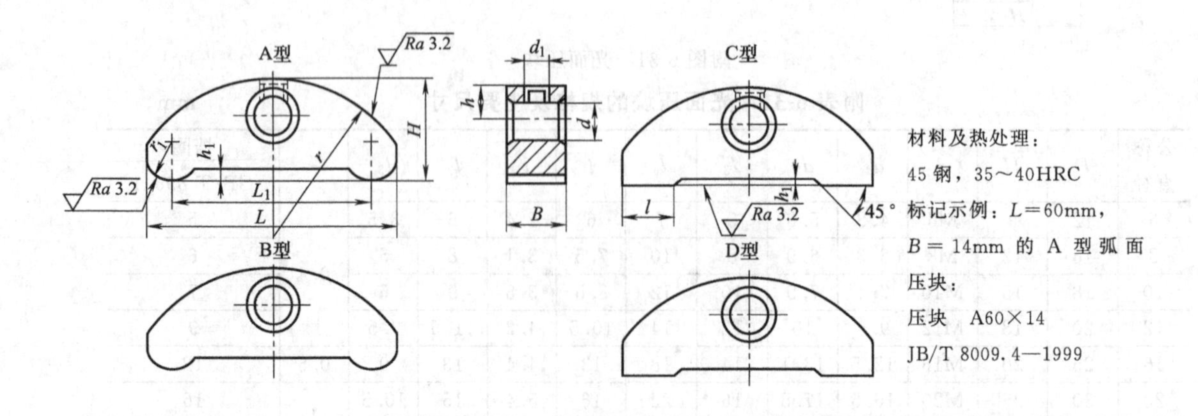

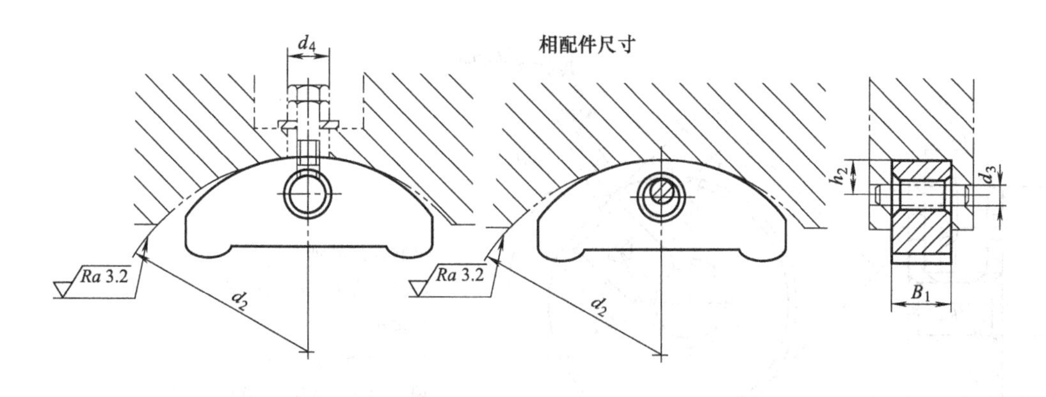

附图 6-33　弧形压块

附表 6-33　弧形压块的规格及主要尺寸　mm

L	B	H	h	d	d_1	L_1	l	h_1	r	r_1	相配件				
											d_2	d_3	d_4	h_2	B_1
32	10	14	6.5	6	M4	25	6	1.2	25	5	63	3	7	6.2	10
	14														14
	10	16				32	8			6					10
	14														14
50	10	20	8.2	8	M5	40	10	1.6	32	8	80	4	8	7.5	10
	14														14
	18														18
60	10	25	10.5	10	M6	50	12	2	40	10	100	5	10	9.5	10
	14														14
	18														18
80	14	32	11.5	12	M8	60	16	2.5	50	12	125	6	13	10.5	14
	16														16
	20														20

7. 偏心轮

(1) 圆偏心轮（JB/T 8011.1—1999）

附图 6-34 和附表 6-34 分别为圆偏心轮的结构、规格及主要尺寸。

附表 6-34　圆偏心轮的规格及主要尺寸　mm

D	e	B	d d9	d_1 H7	d_2 H7	H	h	h_1	D	e	B	d d9	d_1 H7	d_2 H7	H	h	h_1
25	1.3	12	6	6	2	24	9	4	50	2.5	18	12	12	4	48	18	8
32	1.7	14	8	8	3	31	11	5	60	3	22	16	16	5	58	22	10
40	2	16	10	10		38.5	14	6	70	3.5	24				58	24	

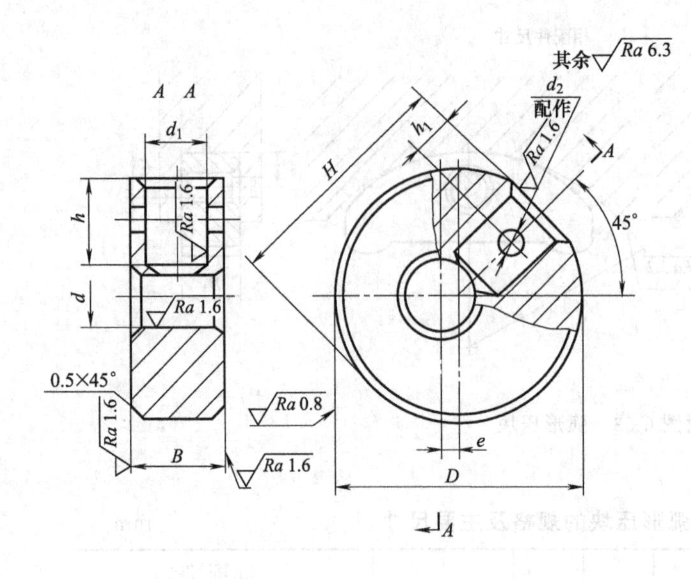

附图 6-34　圆偏心轮

（2）单面偏心轮（JB/T 8011.3—1999）

附图 6-35 和附表 6-35 分别为单面偏心轮的结构、规格及主要尺寸。

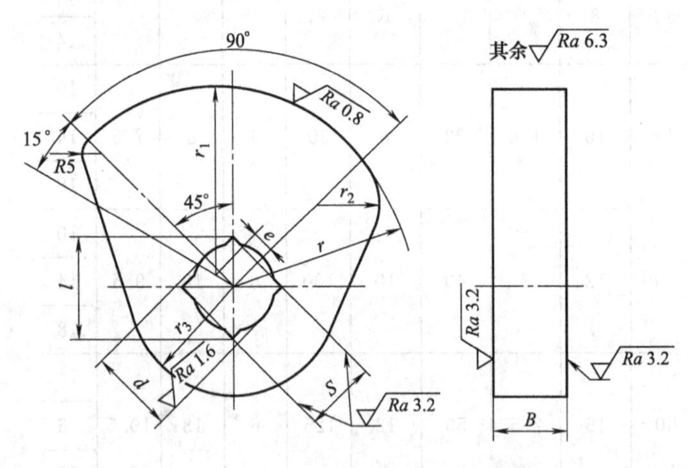

附图 6-35　单面偏心轮

附表 6-35　单面偏心轮的规格及主要尺寸　　mm

r	r_1	r_2	r_3	e	B	d	S	l	r	r_1	r_2	r_3	e	B	d	S	l
30	30.9	10	20	3	22	20	17	24	60	61.8	22	35	6	24	27	24	33.9
40	41.2	15	25	4	22	25	22	31.1	70	72.1	25	38	7	29	30	27	38.1
50	51.5	18	30	5	24	27	24	33.9									

（3）双面偏心轮（JB/T 8011.4—1999）

附图 6-36 和附表 6-36 分别为双面偏心轮的结构、规格及主要尺寸。

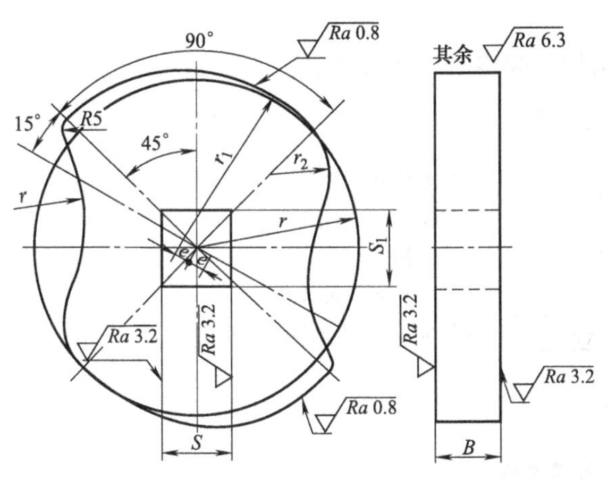

材料及热处理：

20 钢，渗碳 58～64HRC

标记示例：

D=60mm 的双面偏心轮：

偏心轮　60 JB/T 8011.4—1999

附图 6-36　双面偏心轮

附表 6-36　双面偏心轮的规格及主要尺寸　　mm

r	r_1	r_2	e	B	S	S_1	r	r_1	r_2	e	B	S	S_1
30	30.9	10	3	22	17	20	60	61.8	22	6	24	24	28
40	41.2	15	4	22	22	25	70	72.1	25	7	29	27	32
50	51.5	18	5	24	24	28							

8. 支座

(1) 铰链支座 (JB/T 8034—1999)

附图 6-37 和附表 6-37 分别为铰链支座的结构、规格及主要尺寸。

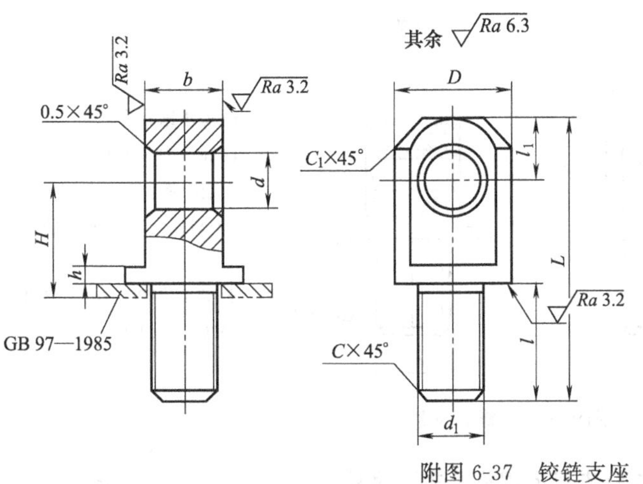

材料及热处理：

45 钢，35～40HRC

标记示例：

b=22mm 的铰链支座：

支座 22　JB/T 8034—1999

附图 6-37　铰链支座

附表 6-37　铰链支座的规格及主要尺寸　　mm

b	D	d	d_1	L	l	l_1	H	h	C_1	b	D	d	d_1	L	l	l_1	H	h	C_1
6	10	4.1	M5	25	10	5	11	2	2	14	20	10.2	M12	50	20	10	22	4	5
8	12	5.2	M6	30	12	6	13.5		2.5	18	28	12.2	M16	65	25	14	29	5	7
10	14	6.2	M8	35	14	7	15.5	3	3	22	34	16.2	M20	80	33	17	33		9
12	18	8.2	M10	42	16	9	19		4	26	42	20.2	M24	95	38	21	40	7	12

（2）铰链叉座（JB/T 8035—1999）

附图 6-38 和附表 6-38 分别为铰链叉座的结构、规格及主要尺寸。

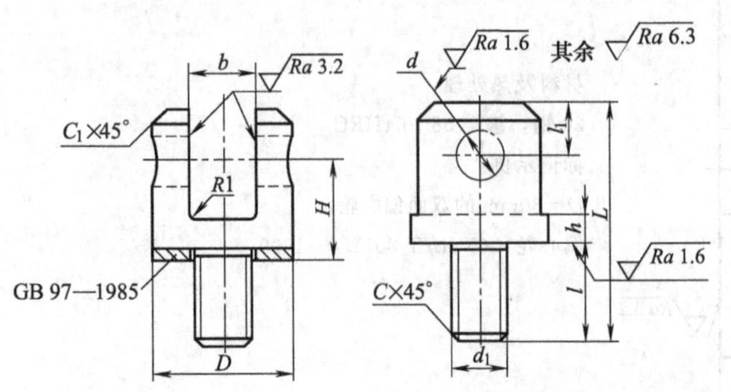

材料及热处理：

45 钢，35～40HRC

标记示例：

b=22mm 的铰链叉座：

支座 22　JB/T 8035—1999

附图 6-38　铰链叉座

附表 6-38　铰链叉座的规格及主要尺寸　　　　mm

b H11	d H7	D	d_1	L	l	l_1	H	h	b H11	d H7	D	d_1	L	l	l_1	H	h
6	4	14	M5	25	10	5	11	3	14	10	30	M12	50	20	10	22	7
8	5	18	M6	30	12	6	13.5	4	18	12	38	M16	65	25	14	29	9
10	6	20	M8	35	14	7	15.5	5	22	16	48	M20	80	33	17	33	10
12	8	25	M10	42	16	9	19	6	26	20	55	M24	95	38	21	40	12

（3）螺钉支座（JB/T 8036.1—1999）

附图 6-39 和附表 6-39 分别为螺钉支座的结构、规格及主要尺寸。

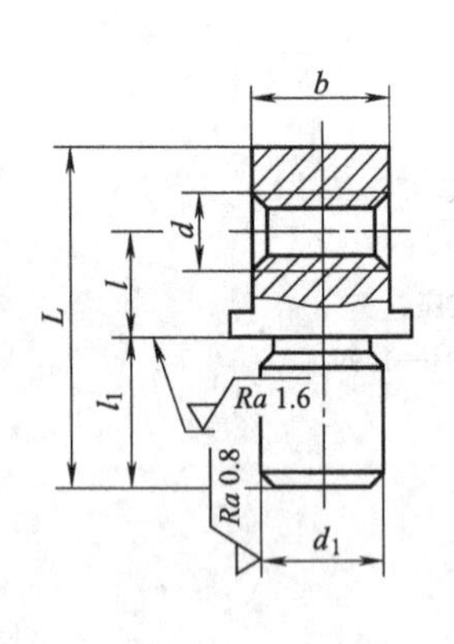

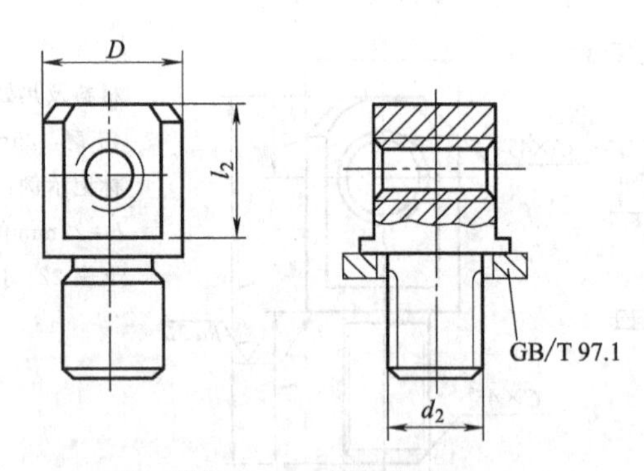

材料及热处理：

45 钢，35～40HRC

标记示例：

d=M12，l=20mm 的螺钉支座：

支座 AM12×20　JB/T 8036.1—1999

附图 6-39　螺钉支座

附表 6-39　螺钉支座的规格及主要尺寸　　　　mm

d	d_1	d_2	D	l_1	l_2	b	l												
							10	15	20	25	30	40	50	60	70	80	100	120	140
							L												
M6	10	M10	15	12	12	10	28	32	38	42	48								
M8	12	M12	18	15	16	14	32	38	42	48	52	62							
M10	16	M16	24	20	18	17	40	45	50	55	60	70	80						

续表

d	d_1	d_2	D	l_1	l_2	b	l												
							10	15	20	25	30	40	50	60	70	80	100	120	140
							L												
M12	20	M20	30	24	24	22			55	60	65	75	85	95	105				
M16	25	M24	35	30	30	24					75	85	95	105	115	125			
M20	30	M30	40	36	40	30						95	105	115	125	135	155		
M24	36	M36	50	45	50	35								130	140	150	170	190	210

9. 快速夹紧装置

(1) 楔槽式快速夹紧装置

附图 6-40 和附表 6-40 分别为楔槽式快速夹紧装置的结构、规格及主要尺寸。

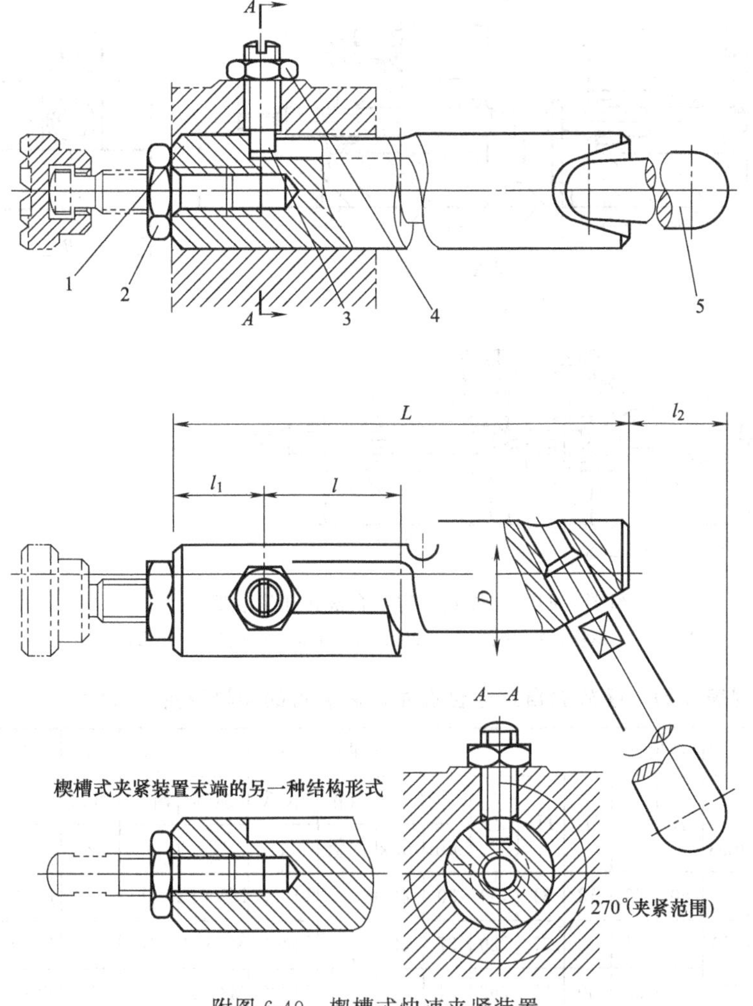

附图 6-40　楔槽式快速夹紧装置

1—顶杆；2—螺母；3—螺钉；4—螺母；5—手柄

附表 6-40　楔槽式快速夹紧装置的规格及主要尺寸　　　　mm

主要尺寸					件号	1	2	3	4	5
					名称	顶杆	螺母	螺钉	螺母	手柄
D	l	L	l_1	l_2	数量	1	1	1	1	1
25	30	100	20	32	尺寸	25	M10	M8×28	M8	80
32	40	125	25	40		32	M12	M10×35	M10	100
40	50	160	32	50		40	M16	M12×45	M12	125

(2) 螺旋式自定心台虎钳压紧装置

附图 6-41 和附表 6-41 分别为螺旋式自定心台虎钳压紧装置的结构、规格及主要尺寸。

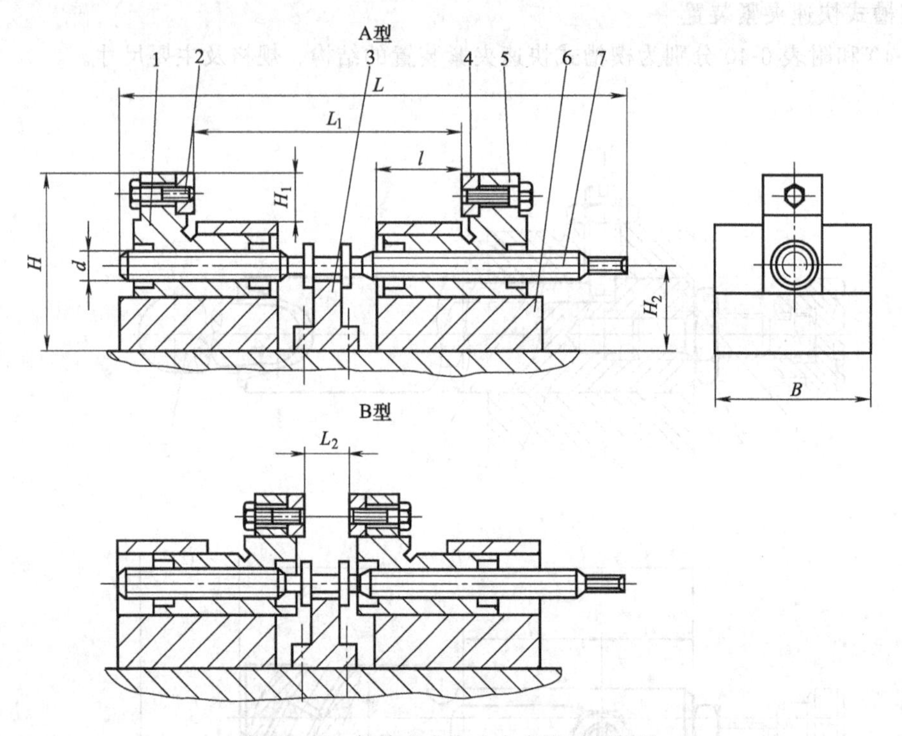

附图 6-41　螺旋式自定心台虎钳压紧装置

1—卡爪；2—螺栓；3—滑座；4—钳口；5—卡爪；6—底座；7—螺杆

附表 6-41　螺旋式自定心台虎钳压紧装置的规格及主要尺寸　　　　mm

主要尺寸												件号	1	2	3	4	5	6	7
d	L_1		L_2		B	H	H_1	H_2	L	l		名称	卡爪	螺栓	滑座	钳口	卡爪	底座	螺杆
	min	max	min	max						min	max	数量	1	2	1	2	1	2	1
T10×2	85	140	18	95	60	63	18	31	180	30	42	尺寸	T10×2	M5×18	31	5	T10×2	20	T10×2
T14×3	105	170	18	110	70	75	22	37	220	37	50		T14×3	M6×20	37	6	T14×3	25	T14×3
T18×4	138	240	20	150	80	85	30	37	292	51	65		T18×4	M8×25	37	7	T18×4	30	T18×4
T22×5	172	300	20	190	90	110	38	47	362	65	80		T22×5	M10×32	47	8	T22×5	40	T22×5

(3) 浮动式台虎钳夹紧装置

附图 6-42 和附表 6-42 分别为浮动式台虎钳夹紧装置的结构、规格及主要尺寸。

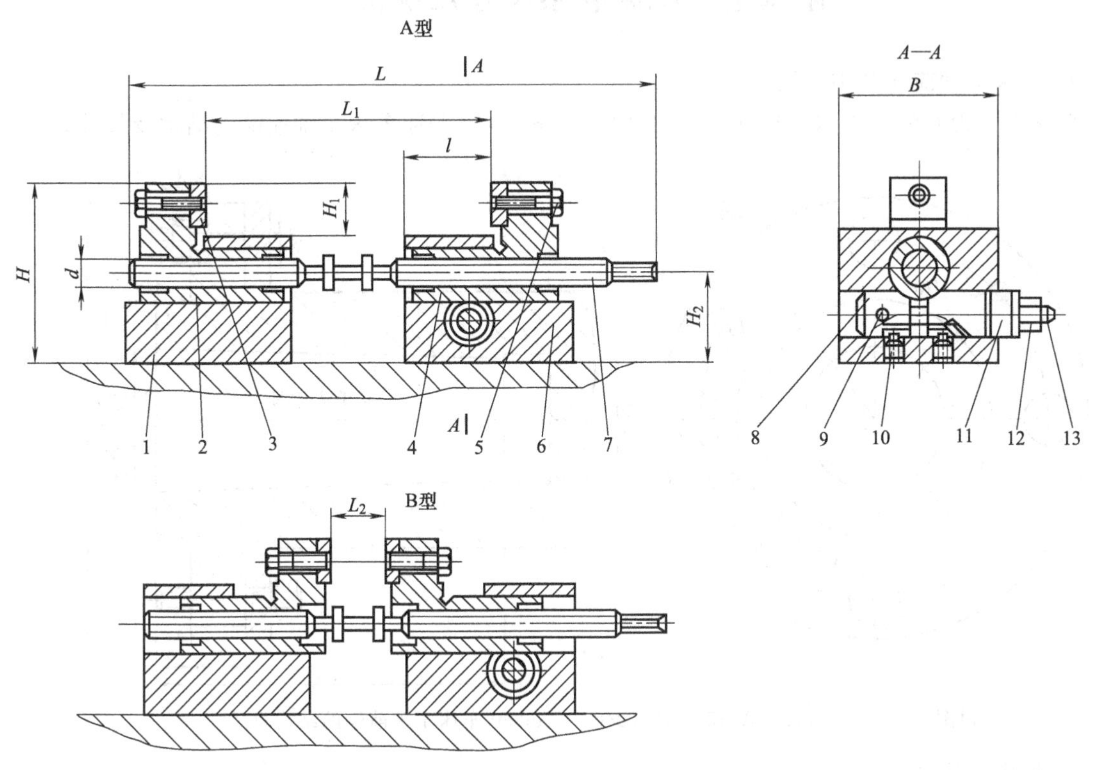

附图 6-42　浮动式台虎钳夹紧装置

1,6—底座；2,4—卡爪；3—钳口；5—螺栓；7—螺杆；8—切向加紧套；9—销；10—螺钉；11—垫圈；12—螺母；13—双头螺栓

附表 6-42　浮动式台虎钳夹紧装置的规格及主要尺寸　　mm

主要尺寸											件号	1	2	3	4	5	6	7	8	9	10	11	12	13
d	L_1		L_2 max	B	H	H_1	H_2	L	l		名称	底座	卡爪	钳口	卡爪	螺栓	底座	螺杆	夹套	销	螺钉	垫圈	螺帽	螺栓
	min	max							min	max	数量	1	1	2	1	2	1	1	1	1	2	1	1	1
T10×2	85	140	95	60	63	18	31	180	30	42	尺寸	20	T10×2	5	T10×2	M5×16	20	T10×2	20	2	M6×8	15.5	M8	M8×50
T14×3	105	170	110	70	75	22	37	220	37	50		25	T14×3	6	T14×3	M6×20	25	T14×3	25	3		19.5	M10	M10×60
T18×4	138	240	150	80	85	30	37	292	51	65		30	T18×4	7	T18×4	M8×25	30	T18×4	30	3		19.5	M10	M10×65
T22×5	172	300	190	90	110	38	47	362	65	80		40	T22×5	8	T22×5	M10×30	40	T22×5	40	3		24.5	M12	M12×80

附录七　机床联系尺寸及规格

1. 车床主轴前端结构及尺寸

附图 7-1 为 CA6140、CA6150、CA6240、CA6250 等普通车床主轴前端的结构及尺寸。

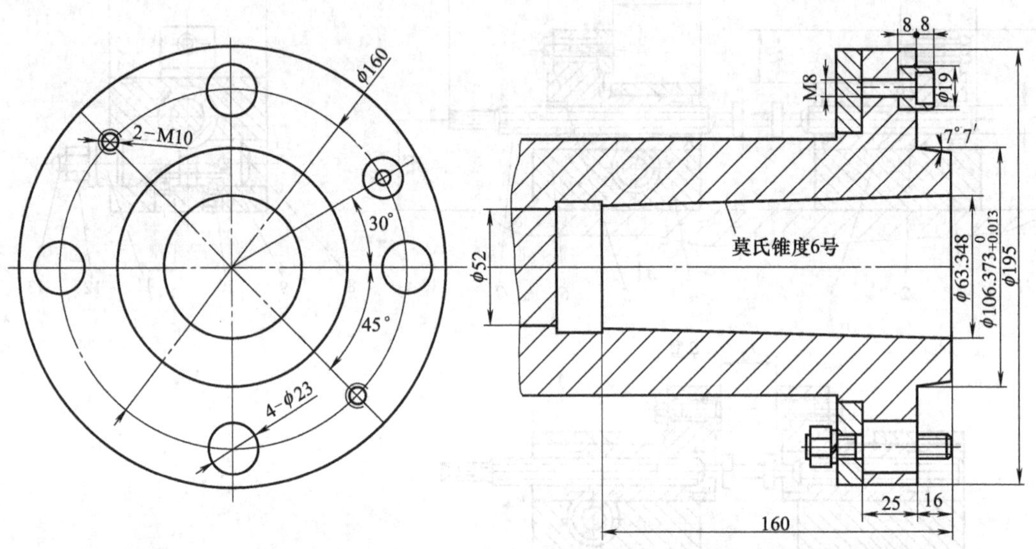

附图 7-1　CA6140、CA6150、CA6240、CA6250 车床主轴前端的结构及尺寸

2. 铣床工作台尺寸

附图 7-2 和附表 7-1 为工厂常用铣床工作台及 T 形槽尺寸。

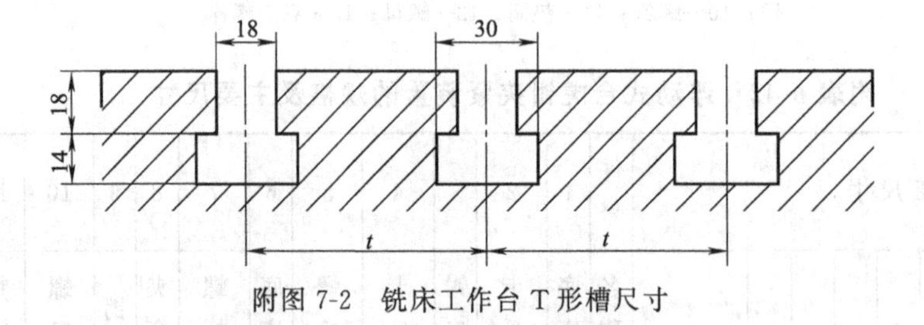

附图 7-2　铣床工作台 T 形槽尺寸

附表 7-1　铣床工作台 T 形槽尺寸　　mm

工作台参数	铣床型号							
	卧式铣床				立式铣床			
	X62	X62W	X63	X62W	X52	X52K	X53	X53K
L(长)	1125	1120	1385	1385	1250	1250	1480	1600
B(宽)	320	320	400	400	320	320	400	400
t(槽间距)	70	70	90	90	70	70	90	90

参 考 文 献

[1] 赵家齐编. 机械制造工艺学课程设计指导书. 第2版. 北京：机械工业出版社，2002.
[2] 邹青主编. 机械制造技术基础课程设计指导教程. 北京：机械工业出版社，2004.
[3] 孙丽媛主编. 机械制造工艺及专用夹具设计指导书. 北京：冶金工业出版社，2002.
[4] 刘守勇主编. 机械制造工艺与机床夹具. 第2版. 北京：机械工业出版社，2005.
[5] 徐嘉元，曾家驹主编. 机械制造工艺学. 北京：机械工业出版社，2004.
[6] 顾崇衔等编著. 机械制造工艺学. 第3版. 西安：陕西科学技术出版社，1990.
[7] 陆剑中，孙家宁主编. 金属切削原理与刀具. 第3版. 北京：机械工业出版社，2004.
[8] 艾兴，肖诗纲主编. 切削用量简明手册. 北京：机械工业出版社，1994.
[9] 李益民主编. 机械制造工艺设计简明手册. 北京：机械工业出版社，1994.
[10] 王宛山，邢敏主编. 机械制造手册. 沈阳：辽宁科学技术出版社，2002.
[11] 徐鸿本主编. 机床夹具设计手册. 沈阳：辽宁科学技术出版社，2004.
[12] 卢秉恒主编. 机械制造技术基础. 第2版. 北京：机械工业出版社，1994.
[13] 李言主编. 机械制造技术基础. 北京：电子工业出版社，2011.
[14] 成大先主编. 机械设计手册. 第5版. 北京：化学工业出版社，2009.
[15] 王绍俊主编. 机械制造工艺设计手册. 北京：机械工业出版社，1985.